U0917295

面 向 2 1 世 纪 课 程 教 材

Textbook Series for 21st Century

化学与社会

唐有祺　王　夔　主编

高等教育出版社·北京

内容简介

本书是教育部“高等教育面向 21 世纪教学内容和课程体系改革计划”的研究成果，是面向 21 世纪课程教材和教育部化学学科“九五”规划教材。本书以化学知识为主线，以社会广泛关注的有关问题为视点，阐述了化学与社会发展的关系。内容包括化学的继往开来、化学键、元素周期律与原子结构、能源及其开发和利用、环境污染及环境保护、化学与生命现象、营养与健康、材料科学，以及化学学科发展中的哲学思想等。通过本书的学习，文管类各专业学生可透过化学这个窗口，对自然科学的特点及其重要作用有一概括了解，从而达到开阔视野、提高科学素养的目的。

本书不仅可作为文科各专业化学教材，而且还可作为社会各界人士了解有关化学与社会发展关系的参考书。

图书在版编目(CIP)数据

化学与社会 / 唐有祺，王夔主编.—北京：高等教育出版社，1997.7(2022.12 重印)

ISBN 978-7-04-005934-2

Ⅰ.①化… Ⅱ.①唐… ②王… Ⅲ.①化学-关系-社会生活-高等学校-教材 Ⅳ.①06-05

中国版本图书馆 CIP 数据核字(2012)第 267886 号

出版发行 高等教育出版社
社 址 北京市西城区德外大街 4 号
邮政编码 100120
印 刷 保定市中画美凯印刷有限公司
开 本 787×960 1/16
印 张 17.5
字 数 320 000
插 页 1
购书热线 010-58581118

咨询电话 400-810-0598
网 址 http://www.hep.edu.cn
http://www.hep.com.cn
网上订购 http://www.landraco.com
http://www.landraco.com.cn

版 次 1997 年 7 月第 1 版
印 次 2022 年12月第 30 次印刷
定 价 24.00 元

物 料 号 5934-00

序

国家之现代化和社会之进步有赖于同时建设物质文明和精神文明，落实到大学课程设置上，文科和理科当有适当交叉。文科和理科可分别设置若干科学和文史课程。有鉴于斯，遂有为文科专业建设化学选修课教材之议。

化学为总管物质在分子层次上变化之学科，人类之衣、食、住、行、用无不仰给于化学所掌管之成百化学元素及其所组成之万千化合物和无数制剂、材料。化学具有实验和理论并重之传统，强于实验不言而喻，而其发展亦受惠于突出之理论思维，从元素论、原子-分子论到元素周期律和结构理论及其层出不穷之发展都已成为自然科学在学科发展中运用科学之抽象和科学假设之范例。在自然科学中，化学和物理俨然为共管物质及其运动之核心学科，遂有自然科学之轴心之称。综上所述，化学之所以被选为文科学子窥视自然科学全豹之窗口，其依据当可不难了然。

唐有祺

1997 年 1 月于北京大学燕东园

编写说明

现代科学技术和社会的关系,已经远远超过生活和生产的范围,国家和地方的某些法律和法令以及某些政策和法规的制定,都具有明显的科技背景,因此文理渗透已成不争的事实。针对文史、政法、财经等类专业学生的科学素养教育,编写切合他们需要的实用教材已是当务之急。

国家教委高教司和高等教育出版社于1994年初曾召开过“关于为高等学校文科、财经、政法类专业学生开设化学选修课的教学和教材建设”的研讨会。会议由北京大学唐有祺教授和北京医科大学王夔教授主持。会后由他们指导调查研究和教材编写,高等教育出版社并将此作为教材研究项目列入了出版计划。

本书取名“化学与社会”,意在使学生透过作为科学之窗口的化学了解自然科学在社会进步和科技发展中的作用和地位;了解化学科学在发展过程中与其他学科相互交叉渗透的特点;了解化学具有实验和理论并重的传统等等。学生可以通过化学事例认识自然科学与社会科学的相互联系,提高科学文化素养。为此,本书以当今社会最为关注的环境、能源、材料和生命等问题为经线,以化学基本概念为纬线,而进行选材和编写成的。突出社会广泛关注的问题,有利于提高学生的社会责任感,有利于加深学生对科学技术是第一生产力的理解。同时力求保持化学知识本身的系统性,力求由浅入深和循序渐进,使学生的化学基础知识有所充实和提高。

本书以现行高中必修的化学和物理知识为基础,对若干重要的基本概念(如原子结构、周期律、化学键、化学计量、烃及其衍生物等)作必要的复习和适当的提高。有些内容单独设节,有的则安排为阅读材料或注解。有些扩展性的内容用小字排印,供学生选读。各章都介绍一些课外阅读资料,全书有一些推荐参考书目,可供学生参考。总之,教材内容的安排具有较大的弹性,可以按不同的教学要求适当取舍。

本书由唐有祺、王夔主编。全书共12章,大致可以分为5个部分。其中第1,2,3章为能源篇,由张泽莹、华彤文执笔,王彦佳为能源问题提供参考资料和部分初稿;第4,5章为环境篇,由袁婉清执笔;第6,7,8章为材料篇,由施开良执笔;第9,10章为生命篇,由袁婉清执笔;第11,12章为科学方法和回顾展望,分别由廖正衡和张泽莹执笔。宋心琦曾多次参加编写研讨工作会议,并审阅全文和提出修改意见。华彤文对全文作了必要的协调、修改。

编写大纲和内容取舍虽经反复研究、讨论和修改,但由于缺乏教学实践,书中还存在不少缺点和错误,欢迎担任这门课的教师和选修这门课的学生都参与进来,使它日趋完善,成为一本具有特色的教材。

刘啸天作为责任编辑为本书的出版付出了辛勤劳动,李维平为本书描绘了附图,王喆为本书作了封面设计,在此一并表示衷心感谢。

编　者

1996.12

目　录

绪　论

只要仔细观察一下周围的世界，就会发现万物都在变化之中。例如岩石风化、铁器生锈、大气污染、水质下降等等都是大家熟悉的物质变化；庄稼的春种秋收，人的生老病死更是复杂的生命变化。变化是世界上无所不在的现象。按物质变化的特点，大致可以分为两种类型，其中一类变化不产生新物质，只是改变了物质的状态。例如水的结冰，液态的水变成了固态的冰；再如碘的升华，固态的碘变为碘蒸气，这类变化称为**物理变化**。另一类变化表现为一些物质转化为性质不同的另一些物质，例如煤的燃烧，碳转变为二氧化碳气体；再如金属锈蚀和某些食物腐败等，这类变化称为**化学变化**。在化学变化过程中，物质的组成和结合方式都发生了改变，生成了新的物质，表现出与原物质完全不同的物理性质和化学性质。化学是一门在原子、分子层次上研究物质的组成、结构、性质及其变化规律的科学。简而言之，化学是以研究物质的化学变化为主的科学。

1．化学在社会发展中的作用和地位

人类生活的各个方面，社会发展的各种需要都与化学息息相关。

首先从我们的**衣**、**食**、**住**、**行**来看，色泽鲜艳的衣料需要经过化学处理和印染，丰富多彩的合成纤维更是化学的一大贡献。要装满粮袋子，丰富菜篮子，关键之一是发展化肥和农药的生产。加工制造色香味俱佳的食品，离不开各种食品添加剂，如甜味剂、防腐剂、香料、调味剂和色素等等，它们大多是用化学合成方法或用化学分离方法从天然产物中提取出来的。现代建筑所用的水泥、石灰、油漆、玻璃和塑料等材料都是化工产品。用以代步的各种现代交通工具，不仅需要汽油、柴油作动力，还需要各种汽油添加剂、防冻剂，以及机械部分的润滑剂，这些无一不是石油化工产品。此外，人们需要的药品，洗涤剂、美容品和化妆品等日常生活必不可少的用品也都是化学制剂。可见我们的衣、食、住、行无不与化学有关，人人都需要用化学制品，可以说我们生活在化学世界里。

再从**社会发展**来看，化学对于实现农业、工业、国防和科学技术现代化具有重要的作用。**农业**要大幅度的增产，农、林、牧、副、渔各业要全面发展，在很大程度上依赖于化学科学的成就。化肥、农药、植物生长激素和除草剂等化学产品，不仅可以提高产量，而且也改进了耕作方法。高效、低污染的新农药的研制，长效、复合化肥的生产，农、副业产品的综合利用和合理贮运，也都需要应用化学知识。在**工业**现代化和**国防**现代化方面，急需研制各种性能迥异的金属材料、非金属材料和高分子材料。在煤、石油和天然气的开发、炼制和综合利用中包含着极为丰富的化学知识，并已形成煤化学、石油化学等专门领域。导弹的生产、人造卫星的发射，需要很多种具有特殊性能的化学产品，如高能燃料、高能电池、高敏胶片及耐高温、耐辐射的材料等。

随着科学技术和生产水平的提高以及新的实验手段和电子计算机的广泛应用，不仅化学科学本身有了突飞猛进的发展，而且由于化学与其他科学的相互渗透，相互交叉，也大大促进了其他基础科学和应用科学的发展和交叉学科的形成。目前国际上最关心的几个重大问题——**环境的保护**、**能源的开发利用**、**功能材料的研制**、**生命过程奥秘的探索**——都与化学密切相关。随着工业生产的发展，工业废气、废水和废渣越来越多，处理不当就会污染环境。全球气温变暖、臭氧层破坏和酸雨是三大环境问题，正在危及着人类的生存和发展，因此，三废的治理和利用，寻找净化环境的方法和对污染情况的监测，都是现今化学工作者的重要任务。在能源开发和利用方面，化学工作者为人类使用煤和石油曾做出了重大贡献，现在又在为开发新能源积极努力。利用太阳能和氢能源的研究工作都是化学科学研究的前沿课题。材料科学是以化学、物理和生物学等为基础的边缘科学，它主要是研究和开发具有电、磁、光和催化等各种性能的新材料，如高温超导体、非线性光学材料和功能性高分子合成材料等。生命过程中充满着各种生物化学反应，当今化学家和生物学家正在通力合作，探索生命现象的奥秘，从原子、分子水平上对生命过程做出化学的说明则是化学家的优势。

总之，化学与国民经济各个部门、尖端科学技术各个领域以及人民生活各个方面都有着密切联系。它是一门重要的基础科学，它在整个自然科学中的关系和地位，正如[美]Pimentel G C 在《化学中的机会——今天和明天》一书中指出的“化学是一门中心科学，它与社会发展各方面的需要都有密切关系。”它不仅是化学工作者的专业知识，也是广大人民科学知识的组成部分，化学教育的普及是社会发展的需要，是提高公民文化素质的需要。

2. 化学学科的分支

化学的研究范围极其广泛，按其研究对象和研究目的不同，在上世纪交替之际，化学已逐渐形成了分析化学、无机化学、有机化学和物理化学等分支学科。

分析化学分支形成最早，自19世纪初，原子量①的准确测定，促进了分析化学的发展，这对原子量数据的积累和周期律的发现，都有很重要的作用。1841年Berzelius J J的《化学教程》，1846年Fresenius C R的《定量分析教程》和1855年Mohr E的《化学分析滴定法教程》等专著相继出版，其中介绍的仪器设备、分离和测定方法，已初具今日化学分析的端倪。随着电子技术的发展，借助于光学性质和电学性质的光度分析法以及测定物质内部结构的X射线衍射法、红外光谱法、紫外光谱法、核磁共振法等等则是近代的仪器分析方法，这些方法可以快速灵敏地进行检测。如对运动员的兴奋剂监测，尿样中某些药物浓度即使低到10^{-13} g·mL^{-1}时，也难躲避分析化学家们的锐利眼睛。

无机化学的形成常以1870年前后Mendeleev D I和Meyer J L发现周期律和公布周期表为标志。他们把当时已知的63种元素及其化合物的零散知识，归纳成一个统一整体。一个多世纪以来，化学研究的成果还在不断丰富和发展周期律，周期律的发现是科学史上的一个勋业。

有机化学的结构理论和有机化合物的分类，也形成于19世纪下半叶。如1861年Kekulé F A提出碳的四价概念及1874年van't Hoff和Lebel的四面体学说，至今仍是有机化学最基本的概念之一，世界有机化学权威杂志就是用Tetrahedron(四面体)命名的。有机化学是最大的化学分支学科，它以碳氢化合物及其衍生物为研究对象，也可以说有机化学就是"碳的化学"。医药、农药、染料、化妆品等等无不与有机化学有关。在有机物中有些小分子，如乙烯(C_2H_4)、丙烯(C_3H_6)、丁二烯(C_4H_6)，在一定温度、压力和有催化剂的条件下可以聚合成为分子量为几万、几十万的**高分子材料**，这就是塑料、人造纤维、人造橡胶等，它们已经走进千家万户、各行各业。目前高分子材料的年产量已超过1亿吨，预计到本世纪末，其总产量会大大超过各种金属总产量之和。若按使用材料的主要种类来划分时代，人类经历了石器时代、青铜器时代、铁器时代，目前正在迈向高分子时代。现在往往已把高分子列为另一个化学分支学科，有的高等学校设立高分子系，有的学校设立高分子研究所，有力地加强了

① 国际单位制(SI)中，原子量称为相对原子质量。

人才培养,并促进了该分支学科的发展。

物理化学是从化学变化与物理变化的联系入手,研究化学反应的方向和限度(化学热力学)、化学反应的速率和机理(化学动力学)以及物质的微观结构与宏观性质间的关系(结构化学)等问题,它是化学学科的理论核心。1887年 Ostwald W 和 van't Hoff J H 合作创办了《物理化学杂志》,标志着这个分支学科的形成。随着电子技术、计算机、微波技术等的发展,化学研究如虎添翼,空间分辨率现已达 10^{-10} m,这是原子半径的数量级,时间分辨率已达飞秒级(1fs = 10^{-15} s),这和原子世界里电子运动速度差不多。肉眼看不见的原子,借助于仪器的延伸已经变得可以摸得着,看得见的实物,微观世界的原子和分子不再那么神秘莫测了。

在研究各类物质的性质和变化规律的过程中,化学逐渐发展成为若干分支学科,但在探索和处理具体课题时,这些分支学科又相互联系、相互渗透。无机物或有机物的合成总是研究(或生产)的起点,在进行过程中必定要靠分析化学的测定结果来指示合成工作中原料、中间体、产物的组成和结构,这一切当然都离不开物理化学的理论指导。

化学学科在其发展过程中还与其他学科交叉结合形成多种边缘学科,如生物化学、环境化学、农业化学、医化学、材料化学、地球化学、放射化学、激光化学、计算化学、星际化学等等。在21世纪即将来临之际,社会需要化学科学做什么?化学工作者能为社会做哪些贡献?这是世人关心的话题之一。

3. 化学变化的特征

化学变化以化学反应为基础。参与化学反应的反应物性质和状态可以千差万别,控制化学反应的外界条件(如温度、压力等)也可以是各种各样,但所有的化学反应都具有以下两个特点:

(1) 化学反应遵守**质量守恒定律** 化学变化是反应物的原子,通过旧化学键破坏和新化学键形成而重新组合的过程。以氢气在氯气中燃烧生成氯化氢气体的反应为例,在燃烧过程中氢分子的 H—H 键和氯分子的 Cl—Cl 键断裂,氢原子和氯原子通过形成新的 H—Cl 键而重新组合生成氯化氢分子。在化学反应过程中,原子核不发生变化,电子总数也不改变,因此,在化学反应前后,**反应体系中物质的总质量不会改变**,即遵守质量守恒定律。这条定律是组成化学反应方程式和进行化学计算时的依据。上面讲到的氢气在氯气中的燃烧反应,可用下列方程式表示

$$H_2 + Cl_2 = 2HCl$$

在日常生活中物质的质量单位通常采用千克(kg)或克(g)表示。由于化学中所涉及的原子、分子等微粒,质量大都在 10^{-26} kg 数量级,即使是蛋白质、核酸等大分子,一个分子的质量也大都在 10^{-20} kg 以下,目前还不能直接进行称量。为此,在化学中采用**大量微粒的集合体为基本量**的方法来解决这个问题,“物质的量”就是化学中常用的一个这类的物理量。国际单位制(SI)中规定物质的量的基本单位为摩尔,其符号为 mol,它的定义是:摩尔是一系统的物质的量,该系统中所包含的微粒数目与 12 g 碳($^{12}_{6}C$)的原子数目相等,则这个系统物质的量为 1 摩尔(1mol)。根据实验测定 12 g $^{12}_{6}C$ 中含有原子数目是 6.022×10^{23} 个,这个数称为阿伏加德罗常数(N_A)。

摩尔(mol)是物质的量的单位,而不是质量单位。物质的量、物质的质量与摩尔质量之间的关系可用下式表示

$$\frac{\text{物质的质量}}{\text{摩尔质量}} = \text{物质的量}$$

摩尔这个单位的应用为化学计算带来了很大方便。化学反应方程式中,反应物和生成物之间质量关系比较复杂,而从摩尔单位看则很简单。例如通过下列化学反应方程式和有关化合物的摩尔质量就很容易看到 1 吨碳酸钙在完全分解时应得到 0.56 吨氧化钙和 0.44 吨二氧化碳:

	$CaCO_3$ $\xlongequal{\text{加热}}$	CaO +	CO_2
摩尔质量/$kg\cdot mol^{-1}$	100	56	44
	1 吨	0.56 吨	0.44 吨

在生产和科学实验中经常用这类方法计算原料配比和理论产量。有不少化学反应是在溶液中进行的,要定量计算反应物和生成物之间的质量关系,就必须了解溶液及溶液浓度的表示法。一种物质以分子或离子状态分散于另一种物质中所构成的均匀而稳定的体系叫**溶液**。把蔗糖放入水中,固态的糖粒消失形成糖水溶液。(通常把蔗糖称为溶质,水称为溶剂)。溶液是一种混合物,在溶液中溶质和溶剂的相对含量可以在一定范围内变化,为了定量地描述溶液中各组分的相对含量,采用了一些表示浓度的方法,常用的浓度表示方法是物质的量浓度,即:单位体积溶液中所含溶质的物质的量,其单位是 $mol\cdot L^{-1}$:

$$\text{浓度} = \frac{\text{溶质的物质的量}}{\text{溶液的体积}}$$

利用化学反应方程式:$2NaOH + H_2SO_4 = Na_2SO_4 + 2H_2O$ 可以计算出完全中和

20 mL 浓度为 1.0 $mol \cdot L^{-1}$ NaOH 溶液需要浓度为 2.0 $mol \cdot L^{-1}$ 的 H_2SO_4 溶液 10.0 mL。上述计量关系，若用质量单位进行计算，就显得麻烦了。凡涉及溶液的计量问题，都要用浓度进行计算。

(2) 化学变化都伴随着**能量变化**　在化学反应中，拆散化学键需要吸收能量，形成化学键则放出能量，由于各种化学键的键能不同，所以当化学键改组时，必然伴随有能量变化。在化学反应中，如果放出的能量大于吸收的能量，则此反应为**放热反应**，反之则为**吸热反应**。我们以下列方式表示化学反应的能量变化，也叫热化学方程式。例如：

$$H_2(g) + \frac{1}{2}O_2(g) \longrightarrow H_2O(l) + 286\ kJ \qquad ①$$

或 $$H_2(g) + \frac{1}{2}O_2(g) \longrightarrow H_2O(l) \qquad \Delta H = -286\ kJ \cdot mol^{-1} \qquad ②$$

式中(g)和(l)分别代表物质处于气态和液态，若是固态，则用(s)代表。第①式在右边写+286 kJ，表示在生成 1 mol $H_2O(l)$ 时有 286 kJ 热产生，这是放热反应。这种写法直观，容易理解，中学化学课本就是这样的写法。但化学专业书刊中都按第②式书写，因为化学反应方程式的着眼点是质量守恒，把原子结合的变化和热量变化用加号连在一起欠妥，此外在化学热力学问题中对一个化学反应而言还有熵变(ΔS)、自由焓变(ΔG)等需要注明，而 ΔH 的数值又随温度压力的不同而不同，因此用第②式表示为宜。请注意，这两式的+、-号恰相反，ΔH 代表生成物的 H 值与反应物的 H 值之差，ΔH 为负值，即生成物的 H 值小于反应物，那么体系就是放热；反之 ΔH 为正值，表示生成物的 H 值大于反应物，所以体系要吸热。还有 ΔH 的单位不是 kJ，而是 $kJ \cdot mol^{-1}$，在此 mol^{-1} 是代表“每摩尔这样的反应”而不是指每摩尔 H_2O 或每摩尔 H_2 或每摩尔 O_2，所以若有 2 mol H_2 和 1 mol O_2 起反应，其 ΔH 值则为 $-572\ kJ \cdot mol^{-1}$：

$$2H_2(g)+O_2(g) \longrightarrow 2H_2O(l) \qquad \Delta H = -572\ kJ \cdot mol^{-1}$$

类似情况，下列三式都表示 N_2 和 O_2 起反应所伴随的热量变化。

$$\frac{1}{2}N_2(g) + O_2(g) \longrightarrow NO_2(g) - 34\ kJ$$

$$\frac{1}{2}N_2(g) + O_2(g) \longrightarrow NO_2(g) \qquad \Delta H = +34\ kJ \cdot mol^{-1}$$

$$N_2(g) + 2O_2(g) \longrightarrow 2NO_2(g) \qquad \Delta H = +68\ kJ \cdot mol^{-1}$$

化学反应是否能进行？进行的程度和速率如何？选择什么温度和压力最为适宜？这些问题都与该反应的热效应有关。工农业生产和人民生活所需要的能量，主要来自煤、煤气、石油气或天然气等的燃烧过程，这些化学变化过程的热效应作为能量的来源,或简称为“能源”。

本书以当今社会各界共同关心的环境、能源、材料、生命等热门话题为经线,以化学基本概念为纬线进行编写。最基本的概念如原子结构、化学键、化学计算等,以中学化学和物理为基础,作必要的复习,然后适当提高,以便深化对化学知识的理解。希望读者能通过化学事例了解自然科学在社会发展中的作用和地位,自然科学和社会科学的相互依存,以利于科学文化素质的提高。

复 习 题

1. 下列几种变化,哪些属化学变化?哪些属物理变化?
   (1) 铁的生锈　　　(2) 从海水晒盐
   (3) 蜡烛燃烧　　　(4) 蔗糖溶于水中
2. 下列说法是否合理?请举例说明。
   (1) 发展农业最需要的化学产品有化肥、农药和塑料薄膜等;
   (2) 化学是污染环境的祸首;
   (3) 化学在科技发展中,处于中心位置;
   (4) 我们生活在“化学世界”里。
3. Mendeleev 发现周期律时知道几种元素?现在知道几种元素?以后是否还能发现新元素?
4. 现代科技的空间分辨本领和时间分辨本领各是什么数量级?
5. 化学在自然科学的分类中属一级学科,它的二级分支学科有哪些?
6. 判断下列几种说法是否正确,并说明理由。
   (1) 原子是化学变化中的最小微粒,它由原子核和核外电子组成;
   (2) 原子量就是一个原子的质量;
   (3) 4g H_2 和 4g O_2 所含分子数目相等;
   (4) 0.5 mol 的铁和 0.5 mol 的铜所含原子数相等;
   (5) 物质的量就是物质的质量;
   (6) 化合物的性质是元素性质的加合。
7. 硫铵 $(NH_4)_2SO_4$、碳铵 NH_4HCO_3 和尿素 $CO(NH_2)_2$ 三种化肥的含氮量各是多少?哪种肥效最高?
8. 10g NaOH 配制成 1L 溶液,求该溶液的浓度(单位:$mol \cdot L^{-1}$)。若从中取出 25 mL,其浓度是多少?其中有多少摩尔的 Na^+?
9. 实验室常用 36.5% 的盐酸溶液,密度为 1.19 $g \cdot mL^{-1}$,问该溶液的浓度(单位:$mol \cdot L^{-1}$)是多少?
10. H_2 和 O_2 化合生成 H_2O 的过程中,哪些化学键断裂?哪些化学键生成?
11. 碳酸钠 Na_2CO_3 俗称纯碱,也叫苏打,它是一种用途甚广的化工原料,在国民经济和社会发展的统计公报中,常用 Na_2CO_3 的产量作为工业生产发展的指标之一。Na_2CO_3 可以用 NaCl, $NH_3 \cdot H_2O$ 和 CO_2 为原料,按下列化学反应方程式制造。那么每生产 100 吨纯碱,理论上需要多少吨 NaCl?同时还能得到多少吨 NH_4Cl?

$$NaCl + NH_3 \cdot H_2O + CO_2 = NaHCO_3 + NH_4Cl$$

$$2NaHCO_3 = Na_2CO_3 + CO_2 + H_2O$$

12. 绿色植物在太阳光作用下，借叶绿素可以将空气中的 CO_2 和 H_2O 转变为碳水化合物，同时放出 O_2，这个过程叫光合作用，可以用下列热化学方程式表示：

$$6CO_2 + 6H_2O \xrightarrow{\text{叶绿素}} \underset{\text{(碳水化合物)}}{C_6H_{12}O_6} + 6O_2 \qquad \Delta H = +289\ \text{kJ} \cdot \text{mol}^{-1}$$

这是生命世界最重要的最基本的化学反应之一。按此化学方程式计算，每生成 100 kg 碳水化合物，需要吸收多少千焦太阳能？

第 1 章

原子结构和元素周期律

原子、分子现在已是大家所熟悉的名词,但人们对原子、分子的认识却经历了漫长而艰辛的过程。因为原子、分子非常微小(原子直径在 10^{-10} m 数量级,砂粒是 10^{-4} m 数量级),过去人们无法直接看见它,而只能通过观察宏观现象,经过推理去认识它们。根据实验事实提出原子的理论模型,再由新的实验事实检验其正确性。本世纪 80 年代科学家们用扫描隧道电镜和原子力显微镜才观察到原子和分子的排布情况。

有关原子结构的知识已是自然科学的重要基础知识之一。在化学变化中,原子核不发生变化,只是核外电子的运动状态发生变化,致使原子结合方式有了变化。因此要了解和掌握物质的性质及其变化规律,首先必须了解原子内部结构,特别是核外电子的运动状态。

1.1 人类对原子的认识

19 世纪初英国科学家 Dalton J 总结各种元素化合时的质量比例关系,提出了原子学说,他认为**物质由原子组成**,原子不能创造,也不能毁灭,并且在化学变化中不可再分割,它们在化学反应中保持本性不变。**同一种元素的原子质量、形状和性质完全相同,不同元素的原子则不相同**。他为原子描绘了一个最初的模型,并且合理地解释了化学反应所遵循的质量关系,从物质结构的微观角度揭示了宏观化学现象的本质。因此,原子学说的提出在化学发展史上具有重大的科学意义。随着科学技术的发展,许多新的实验现象的出现,尤其是电子、X 射线和放射性现象的发现,使人们修正了原子不可再分割的观念,进而探讨原子的组成及其内部结构的奥秘。

19 世纪后期,物理学家在研究低气压下气体的放电现象时发现了电子,进一步的实验又证明电子是一种带负电并具有一定质量的微粒,电子能从各种不同物质中分离出来,说明电子普遍存在于原子中。既然电子是原子的一个组成部分，电子又是带负电荷的微粒，而整个原子是电中性的，说明在原子中还存在着某种带正电荷的组成部分，而且它所带正电荷的电量必定和原子中所含电子的负电总量相等。1911 年英国物理学家 Rutherford E 通过 α 粒子散射实验证明，原子中这个带正电荷的部分集中在一起，被称为原子核。在此实验的基础上，Rutherford E 提出了带核的原子模型：**原子由原子核和核外电子组成，原子核带正电荷，并位于原子中心，电子带负电荷，在原子核周围空间做高速运动**，就像行星绕太阳运转一样。原子核所带的正电荷数（简称核电荷数）与核外电子所带负电荷总量相等，所以整个原子是电中性的。原子很小，**原子核更小**，如果把原子看成是乒乓球那么大，则原子核只有大头针的针尖大小，所以，原子内部绝大部分是空的，而原子的质量几乎全部集中在原子核上。

原子核也具有复杂的结构，**它由带正电荷的质子和不带电荷的中子组成**。因此，核电荷数由质子数决定，核电荷数的符号为 z：

$$核电荷数(z)=质子数=核外电子数$$

有关电子、质子和中子的基本数据如下表。

粒子	质量/kg	电荷/C	电荷/e
电子	$9.109\ 389\ 7\times10^{-31}$	$-1.602\ 177\ 33\times10^{-19}$	-1
质子	$1.672\ 623\ 1\times10^{-27}$	$+1.602\ 177\ 33\times10^{-19}$	+1
中子	$1.674\ 928\ 6\times10^{-27}$	0	0

由于电子、质子、中子以及原子质量都很小，计算不方便，因此，通常用它们的相对质量来计量。国际上选用 ${}^{12}_{6}C=12$ 作为原子量标准，即以一个 ${}^{12}_{6}C$ 原子的质量（$1.992\ 7\times10^{-26}$ kg）的 1/12 定义为原子质量单位（atomic mass unit，u），$1u=1.660\ 540\ 2\times10^{-27}$ kg。电子、质子和中子的相对质量分别为 0.000 55 u，1.007 28 u 和1.008 66 u。如果电子的质量忽略不计，原子的相对质量的整数部分就等于质子相对质量（取整数）和中子相对质量（取整数）之和，这个数值叫做质量数，用符号 A 表示，中子数用符号 N 表示，则

$$质量数(A)=质子数(z)+中子数(N)$$

因此，只要知道上述三个数值中的任意两个，就可以推算出另一个数值来。例如知道硫原子的核电荷数为 16，质量数为 32，则

$$硫原子的中子数=A-z=32-16=16$$

归纳起来，如以 ${}^{A}_{Z}X$ 代表一个质量数为 A，质子数为 Z 的原子，那么构成原子的

粒子间的关系可以表示如下：

$$原子({}_{z}^{A}X)\begin{cases}原子核\begin{cases}质子 & z 个\\ 中子 & (A-z)个\end{cases}\\ 核外电子 \quad z 个\end{cases}$$

具有相同质子数(即核电荷)的同一类原子的总称为**元素**。迄今已知元素的数目为111种。同种元素的原子的质子数相同,但中子数不一定相同,因此其质量数也可以不相同,这些具有相同质子数而有不同质量数的原子互为**同位素**。例如氢元素有3种同位素：${}_{1}^{1}H$, ${}_{1}^{2}H$ 和${}_{1}^{3}H$,分别称为氢(氕)、重氢(氘)和超重氢(氚),氘和氚是制造氢弹的材料。元素铀(U)有${}_{92}^{234}U$, ${}_{92}^{235}U$, ${}_{92}^{238}U$ 3种天然同位素,${}_{92}^{235}U$是制造原子弹的材料和核反应堆的燃料。在天然存在的某种元素中,不论是游离态还是化合态,各种同位素所占的原子百分比一般是不变的。我们平常所用的元素原子量,是按各种天然同位素原子所占的一定百分比算出来的平均值。例如氧的原子量可按下表所列的氧同位素丰度(百分比)和原子质量(以u为单位)求得：

氧的同位素	丰 度	原子质量/u
${}_{8}^{16}O$	0.997 59	15.994 91
${}_{8}^{17}O$	0.000 37	16.999 13
${}_{8}^{18}O$	0.002 04	17.999 16
氧的原子量		15.999 4

我国化学家张青莲教授长期从事同位素和原子量测定工作,他主持的科研小组自1991年以来曾对铟(In)、锑(Sb)、铈(Ce)、铕(Eu)、铱(Zr)等元素的原子量进行了精确的测定,他们的研究成果已被国际原子量委员会采纳使用。

原子的组成和内部结构的奥秘被逐步揭示以后,接踵而来的问题是原子核外电子是怎样运动的？是否仍然可以用经典力学来描述？

1.2 核外电子的运动状态

电子是质量极轻、体积极小、带负电荷的微粒,它在原子这样大小的空间(直径约为10^{-10}m)内做高速运动。它的运动和普通宏观物体不同,它具有自己的特殊规律。

1.2.1 电子云的概念

对宏观物体的运动,可以用经典力学来描述。例如火车在轨道上奔驰,人造卫星按一定轨道围绕地球运行,都可以测定或根据一定的数据计算出它们在某一时刻所在的位置和速度,并能描绘出它们的运动轨迹。而在原子核外运动的电子则不同,它不遵循经典力学的规律,必须用 20 世纪初创立的量子力学理论来描述。现已经证明电子在核外空间所处的**位置及其运动速度不能同时准确地确定**,也就是不能描绘出它的运动轨迹。在量子力学中采用**统计的方法**,即对一个电子多次的行为或许多电子的一次行为进行总的研究,可以统计出电子在核外空间某单位体积中出现机会的多少,这个机会在数学上称为**概率密度**。例如氢原子核外有一个电子,这个电子在核外好像是毫无规则地运动,一会儿在这里出现,一会儿在那里出现,但是对千百万个电子的运动状态统计而言,电子在核外空间的运动是有规律的,在一个球形区域里经常出现,如一团带负电荷的云雾,笼罩在原子核的周围,人们称之为电子云。这团"电子云雾"呈球形对称,如图 1–1 所示。**电子云是电子在核外空间出现概率密度分布的一种形象描述**。原子核位于中心,小黑点的密疏表示核外电子概率密度的大小。

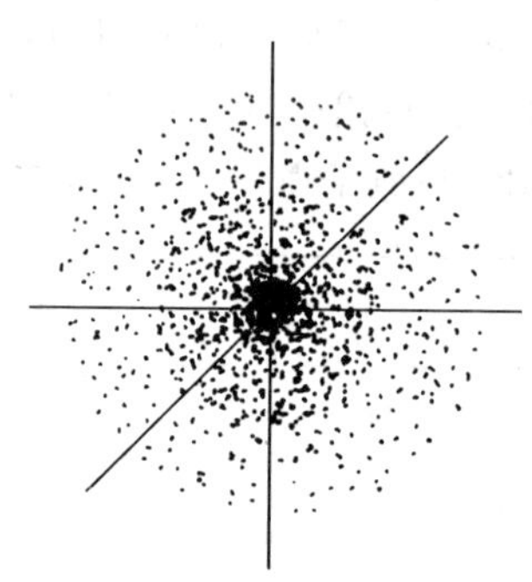

图 1–1 氢原子基态电子云图

1.2.2 四个量子数

量子力学对核外电子运动状态的描述引出四个量子数,即电子的运动状态可以用四个量子数来规定。主量子数 n,角量子数 l,磁量子数 m 和自旋量子数 m_s。其中 n,l 和 m 三个量子数确定电子在空间运动的轨道,称为**原子轨道**。当然电子运动并不是真有确定的轨道,量子力学理论认为电子在整个原子空间都有可能出现,只是在各处出现的概率密度不同,因而运动状态也不同。电子不仅在核外空间不停地运动,而且还做自旋运动,自旋量子数 m_s 规定电子自旋运动状态。所以,电子的运动状态通常由 n,l,m 三个量子数决定轨道运动,由 m_s 决定自旋运动。这四个量的具体含义和取值大致如下。

主量子数 n 它规定了核外电子离核的远近和电子能量的高低。由近及远,由低至高,n 可取正整数 1,2,3,4,…n 值越大,表示电子离原子核越远,能量越高。反之，n 越小，则电子离核越近，能量越低。由于 n 只能取正整数，所以电子的能量是分立的不连续的，或者说**能量是量子化的**。这也相当于把核外电子分为不同的电子层，凡 n 相同的电子属于同一层。习惯用 K，L，M，N，O，P 来代表 $n=1,2,3,4,5,6$ 的电子层。

角量子数 l 它规定电子在原子核外出现的概率密度随空间角度的变化，即决定原子轨道或电子云的形状。l 可取小于 n 的正整数，即 $0,1,2,\cdots,n-1$，如 $n=4$，l 可以是 0，1，2，3，相应的符号是 s，p，d，f，… 例如 $l=0$，就用 s 表示，$l=1$ 用 p 表示等等。对含有多于 1 个电子的原子（或称多电子原子），当 n 相同时，l 越大，电子的能量越高。因此，常把 n 相同，l 不同的状态称为**电子亚层**，一个电子层可以分为几个亚层。如 $n=2$（L 层），有两个亚层，即 $l=0$ 和 1，相应的原子轨道符号为 2s 和 2p；当 $n=3$（M 层）时，有 $l=0,1,2$ 三个亚层，可分别用 3s，3p 和 3d 表示。以此类推。

磁量子数 m 它规定电子运动状态在空间伸展的取向。m 的数值可取 $0,\pm1,\pm2,\cdots,\pm l$。对某个运动状态可有 $2l+1$ 个伸展方向。s 轨道的 $l=0$，所以只有一种取向，它是球对称的。p 轨道 $l=1$，$m=-1,0,+1$，所以有三种取向，用 p_x，p_y 和 p_z 表示。图 1-2 为 s 和 p 原子轨道轮廓图。s 轨道在空间伸展取向呈球对称，而 p_x 轨道伸展取向垂直于 yz 平面，p_y 取向垂直于 xz 平面，而 p_z 取向则垂直于 xy 平面。

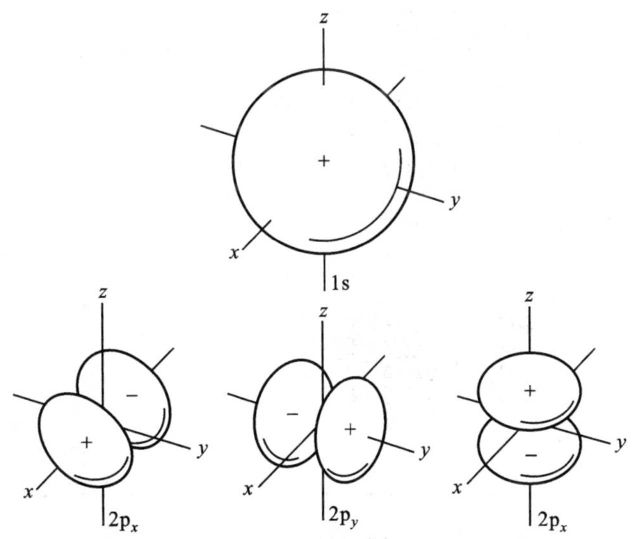

图 1-2 原子轨道轮廓图（s 状态对原点是对称的，p 状态是反对称的。图中 s 状态、p 状态的标度大小并不相同）

自旋量子数 m_s　电子除绕原子核运动外，它本身还做自旋运动。电子自旋运动有顺时针和逆时针两个方向，分别用 $m_s=+\frac{1}{2}$ 和 $m_s=-\frac{1}{2}$ 表示，也常用↑和↓符号表示自旋方向相反的电子。表 1-1 归纳了四个量子数的关系。

表 1-1　量子数和原子轨道

<table>
<tr><th colspan="4">量　子　数</th><th colspan="2">原　子　轨　道</th><th rowspan="2">电子层可容纳电子总数</th></tr>
<tr><th>n</th><th>l</th><th>m</th><th>m_s</th><th>名　称</th><th>容纳电子数</th></tr>
<tr><td>1
（K 层）</td><td>0</td><td>0</td><td>±1/2</td><td>1s</td><td>2</td><td>$2\times1^2=2$</td></tr>
<tr><td rowspan="2">2
（L 层）</td><td>0</td><td>0</td><td>±1/2</td><td>2s</td><td>2</td><td rowspan="2">$2\times2^2=8$</td></tr>
<tr><td>1</td><td>+1
0
−1</td><td>±1/2
±1/2
±1/2</td><td>2p</td><td>6</td></tr>
<tr><td rowspan="3">3
（M 层）</td><td>0</td><td>0</td><td>±1/2</td><td>3s</td><td>2</td><td rowspan="3">$2\times3^2=18$</td></tr>
<tr><td>1</td><td>+1
0
−1</td><td>±1/2
±1/2
±1/2</td><td>3p</td><td>6</td></tr>
<tr><td>2</td><td>+2
+1
0
−1
−2</td><td>±1/2
±1/2
±1/2
±1/2
±1/2</td><td>3d</td><td>10</td></tr>
<tr><td rowspan="4">4
（N 层）</td><td>0</td><td>0</td><td>±1/2</td><td>4s</td><td>2</td><td rowspan="4">$2\times4^2=32$</td></tr>
<tr><td>1</td><td>+1
0
−1</td><td>±1/2
±1/2
±1/2</td><td>4p</td><td>6</td></tr>
<tr><td>2</td><td>+2
+1
0
−1
−2</td><td>±1/2
±1/2
±1/2
±1/2
±1/2</td><td>4d</td><td>10</td></tr>
<tr><td>3</td><td>+3
+2
+1
0
−1
−2
−3</td><td>±1/2
±1/2
±1/2
±1/2
±1/2
±1/2
±1/2</td><td>4f</td><td>14</td></tr>
</table>

四个量子数的物理意义及数值之间的相互关系都是量子力学在处理波动方程时求解得到的，并有物理和化学的实验依据，本书不做阐述。这里仅把这些结论作为描述电子运动状态的符号使用。

1.2.3　核外电子排布

多电子原子的核外电子排布可用四个量子数描述,它们遵循以下三条原理。

保里不相容原理　在一个原子中没有两个电子具有完全相同的四个量子数。或者说一个原子轨道上最多只能排两个电子,而且这两个电子自旋方向必须相反。因此一个 s 轨道最多只能有 2 个电子,p 轨道最多可以容纳 6 个电子。按照这个原理,表 1-1 归纳了各个原子轨道上可容纳最多的电子数,从表中可得出第 n 电子层能容纳的电子总数为 $2n^2$ 个。

能量最低原理　自然界一个普遍的规律是“能量越低越稳定”。原子中的电子也是如此。在不违反保里原理的条件下,电子优先占据能量较低的原子轨道,使整个原子体系能量处于最低,这样的状态是原子的**基态**。

原子轨道能量的高低(也称能级)主要由主量子数 n 和角量子数 l 决定。当 l 相同时,n 越大,原子轨道能量 E 越高,例如 $E_{1s}<E_{2s}<E_{3s}$;$E_{2p}<E_{3p}<E_{4p}$。当 n 相同时,l 越大,能级也越高,如 $E_{3s}<E_{3p}<E_{3d}$。当 n 和 l 都不同时,情况比较复杂,必须同时考虑原子核对电子的吸引及电子之间的相互排斥力。由于其他电子的存在往往减弱了原子核对外层电子的吸引力,从而使多电子原子的能级产生交错现象,如 $E_{4s}<E_{3d}$,$E_{5s}<E_{4d}$。Pauling 根据光谱实验数据以及理论计算结果,提出了多电子原子轨道的近似能级图,如图 1-3 所示。用小圆圈代表原子轨道,按能量高低顺序排列起来,将轨道能量相近的放在同一个方框中组成一个能级组,共有 7 个能级组。电子可按这种能级图从低至高顺序填入。

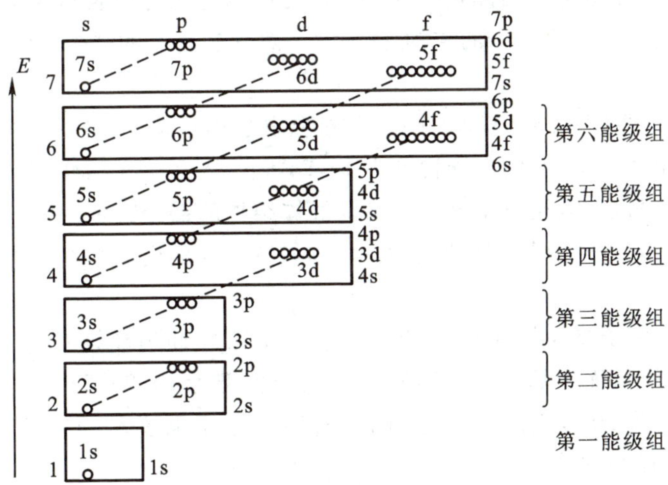

图 1-3　多电子原子中的能级图

洪特规则 在能量相等的轨道上，自旋平行的电子数目最多时，原子的能量最低。所以在能量相等的轨道上，电子尽可能自旋平行地多占不同的轨道。例如碳原子核外有 6 个电子，按能量最低原理和保里不相容原理，首先有 2 个电子排布到第一层的 1s 轨道中，另外 2 个电子填入第二层的 2s 轨道中，剩余 2 个电子排布在 2 个 p 轨道上，具有相同的自旋方向，而不是两个电子集中在一个 p 轨道，自旋方向相反。作为洪特规则的补充，能量相等的轨道**全充满、半充满**或**全空**的状态比较稳定。

根据以上原则，电子在原子轨道中填充排布的顺序为 1s 2s 2p 3s 3p 4s 3d 4p 5s 4d 5p 6s 4f 5d 6p 7s 5f 6d…见图 1-3。

下面我们运用核外电子排布的三原则来讨论核外电子排布的几个实例。

氮(N)原子核外有 7 个电子，根据能量最低原理和保里不相容原理，首先有 2 个电子排布到第一层的 1s 轨道中，又有 2 个电子排布到第二层的 2s 轨道中。按照洪特规则，余下的 3 个电子将以相同的自旋方式分别排布到 3 个方向不同但能量相同的 2p 轨道中。氮原子的电子排布式为 $1s^2 2s^2 2p^3$。这种用量子数 n 和 l 表示的电子排布方式，叫做**电子构型**或**电子组态**，右上角的数字是轨道中的电子数目。也可以用下式比较形象地表明这些电子的磁量子数和自旋量子数：

$$\underset{1s}{\underline{\downarrow\uparrow}}\quad \underset{2s}{\underline{\downarrow\uparrow}}\quad \underset{2p_x}{\underline{\uparrow}}\quad \underset{2p_y}{\underline{\uparrow}}\quad \underset{2p_z}{\underline{\uparrow}}$$

氖(Ne)原子核外有 10 个电子，根据电子排布三原则，第一电子层中有 2 个电子排布到 1s 轨道上，第二层中有 8 个电子，其中 2 个排布到 2s 轨道上，6 个排布到 2p 轨道上。因此氖的原子结构可以用电子构型表示为 $1s^2 2s^2 2p^6$。这种最外电子层为 8 电子的结构，通常是一种比较稳定的结构，称为稀有气体结构。

钠(Na)原子核外共有 11 个电子，按照电子排布顺序，最后一个电子应填充到第三电子层上，它的电子构型为 $1s^2 2s^2 2p^6 3s^1$。为了避免电子结构式书写过繁，也可以把内层电子已达到稀有气体结构的部分写成“原子实”，以稀有气体的元素符号外加方括号来表示，例如钠原子的电子构型也可以表示为 $[Ne]3s^1$。

钾(K)原子核外共有 19 个电子，由于 3d 和 4s 轨道能级交错，第 19 个电子填入 4s 轨道而不填入 3d 轨道，它的电子构型为 $1s^2 2s^2 2p^6 3s^2 3p^6 4s^1$ 或 $[Ar]4s^1$。同理 20 号元素钙(Ca)的第 19，20 个电子也填入 4s 轨道，钙原子的电子构型为 $[Ar]4s^2$。

铬(Cr)原子核外有 24 个电子，最高能级组中有 6 个电子。铬的电子构型为[Ar]$3d^5 4s^1$,而不是[Ar]$3d^4 4s^2$。这是因为 $3d^5$ 的半充满结构是一种能量较低的稳定结构。

根据核外电子排布原则和光谱实验的结果,可确定原子的核外电子排布。附录 1 列出了各元素的原子核外的电子构型。

电子排布原理是概括了大量事实后提出的一般规律,因此绝大多数原子的核外电子的实际排布与这些原理给出的结果是一致的;然而有些副族元素,特别是第五、六、七周期的某些元素,实验测定结果并不能用电子排布原理圆满地解释。因此,对于某一个具体元素的原子电子排布情况,要以光谱实验的结果为准,原理总是有其相对近似性的,科学研究的任务是承认矛盾,发展原理,使它更加符合实际。

1.3 元素周期律

在化学知识系统化的过程中,周期律起了重要的作用。这个定律使人们对化学元素的认识形成了一个完整的自然体系,使化学成为一门系统的科学。

自 Dalton 提出原子和原子量概念之后,测定各种元素原子量的工作进展迅速,到 19 世纪中叶,已积累了 60 多种元素的原子量数据。科学家们开始研究原子量与元素性质之间的关系。[俄]Mendeleev D I 和[德]Meyer J L 等分别根据原子量的大小,将元素进行分类排队,发现**元素性质随原子量的递增呈明显的周期性变化**。1869 年 Mendeleev 提出周期律及其具体表现形式的周期表如图表 1-2 所示,1871 年又做修改,如表 1-3 所示。他根据周期律修正了铟(In)、铀(U)、钍(Th)、铯(Cs)等 9 种元素的原子量,他还预言了 3 种新元素及其特性,并暂取名为类铝、类硼、类硅,这就是 1871 年发现的镓(Ga)、1880 年发现的钪(Sc)和 1886 年发现的锗(Ge)。这些新元素的原子量、密度和物理化学性质都与 Mendeleev 的预言惊人相符,周期律的正确性立即获得举世公认。至于认识周期律的内在原因,则到本世纪 30 年代量子力学发展并弄清了各元素的核外电子排布之后,人们才知道元素在周期表中的位置决定于原子的核外电子构型,特别是与最外层电子排布密切有关。表 1-4 是目前常用的周期表,并注明了外层电子结构,形式虽与当年 Mendeleev 周期表有所不同,但关于周期、主族、副族等基本概念还是一脉相承的。1882 年 Mendeleev D I 和 Meyer J L 共获英国皇家学会的最高荣誉——戴维奖章。

现在已知的 111 种元素在周期表里各就各位,有条不紊,**横向分为 7 个周期,纵向分为 18 列**,其中 1 ~ 2 和 13 ~ 18 列(即ⅠA ~ ⅧA)为主族元素,第 3 ~ 12 列(即ⅢB ~ ⅡB)为副族元素。

表 1-2　Mendeleev D I 的第一个周期律图表（1869 年）

			Ti＝50	Zr＝90	?＝180.
			V＝51	Nb＝94	Ta＝182.
			Cr＝52	No＝96	W＝186.
			Mn＝55	Rh＝104,4	Pt＝197,4
			Fe＝56	Ru＝104,4	Ir＝198.
			Ni＝Co＝59	Pl＝106,6	Os＝199.
H＝1			Cu＝63,4	Ag＝108	Hg＝200.
	Be＝9,4	Mg＝24	Zn＝65,2	Cd＝112	
	B＝11	Al＝27,4	?＝68	Ur＝116	Au＝197?
	C＝12	Si＝28	?＝70	Sn＝118	
	N＝14	P＝31	As＝75	Sb＝122	Bi＝210?
	O＝16	S＝32	Se＝79,4	Te＝128?	
	F＝19	Cl＝35,5	Br＝80	I＝127	
Li＝7	Na＝23	K＝39	Rb＝85,4	Cs＝133	Ti＝204.
		Ca＝40	Sr＝87,6	Ba＝137	Pb＝207.
		?＝45	Ce＝92		
		?Er＝56	La＝94		
		?Yt＝60	Di＝95		
		?In＝75,6	Th＝118?		

按原子核外电子排布的规律可知随原子核电荷（即原子序数）递增时，最外层电子数目总是由 s^1 至 s^2p^6 重复变化，一个周期相应于一个能级组，它所包含的元素数目恰好等于该能级组所能容纳的最多电子数目。各周期与相对应的能级组的关系如表 1-5 所示。

参考表 1-4，按价电子构型的不同，周期表可分为 s，p，d，ds 和 f 五个区。

s区元素：包括ⅠA 和ⅡA 族（第 1 和第 2 列），价电子构型为 $ns^{1\sim2}$

p区元素：包括ⅢA～ⅧA 族（第 13～18 列），价电子构型为 $ns^2np^{1\sim6}$

d 区元素：包括ⅢB～ⅧB 族（第 3～10 列），价电子构型为 $ns^{1\sim2}(n-1)d^{1\sim10}$，常称为过渡元素

ds 区元素：包括ⅠB～ⅡB 族（第 11～12 列），价电子构型为 $ns^{1\sim2}(n-1)d^{10}$

f 区元素：包括镧系和锕系元素，价电子构型为 $(n-2)f^{1\sim14}(n-1)d^{0\sim2}ns^2$。

这些元素本应插入主表相应位置中，只是便于按正常篇幅安排，才将它们取出放在周期表下方。

主族元素的族数＝原子的最外层电子数目＝主族元素的最高化合价数

元素的化学性质很大程度上取决于价电子数。在同一族中，不同元素虽然电子层数不相同，然而都有相同数目的价电子数。例如碱金属最外层都是 ns^1，卤族元素都是 ns^2np^5。因此，同一族元素性质非常相似，碱金属都容易失去一个 s 电子，成为正一价离子，表现出很强的金属性质。卤素最外层有 7 个电子（s^2p^5），有夺取一个电子形成负离子的倾向，是典型的非金属。在表 1-4 中右边阶梯式的黑线是金属元素和非金属元素的分界线。

表 1–3 Mendeleev D I 化学元素周期表（1871 年 12 月）

	Ⅰ族	Ⅱ族	Ⅲ族	Ⅳ族	Ⅴ族	Ⅵ族	Ⅶ族	Ⅷ族
最高氢化物			RH_5？	RH_4	RH_3	RH_2	RH	
最高氧化物	R_2O	RO	R_2O_3	RO_2	R_2O_5	RO_3 或 R_2O_6	R_2O_7	RO_4 或 R_2O_8
	H=1	—	—	—	—	—	—	—
典型元素	Li=7	Be=9.4	B=11	C=12	N=14	O=16	F=19	
第一周期 1类	Na=23	Mg=24	Al=27.3	Si=28	P=31	S=32	Cl=35.5	Fe=56 Co=59 Ni=59 Cu=63
第一周期 2类	K=39	Ca=40	–=44	Ti=50？	V=51	Cr=52	Mn=55	
第二周期 3类	(Cu=63)	Zn=65	–=68	–=72	As=75	Se=78	Br=80	Ru=104 Rh=104 Pd=104 Ag=108
第二周期 4类	Rb=85	Sr=87	(？ Yt=88？)	Zr=90	Nb=94	Mo=96	–=100	
第三周期 5类	(Ag=108)	Cd=112	In=113	Sn=118	Sb=122	Te=128？	I=127	
第三周期 6类	Cs=133	Ba=137	–=137	Ce=138？	—	—	—	
第四周期 7类	(—)	—	—	—	—	—	—	Os=199？ Ir=198？ Pt=197 Au=197
第四周期 8类	—	—	—	—	Ta=182	W=184	—	
第五周期 9类	(Au=197)	Hg=200	Tl=204	Pb=207	Bi=208	—	—	
第五周期 10类	—	—	—	Th=232	—	Ur=240	—	

表 1-4 元素周期表与

原子序数—26 **Fe**—元素符号
s^2d^6—价电子构型

周期	能级组内各原子轨道	1 Ⅰ A	2 Ⅱ A	3 Ⅲ B	4 Ⅳ B	5 Ⅴ B	6 Ⅵ B	7 Ⅶ B	8
1	1s	1 **H** s^1							
2	2s,2p	3 **Li** s^1	4 **Be** s^2						
3	3s,3p	11 **Na** s^1	12 **Mg** s^2						
4	4s,3d,4p	19 **K** s^1	20 **Ca** s^2	21 **Sc** s^2d^1	22 **Ti** s^2d^2	23 **V** s^2d^3	24 **Cr** s^1d^5	25 **Mn** s^2d^5	26 **Fe** s^2d^6
5	5s,4d,5p	37 **Rb** s^1	38 **Sr** s^2	39 **Y** s^2d^1	40 **Zr** s^2d^2	41 **Nb** s^1d^4	42 **Mo** s^1d^5	43 **Tc** s^2d^5	44 **Ru** s^1d^7
6	6s,4f,5d,6p	55 **Cs** s^1	56 **Ba** s^2	57～71 s^2df	72 **Hf** $[f^{14}]s^2d^2$	73 **Ta** s^2d^3	74 **W** s^2d^4	75 **Re** s^2d^5	76 **Os** s^2d^6
7	7s,5f,6d…	87 **Fr** s^1	88 **Ra** s^2	89～103 s^2df	104 **Rf** s^2d^2	105 **Ha** s^2d^3	106 **Unh**	107 **Uns**	108 **Uno**
元素分区		s 区		d 区					
价电子构型		$ns^{1\sim2}$		$(n-1)d^{1\sim9}ns^{1\sim2}$					

f 区：$(n-2)f^{1\sim14}(n-1)d^{0\sim2}ns^2$

57～71 镧系元素	s^2df	57 **La** d^1	58 **Cc** f^1d^1	59 **Pr** f^3	60 **Nd** f^4	61 **Pm** f^5	62 **Sm** f^6
87～103 锕系元素	s^2df	89 **Ac** d^1	90 **Th** d^2	91 **Pa** d^1f^2	92 **U** d^1f^3	93 **Np** f^4d^1	94 **Pu** f^6

原子的价电子构型

9	10	11	12	13	14	15	16	17	18	
Ⅷ B		Ⅰ B	Ⅱ B	Ⅲ A	Ⅳ A	Ⅴ A	Ⅵ A	Ⅶ A	Ⅷ A	元素数
									10 **He** s^2	2
				5 **B** s^2p^1	6 **C** p^2	7 **N** p^3	8 **O** p^4	9 **F** p^5	10 **Ne** p^6	8
				13 **Al** s^2p^1	14 **Si** p^2	15 **P** p^3	16 **S** p^4	17 **Cl** p^5	18 **Ar** p^6	8
27 **Co** s^2d^7	28 **Ni** s^2d^8	29 **Cu** s^1d^{10}	30 **Zn** s^2d^{10}	31 **Ga** $s^2d^{10}p^1$	32 **Ge** p^2	33 **As** p^3	34 **Se** p^4	35 **Br** p^5	36 **Kr** p^6	18
45 **Rh** s^1d^8	46 **Pd** s^0d^{10}	47 **Ag** s^1d^{10}	48 **Cd** s^2d^{10}	49 **In** $s^2d^{10}p^1$	50 **Sn** p^2	51 **Sb** p^3	52 **Te** p^4	53 **I** p^5	54 **Xe** p^6	18
77 **Ir** s^2d^7	78 **Pt** s^1d^9	79 **Au** s^1d^{10}	80 **Hg** s^2d^{10}	81 **Tl** $f^{14}s^2d^{10}p^1$	82 **Pb** p^2	83 **Bi** p^3	84 **Po** p^4	85 **At** p^5	86 **Rn** p^6	32
109 **Une**										未完
		ds 区		p 区						
		$(n-1)d^{10}ns^{1\sim2}$		$ns^2np^{1\sim6}$						

63 **Eu** f^7	64 **Gd** d^1f^7	65 **Tb** f^9	66 **Dy** f^{10}	67 **Ho** f^{11}	68 **Er** f^{12}	69 **Tm** f^{13}	70 **Yb** f^{14}	71 **Lu** d^1f^{14}
95 **Am** f^7	96 **Cm** d^1f^7	97 **Bk** f^9	98 **Cf** f^{10}	99 **Es** f^{11}	100 **Fm** f^{12}	101 **Md** (f^{13})	102 **No** (f^{14})	103 **Lr** (d^1f^{14})

表 1-5　周期与能级组的关系

周　期	能级组	能级组内各原子轨道	元素数目
1	Ⅰ	1s	2
2	Ⅱ	2s　2p	8
3	Ⅲ	3s　3p	8
4	Ⅳ	4s　3d　4p	18
5	Ⅴ	5s　4d　5p	18
6	Ⅵ	6s　4f　5d　6p	32
7	Ⅶ	7s　5f　6d	23 未完

过渡元素都是金属元素,它们的特征是随着原子序数增加而增加的电子排在较内层的 d 或 f 轨道上,而最外层只有 1～2 个电子。这些元素除了能失去最外层电子外,还能失去次外层上的电子。例如钛(^{22}Ti)电子构型为[Ar]$3d^24s^2$,它可以失去 1 个或 2 个 4s 电子,也还可以失去 1 个或 2 个 3d 电子,即最多能失去 4 个电子。因此钛的化合价变化较多,可以是+1,+2,+3 或+4 价。可以形成多种价态的化合物,是过渡元素的特点,这些化合物常呈现美丽多彩的颜色。

元素周期表是概括元素化学知识的一个宝库,且其内容随着化学知识的增加而不断丰富。对某个元素可以从周期表中直接获得下列信息:元素的名称、符号、原子序数、原子量、电子结构、族数和周期数;可以从元素周期表中的位置判断元素是金属还是非金属,并可估计其电离能、密度、原子半径、原子体积和化合价等等。周期表包含了大量的化学信息,所以我们应该学会使用周期表。

1.3.1　元素的周期性质

原子核外电子排布具有周期性变化规律,因此与原子结构有关的一些元素性质如电离能、电子亲和能和电负性等也随之呈现显著的周期性。

电离能(I)　气态原子失去一个电子成为一价气态正离子所需吸收的能量称为原子的**第一电离能**(I_1),即

$$A(g) + I_1 \longrightarrow A^+(g) + e^-$$

气态一价正离子再去掉一个电子成为二价正离子所需的能量,称为第二电离能 I_2,第三和第四电离能可以类推。电离能中第一电离能 I_1 最小,也最重要。各元素第一电离能数据列入表 1-6,第一电离能随原子序数变化的关系如图 1-4 所示。在该曲线上,各种稀有气体的电离能处于最大值,而碱金属处于最小值。这是由于稀有气体的原子形成全充满电子层,从全充满电子层上移去一个电子是很困难的,要吸收较多的能量。碱金属价电子层只有一个电子,

表 1-6 元素的第一电离能 I_1

H 13.598																	**He** 24.587
Li 5.392	**Be** 9.322											**B** 8.298	**C** 11.260	**N** 14.534	**O** 13.618	**F** 17.423	**Ne** 21.564
Na 5.139	**Mg** 7.646											**Al** 5.986	**Si** 8.151	**P** 10.487	**S** 10.360	**Cl** 12.968	**Ar** 15.759
K 4.341	**Ca** 6.113	**Sc** 6.56	**Ti** 6.83	**V** 6.746	**Cr** 6.767	**Mn** 7.434	**Fe** 7.902	**Co** 7.88	**Ni** 7.640	**Cu** 7.726	**Zn** 9.394	**Ga** 5.999	**Ge** 7.900	**As** 9.815	**Se** 9.752	**Br** 11.814	**Kr** 13.999
Rb 4.177	**Sr** 5.695	**Y** 6.217	**Zr** 6.634	**Nb** 6.759	**Mo** 7.092	**Tc** 7.28	**Ru** 7.360	**Rh** 7.59	**Pd** 8.34	**Ag** 7.576	**Cd** 8.993	**In** 5.784	**Sn** 7.344	**Sb** 8.64	**Te** 9.009	**I** 10.451	**Xe** 12.130
Cs 3.894	**Ba** 5.212	**La** 5.577	**Hf** 6.825	**Ta** 7.89	**W** 7.98	**Re** 7.88	**Os** 8.7	**Ir** 9.1	**Pt** 9.0	**Au** 9.226	**Hg** 10.437	**Tl** 6.108	**Pb** 7.417	**Bi** 7.289	**Po** 8.417	**At**	**Rn** 10.748
Fr	**Ra** 5.279	**Ac** 5.17															

本表数据录自 Robert C. West, “CRC Hardbook of Chemistry and Physics”, 73 rd ed., 1992—93, E 78—79。表中数据单位为电子伏特(eV),将其乘以 96.4846,所得数据单位即为 $kJ \cdot mol^{-1}$。

很容易失去,电离能较小,但若再失去第二个电子就很困难了,所以碱金属容易形成一价正离子。在主族元素中,同一周期元素的电离能 I_1,基本上随着原子序数的增加而增加,例如第三周期从 Na,Mg 到 Cl,Ar 的电离能逐渐增大。而同族元素的电离能随原子序数的增加而减小,如 IA 族的 Li,Na,K,Rb,Cs 的电离能依次减小。因此位于周期表左下角的碱金属铯(Cs)的 I_1 最小,最容易失去电子成为正离子,金属性最强。而位于周期表右上角的稀有气体元素氦(He)的 I_1 最大。同一周期中 I_1 并非单调的上升,例如 Be,N,Ne 的 I_1 都较相邻两元素为高,这是由于它们的原子轨道上的电子填充时出现了全满,全空或半满的情况。至于副族元素,同一周期元素的最外层价电子相同,因而第一电离能差别不大,也没有明显的规律性。

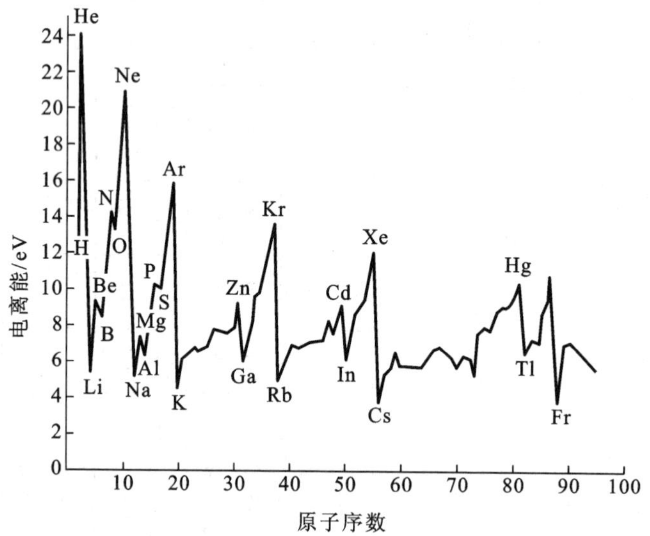

图 1-4　原子第一电离能和原子序数的关系

电子亲和能(Y)　气态原子获得一个电子成为一价负离子时所放出的能量,称为电子亲和能,即

$$A(g) + e^- \longrightarrow A^-(g) + Y$$

由于电子亲和能的实验测定比较困难,因此数据可靠性较差,数据也不完全。图 1-5 给出了周期表中原子序数为 1 ~ 20 的元素电子亲和能随原子序数的周期性变化情况。

原子的电负性(χ)　原子的电负性概念最早由 Pauling L 提出,用以**量度分子中原子对成键电子吸引能力的相对大小**。原子电负性越大,表明它在分子中吸引成键电子的能力越大;原子电负性越小,其在分子中吸引成键电子的能力也越小。例如 H 和 Cl 的电负性分别为 2.1 和 3.0,那么在 HCl 分子中 Cl

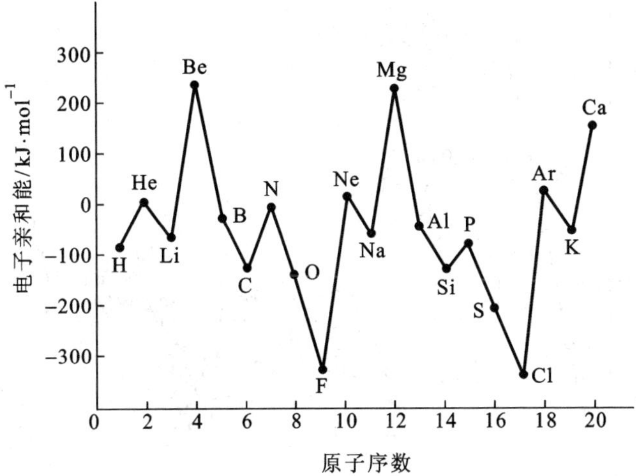

图 1-5 原子序数为 1 ~ 20 的元素的电子亲和能随原子序数变化示意图

对成键电子吸引力比 H 大,即成键电子偏向 Cl。各元素电负性数据见表 1-7。原子电负性随原子序数的周期性变化如图 1-6 所示。同一周期元素,由左向右电负性逐渐增大;同一族元素,从上向下电负性逐渐减小。因此电负性大的元素集中在周期表的右上角如 F,C,O,N 等,电负性小的元素位于周期表的左下角如 Cs,Ba,Rb 等。**金属元素的电负性较小,非金属元素的电负性较大**。电负性是判断元素金属性的重要参数。

表 1-7 元素的电负性 χ

H 2.1

Li 1.0	Be 1.5											B 2.0	C 2.5	N 3.0	O 3.5	F 4.0
Na 0.9	Mg 1.2											Al 1.5	Si 1.8	P 2.1	S 2.5	Cl 3.0
K 0.8	Ca 1.0	Sc 1.3	Ti 1.5	V 1.6	Cr 1.6	Mn 1.5	Fe 1.8	Co 1.9	Ni 1.9	Cu 1.9	Zn 1.6	Ga 1.6	Ge 1.8	As 2.0	Se 2.4	Br 2.8
Rb 0.8	Sr 1.0	Y 1.2	Zr 1.4	Nb 1.6	Mo 1.8	Tc 1.9	Ru 2.2	Rh 2.2	Pd 2.2	Ag 1.9	Cd 1.7	In 1.7	Sn 1.8	Sb 1.9	Te 2.1	I 2.5
Cs 0.7	Ba 0.9	La-Lu 1.0-1.2	Hf 1.3	Ta 1.5	W 1.7	Re 1.9	Os 2.2	Ir 2.2	Pt 2.2	Au 2.4	Hg 1.9	Tl 1.8	Pb 1.9	Bi 1.9	Po 2.0	At 2.2
Fr 0.7	Ra 0.9	Ac 1.1														

数据摘自 L. Pauling and P. Pauling, "Chemistry", 1975, p. 175。

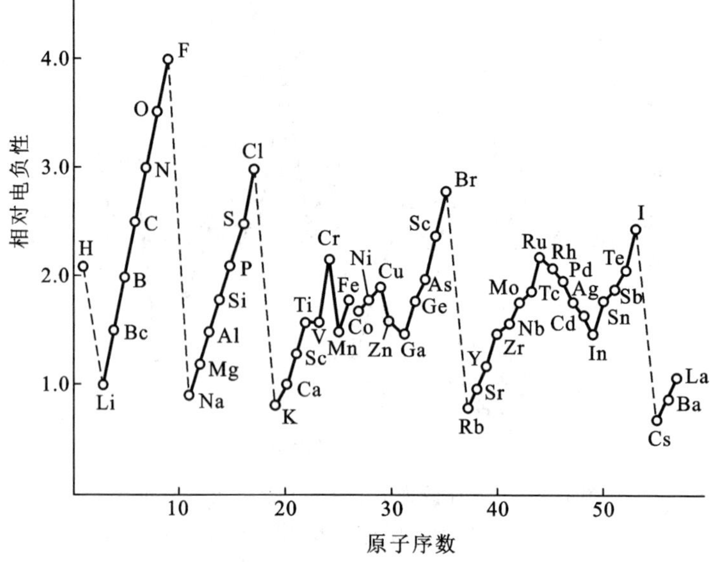

图1-6　元素的电负性示意图

电负性差别大的元素之间化合生成离子键的倾向较强，电负性相同或近似的非金属元素相互以共价键结合。电负性相等或相近的金属元素相互以金属键结合。有关化学键的内容见第3章。

元素周期律是人们在长期科学实践活动中积累了大量感性资料后总结出来的自然科学规律，它把自然界众多元素看作有内在联系的统一整体。量子力学又从理论上阐明了原子核外电子排布的周期规律性。可以说元素周期律对学习化学知识至关重要，正确运用元素周期律对开展化学研究也是至关重要的。例如在1987年发现了钡(Ba)、钇(Y)、铜(Cu)复合氧化物具有高温超导特性，全世界掀起“超导热”，化学家们顺着周期律对ⅡA族(如Ca，Sr)、ⅢA族(如Sc和La系元素)、ⅠB和ⅡB族(如Ag，Au，Zn，Cd)等各种元素的复合氧化物体系进行了“全面搜索”。也可以说一个多世纪以来化学家们一直在为耕耘周期表而忙碌。

复　习　题

1. 写出下列原子的原子序数、电子数、质子数、中子数和质量数。

$^{2}_{1}H$，$^{3}_{1}H$，$^{19}_{9}F$，$^{117}_{50}Sn$，$^{235}_{92}U$

2. 填写下表。

元素符号	质子数	中子数	电子数	电荷数
	33	42		3+
$^{128}_{52}Te^{2-}$			54	
	16	16	16	
$^{195}_{78}Pt$				
	20	20		2+
	23	28	20	

3. 写出决定原子结构的 n,l,m 和 m_s 四个量子数取值规定及其物理意义。
4. 当 $n=4$ 时,角量子数可以取哪些值？用原子轨道符号表示之。
5. 原子核外电子的排布遵循哪些规则？
6. 写出原子序数为 6,8,11,24,29 的元素其核外电子排布,指出它们在周期表中的位置,并写出名称和符号。
7. 按第一电离能大小排列下列各组元素。

(1) Be, Mg, Ca

(2) Ga, Ge, In

(3) Be, B, C, N, O

(4) He, Ne, Ar

8. 什么是元素的电负性？周期表中元素电负性的变化规律如何？
9. 下列哪些元素容易得电子成为负离子？哪些容易失电子成为正离子？

O, Na, I, B, Sr, Al, Cs, Ba, S, Se

10. 第 31 号元素镓(Ga)就是当年 Mendeleev 预言过的类铝,现在是半导体材料之一。写出它的核外电子排布并按外层电子结构说明它在周期表中的位置。写出镓的最高价氧化物、氯化物的化学式。试推测 $Ga(OH)_3$ 是否属两性氢氧化物？砷化镓 GaAs 核外电子总数与哪种元素 2 个原子的核外电子总数相等？

第2章

能　源

能源、材料和信息被称为人类社会发展的三大支柱。所谓能源是指提供能量的自然资源。人类的文明始于火的使用,燃烧现象是人类最早的化学实践之一,燃烧把化学与能源紧密地联系在一起。人类巧妙地利用化学变化过程中所伴随的能量变化,创造了五光十色的物质文明。从人类社会的发展历史进程中可以看到能源品种的不断开发不断更替的作用。根据各个历史阶段所使用的主要能源,可以分为柴草时期、煤炭时期和石油时期。

柴草时期　从火的发现到18世纪产业革命期间,树枝杂草一直是人类使用的主要能源。柴草不仅能烧烤食物,驱寒取暖,还被用来烧制陶器和冶炼金属。

陶器是人类利用火制造出来的第一种自然界不存在的材料,世界古文明发源地都在新石器时代中后期出现过陶器。把自然界的黏土,加水调和,揉捏成一定形状的泥坯,晾干后用柴火烧烤,使黏土中部分成分发生化学变化,冷却后即成为质地坚硬的陶器。制陶技术经过几千年的发展演变后出现的瓷器,至今还受到人们青睐。制陶技术的成熟也为金属冶炼和铸造技术的发展提供了条件。

金属冶炼技术的发展史中,以铜为先,翠绿色的孔雀石和深蓝色的蓝铜矿是铜的两种常见矿石,它们的主要成分是碱式碳酸铜。金属铜的熔点比较低,是1083℃(铁的熔点是1537℃)。在陶制容器中用木炭可将碱式碳酸铜还原成金属铜,然后铸成各种形状的器皿和用具。考古学已证实在公元前3000年,亚、非、欧广大地区已普遍掌握了用木炭炼铜的技术。金属材料的出现加速了人类文明的进程。

现代能源中煤炭和石油天然气的重要性虽已居首位,但柴草作为生活能源却从未间断过,不少发展中国家的农牧民至今仍以柴灶为主。在能源危机的呼唤中,这种最古老的能源品种,又以它的容易**再生**而再度受到关注。可以说人类是在利用柴火的过程中,产生了支配自然的能力而成为万物之灵的。

煤炭时期　煤炭的开采始于13世纪,而大规模开采并使其成为世界的主要能源则是18世纪中叶的事了。1769年,瓦特发明蒸汽机,煤炭作为蒸汽机的动力之源而受到关注。第一次产业革命期间,冶金工业、机械工业、交通运输业、化学工业等的发展,使煤炭的需求量与日俱增,直至20世纪40年代末,在世界能源消费中煤炭仍占首位(见表2-1)。

煤是发热量很高的一种固体燃料。它的主要成分是碳(C),还有一定量的氢(H)和少量的氧(O)、氮(N)、硫(S)和磷(P)等。煤是既含有机物也含无机物的复杂混合物。煤可以直接当燃料使用,但从物尽其用的角度来看,应多提倡煤的综合利用。例如煤经过干馏(隔绝空气情况下强热),可以分别得到焦炭、煤焦油和焦炉气。焦炭可以供炼铁用;煤焦油可提取苯、萘、酚等多种化工原料;从焦炉气中也可提取一定量的化工原料,也可直接作为气体燃料,其污染性远低于直接烧煤。

煤炭的利用使人类获得了更高的温度,推动了金属冶炼技术的发展,工业革命后100多年生产力的发展促进了人类近代社会的进步。

石油时期　第二次世界大战之后,在美国、中东、北非等地区相继发现了大油田及伴生的天然气,每吨原油产生的热量比每吨煤高一倍。石油炼制得到的汽油、柴油等是汽车、飞机用的内燃机燃料。世界各国纷纷投资石油的勘探和炼制,新技术和新工艺不断涌现,石油产品的成本大幅度降低,发达国家的石油消费量猛增。到60年代初期,在世界能源消费统计表里,石油和天然气的消耗比例开始超过煤炭而居首位。表2-1列举世界能源消费情况,摘自联合国《能源统计》(1991)。

表2-1　1950—1990年世界能源消费量和构成

年　份	消费量 万吨标准煤*	在消费量中所占比例/%			
		煤炭	石油	天然气	水电和核电
1950	239 194	60.9	27.2	10.1	1.8
1960	292 420	49.5	33.3	15.1	2.1
1970	643 956	33.5	44.0	20.1	2.4
1980	852 391	30.8	44.2	21.5	3.5
1990	1 147 610	27.3	38.6	21.7	12.4

*　各种不同品牌的煤和石油,它们的发热量是不同的。统计部门按其发热量折算,以便比较。标准煤的发热量定为29.26 $MJ \cdot kg^{-1}$。若某种原煤的发热量为20.92 $MJ \cdot kg^{-1}$,那么1 kg这种原煤就相当于0.7150 kg标准煤($\frac{20.92}{29.26}=0.7150$)。若某种原油的发热量为41.88 $MJ \cdot kg^{-1}$,那么1 kg这种原油就可折算为1.431kg标准煤($\frac{41.88}{29.26}=1.431$)。

从表2-1中数据一方面可以看到从1950年至1990年的40年间,世界能源消耗增长速度是相当快的;另一方面也可看到各种能源在消费中所占百分比有明显变化:煤的比例下降,石油和天然气、水电和核电都呈增长趋势(因天然气与石油共生,经常把两者合起来统计)。由表中数据看,1960 年时,在能源总消费中,煤占49.5%,石油和天然气占 48.4%,相差无几,此后石油和天然气的比例增大而居领先地位,目前实际上是多种能源互补的局面。煤和石油资源在地球上的分布是不均匀的,我国的煤炭资源比较丰富,石油资源则比较贫乏。20 世纪 60 年代初发现大庆油田后,能源结构大为改观,但现在我们是石油净进口国,随着工农业的发展,供需矛盾还将日益严峻。表 2-2 列举我国的能源消费量和构成,数据摘自《中国统计年鉴》(1995)。

表 2-2　中国的能源消费和构成

年　份	消费量 万吨标准煤	在消费量中所占比例/%			
		煤炭	石油	天然气	水电
1955	6 968	93.0	4.9	—	2.1
1960	30 189	93.9	4.1	0.5	1.5
1970	29 291	80.9	14.7	0.9	3.5
1980	60 275	72.2	20.7	3.1	4.0
1990	98 703	76.2	16.6	2.1	5.1
1992	108 900	74.9	18.0	2.0	5.1
1994	122 737	75.0	17.4	1.9	5.7

参看表 2-2 的数据,我国能源的结构以煤炭为主的状况可能还要延续相当的时间,因为石油的开发受资源、技术、资金等多方面的制约,恐难在短期内有所突破。

2.1　能源的分类和能量的转化

能源品种繁多,按其来源可以分为三大类:一是来自地球以外的太阳能,除太阳的辐射能之外,煤炭、石油、天然气、水能、风能等都间接来自太阳能;第二类来自地球本身,如地热能,原子核能(核燃料铀、钍等存在于地球自然界);第三类则是由月球、太阳等天体对地球的引力而产生的能量,如潮汐能。

能源工作者常用的分类方法如下图所示。

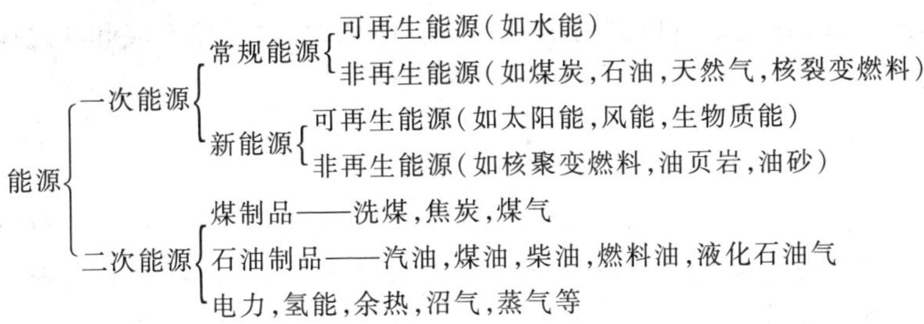

一次能源 指在自然界现成存在,可以直接取得且不必改变其基本形态的能源,如煤炭、天然气、地热、水能等。由一次能源经过加工或转换成另一种形态的能源产品,如电力、焦炭、汽油、柴油、煤气等属于**二次能源**。

常规能源 也叫传统能源,就是指已经大规模生产和广泛利用的能源。表2-1所统计的几种能源中如煤炭、石油、天然气、核能等都属一次性非再生的常规能源。而水电则属于**再生能源**,如葛洲坝水电站和未来的三峡水电站,只要长江水不干涸,发电也就不会停止。煤和石油天然气则不然,它们在地壳中是经千百万年形成的(按现在的采用速率,石油可用几十年,煤炭可用几百年),这些能源短期内不可能再生,因而人们对此有危机感是很自然的。

新能源 指以新技术为基础,系统开发利用的能源。其中最引人注目的是太阳能的利用。据估计太阳辐射到地球表面的能量是目前全世界能量消费的1.3万倍。如何把这些能量收集起来为我们所用,是科学家们十分关心的问题。植物的光合作用是自然界"利用"太阳能极为成功的范例。它不仅为大地带来了郁郁葱葱的森林和养育万物的粮菜瓜果,地球蕴藏的煤、石油、天然气的起源也与此有关。寻找有效的光合作用的模拟体系、利用太阳能使水分解为氢气和氧气及直接将太阳能转变为电能等都是当今科学技术的重要课题,一直受到各国政府和工业界的支持与鼓励。

以上是从能源的使用进行分类的方法,若从物质运动的形式看,不同的运动形式,各有对应的能量,如机械能(包括动能和势能)、热能、电能、光能等等。**各种形式的能量可以互相转化**,如动能可与势能互相转化(建筑工地打夯的落锤的上、下运动所包括的能量转化过程);化学能可与电能互相转化(化学电池和电解就是实现这种转化的两种过程)。在能量相互转化过程中,尽管做功的效率因所用工具或技术不同而有差别,但是折算成同种能量时,其总值却是不变的,这就是**能量转化和能量守恒定律**,这是自然界中一条极为基本的定律(另一条为质量守恒定律),也是识破各式各样永动机的有力判据。在能量转化过程中,未能做有用功的部分称为"无用功",通常以热的形式表现。

物质体系中,分子的动能、势能、电子能量和核能等的总和称为内能。内能的绝对值至今尚无法直接测定,但体系状态发生变化时,内能的变化以功或

热的形式表现,它们是可以被精确测量的。体系的内能、热效应和功之间的关系式为

$$\Delta U = Q + W$$

其中 ΔU 是体系内能的变化,Q 是体系从外界吸收的热量,W 是外界对体系所做的功。这就是著名的**热力学第一定律**的数学表达式,也就是**能量守恒定律**的数学表达式。应用上述公式时,要注意各种物理量的正、负号,即

ΔU ——(+) 体系内能增加　(−)体系内能体系减少
Q ——(+)体系吸收热量　(−)体系放出能量
W ——(+)外界对体系做功　(−)体系对外界做功

例如 1.00 g 乙醇在 78.3 ℃时气化,需吸收 854 J 的热,这些乙醇由液态变成气态,在 101 kPa 压力下所做的体积膨胀功为 63.2 J,这是体系对外界所做的功,应为负值,所以该体系内能的变化 $\Delta U = [854 + (-63.2)]$ J $= +791$ J,ΔU 为正值,即体系内能增加了 791 J。

能源的利用,其实就是能量的转化过程。如煤燃烧放热使蒸汽温度升高的过程就是化学能转化为蒸汽内能的过程;高温蒸汽推动发电机发电的过程是内能转化为电能的过程;电能通过电动机可转化为机械能;电能通过白炽灯泡或荧光灯管可转化为光能;电能通过电解槽可转化为化学能等等。柴草、煤炭、石油和天然气等常用能源所提供的能量都是随化学变化而产生的,多种新能源的利用也与化学变化有关。化学变化的实质是化学键的改组,所以了解化学键及键能等基本概念,将有助于加深对能源问题的认识(见本书第 3 章)。这些常用能源的主要成分为碳元素及其化合物,所以让我们先复习有关碳的化学知识。

2.2　碳的化学

碳(C)是常规能源的主要组成元素,它是化学中最重要的元素之一。含碳的化合物种类最多,它们的结构形式和成键方式最丰富。目前已知化合物的种类已超过 1000 万种,其中含碳的化合物约占 90%。极少数含碳化合物(如 CO,CO_2,Na_2CO_3)属无机化合物,绝大多数的含碳化合物具有难溶于水、熔点低、容易燃烧等特点,这类含碳化合物统称为有机化合物。由碳和氢两种元素组成的一大类化合物称为**烃**,也叫碳氢化合物(如甲烷 CH_4,乙烯 C_2H_4,苯 C_6H_6)。以烃为母体,其中氢原子被其他原子或原子团取代,而衍生为其他

一系列的有机化合物(如甲醇 CH_3OH,氯乙烯 C_2H_3Cl,硝基苯 $C_6H_5NO_2$),这些有机化合物统称为**烃的衍生物**。碳的化学也就是有机化学。碳的化合物种类如此繁多,千姿百态,但若从碳的单质结构出发进行浏览,并从其内在结构看,它们是相当有条有理的。

2.2.1 单质碳

碳在周期表里位于第2周期ⅣA族(第14列),它有4个价电子,电负性中等,它不容易丢失电子成正离子,也不容易获得电子成负离子,而容易形成各式各样的共价键。碳单质有3种同素异形体。

金刚石 碳原子的4个价电子,按四面体的4个顶点方向和其他4个碳原子以C—C共价键结合,形成无限的三维骨架,如图2-1(a)所示。两个碳原子核间距离(即C—C键长)为154 pm(1.54×10^{-8} cm = 1.45 Å)[①]。金刚石的三维结构在各个方向都有很高的强度,在天然产物中它的硬度最高,在单质中它的熔点最高,并且不导电。

石墨 每个碳原子都按平面正三角形方向和其他3个碳原子以共价键结合,形成一个六角形平面层。C—C键长为142pm,在垂直于层的方向上,还有一个价电子以π键(见第3章)的方式将无数的平面层联结在一起,层间距为340 pm,如图2-1(b)所示。层间价电子活动比较自由,石墨的导电性、滑动性都与此结构状态有关。做铅笔芯的并不是铅而是石墨,但铅笔这个名词已沿用至今。石墨和金刚石都是碳元素的单质,由于结构不同,性质差别很大,但在一定的条件下,石墨可以变为人造金刚石,但变化条件相当苛刻——2000℃以上,1500 MPa。自然界中金刚石储量不多,而新科技对这样坚硬的材料需求日益增长,促使人们进行人造金刚石的研究,并随此发展了高温高压技术。

球碳 1985年以来化学家和物理学家合作,发现了碳的第3种单质——球碳[②]。以石墨棒为电极,在氦气氛中放电,电弧产生的碳原子团沉积在冷却反应器内壁,经分离提纯得到一种由60个C原子构成的 C_{60} 分子。它的形状很像足球,碳原子位于由12个正五边形和20个正六边形组成的60个顶点处,俗称“足球烯”,如图2-1(c)所示。C_{60} 的结构,现在已由红外光谱、电子显微镜、X射线衍射和电子衍射等多种方法测定。而这种结构的初始设想却是受到美国建筑学家 Buckminster Fuller 用五边形和六边形构成球形薄壳建筑结构的启发,因此也有 Fullerball(富勒球)之称。后来还发现了 C_{50},C_{70},C_{84},C_{120}

---

① 1pm = 1×10^{-12} m = 1×10^{-10} cm, 1Å = 1×10^{-8} cm,有些书刊习惯用Å表示键长。

② 顾镇南,张泽莹. 固体碳的一种新形态——富勒烯. 大学化学,1992(2):1

等各种各样的多面体碳分子,目前对这类物质的研究尚处于开拓阶段。它们有可能做催化剂、润滑剂、超导体等的基质材料。[美]Smalley R E,[美]Curl R F 和[英]Kroto H W,因对开拓这个化学新领域的贡献荣获 1996 年诺贝尔化学奖。

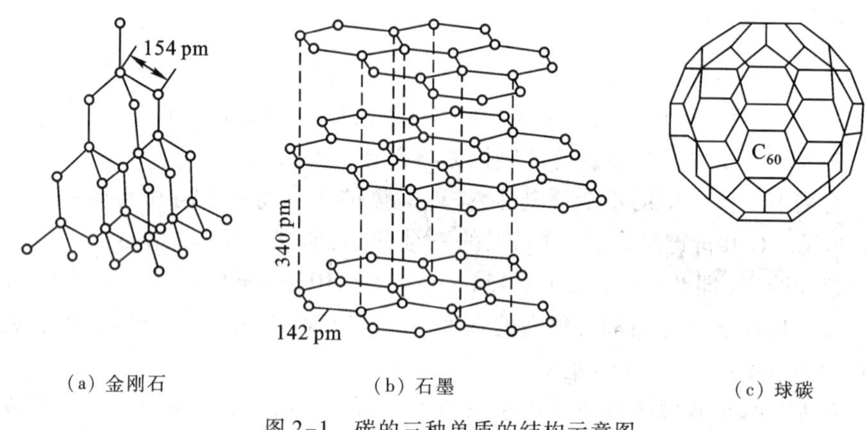

图 2-1 碳的三种单质的结构示意图

2.2.2 烃类——碳氢化合物

烃是众多有机化合物的母体,也是最基本、最简单的有机化合物。四类基本的烃是:烷烃、烯烃、炔烃和芳烃。

烷烃 甲烷(CH_4)、丁烷(C_4H_{10})和辛烷(C_8H_{18})是我们日常生活中最常遇到的几种烷烃,它们分别是天然气、石油液化气和汽油的主要成分。燃烧时放热生成 H_2O 和 CO_2。最简单的烷烃是甲烷、乙烷、丙烷和丁烷,它们的化学式、结构简式和球棍结构式如下表所示。这类化合物中碳原子按四面体方向和其他碳原子或氢原子以共价单键相联成链。由于碳原子的外层 4 个价电子都已分别成键,因此,它们属饱和烃,其通式为 C_nH_{2n+2},在特定条件下可以发生取代反应。

烯烃 常见的烯烃是乙烯(C_2H_4)和丙烯(C_3H_6)。烯烃的通式是 C_nH_{2n},它们都含有碳碳双键(—C ═C—),容易发生加成反应。乙烯是现代石油化学工业的龙头产品之一,乙烯的生产能力是国家综合国力的重要标志。丙烯是制造丙烯腈(人造羊毛)和聚丙烯纤维的基本原料。凡含有两个碳碳双键的烯烃叫二烯烃,如丁二烯(C_4H_6)是制造顺丁橡胶的原料。乙烯、丙烯、丁二烯的结构简式如下:

名　称	化学式	结构简式	球棍式
甲烷	CH_4	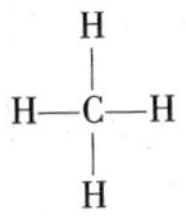 H | H—C—H | H	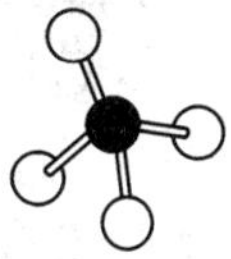
乙烷	C_2H_6	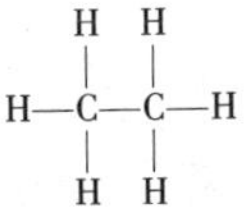 H　H |　| H—C—C—H |　| H　H	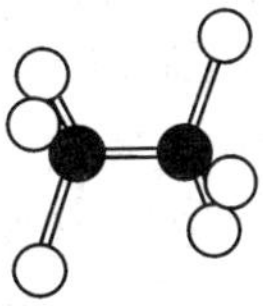
丙烷	C_3H_8	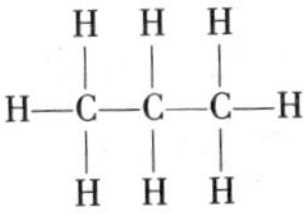 H　H　H |　|　| H—C—C—C—H |　|　| H　H　H	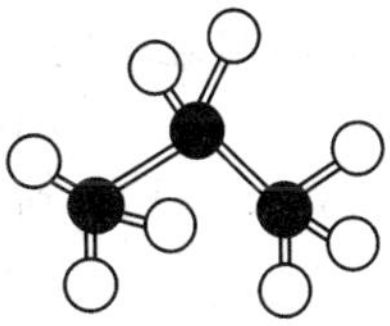
丁烷	C_4H_{10}	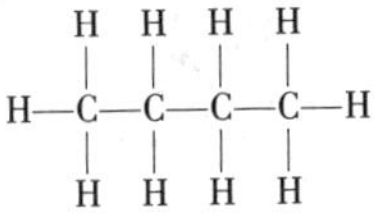 H　H　H　H |　|　|　| H—C—C—C—C—H |　|　|　| H　H　H　H	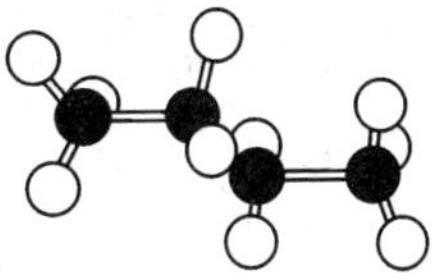

```
   H  H              H  H  H              H  H  H  H
   |  |              |  |  |              |  |  |  |
H—C═C—H           H—C═C—C—H           H—C═C—C═C—H
                           |
                           H
  乙烯                丙烯                1,3 丁二烯
```

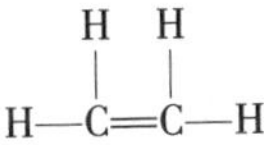

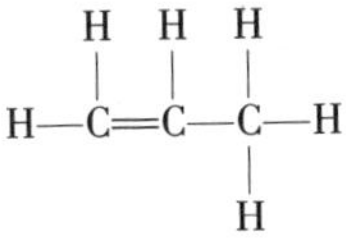

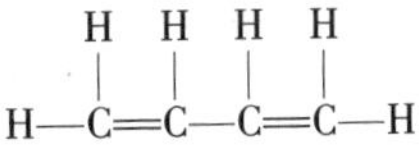

炔烃　分子中含碳碳三键(—C≡C—)的烃叫炔烃,最重要的炔烃是乙炔 C_2H_2。炔烃的通式是 C_nH_{2n-2}。金属焊接或切割时用的氧炔焰就是利用乙炔在氧气中燃烧时产生的高温(约 3000℃)。气焊时用的乙炔气是由电石(CaC_2)水解产生的,乙炔本身无色无味,电石水解时闻到的特殊臭味,是由其中含磷含硫杂质所致:

$$\underset{\text{电石}}{CaC_2} + H_2O \longrightarrow \underset{\text{乙炔}}{HC\equiv CH} + CaO$$

$$2C_2H_2 + 5O_2 \longrightarrow 4CO_2 + 2H_2O$$

(火焰温度可达 3000℃左右)

含有三键的炔烃和含有双键的烯烃都可以发生加成反应，统称为不饱和烃。而只含单键的烷烃只能发生取代反应。

芳烃　苯（C_6H_6）是最典型的芳烃，它具有特殊的“香味”，而得名“芳香烃”，简称芳烃。苯环是芳烃族化合物的母体，其中的碳原子以平面三角形取向成键，形成等边六角形，见下图。其中氢原子可以被其他原子或原子团取代，如1个H被甲基（CH_3—）取代时为甲苯；被乙基（C_2H_5—）取代时为乙苯；若有2个H同时被甲基取代，则为二甲苯；若有1个H被甲基取代，3个H被硝基（NO_2—）取代，则是三硝基甲苯，这是炸药的主要成分，可简写为TNT。两个或两个以上的苯环还可以共边相连，即两个苯环共用两个相连的碳原子。化学式为$C_{10}H_8$的萘分子中含有两个相连的苯环，它是重要的化工原料之一。制造染料原料之一的蒽分子（$C_{14}H_{10}$）则是由3个苯环相连。这些芳烃的结构简式如下图所示。一个苯环由6个C和6个H组成等边六角形，为了书写的方便，一般省略了C和H，而用一个等边六元环表示。

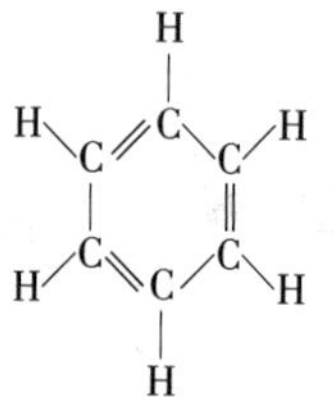

苯 　　苯的简式 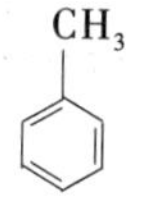　　甲苯 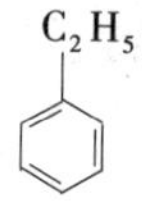　　乙苯

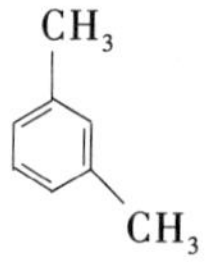

二甲苯 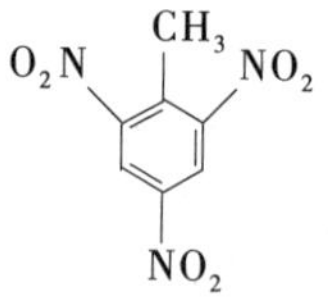　　三硝基甲苯 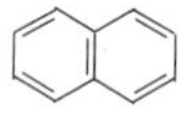　　萘 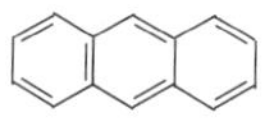　　蒽

学习烃的基本知识是掌握有机化学知识的第一步，本节仅做复习和回顾。下章化学键中还将从化学键理论的角度进一步深化对烃类的了解。

由以上一些实例可以看到各种烃分子里的氢原子可以被取代而生成烃的衍生物，常用R代表失去一个氢的烃基，如甲基（CH_3—）、乙基（C_2H_5—）、乙烯基（C_2H_3—）等。这类直链的烃基可用R—代表；而环状的苯基（ 或 ）则可用Ar代表。由烃基衍生的有机化合物比烃类化合物本身丰富得多，随取代基的不同，性质和用途千差万别。决定化合物特性的原子或原子团称为官能团。

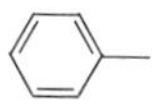

2.2.3 烃的衍生物

烃的衍生物是按官能团进行分类的,一些常见衍生物及其典型化合物和主要用途列入表 2-3。

从表 2-3 所列举典型化合物的一些用途可以看到,烃的衍生物涉及面非常广泛,不仅有日常生活用的料酒、洗涤剂、药物、塑料制品、人造纤维、染料等,也有涉及高科技需要的火箭燃料、特种橡胶等。从它们的官能团看:

醇和酚都含—OH,但凡与直链烃相连的为醇(ROH),而与苯环相连的则为酚(ArOH);

醛和酮中都有 $-\overset{\overset{\large O}{\|}}{C}-$,但醛中只有一端与 R 相连,另一端还是 H 原子,而酮则有 R 和 R′与 $-\overset{\overset{\large O}{\|}}{C}-$ 相连,R 和 R′可以相同,也可以不同;醚的特点是氧原子和两个烃基相连,R 和 R′也是可以相同或不同;

羧酸和酯的不同,在于官能团碳原子是和 OH 相连还是和 OR′相连。羧酸和醇容易起反应生成酯,这叫酯化反应,如乙酸乙酯就是由乙酸和乙醇脱水而成的,其化学反应方程是:

$$\underset{\text{乙酸}}{CH_3-\overset{\overset{O}{\|}}{C}-OH} + \underset{\text{乙醇}}{HOC_2H_5} \longrightarrow \underset{\text{乙酸乙酯}}{CH_3-\overset{\overset{O}{\|}}{C}-OC_2H_5} + H_2O$$

胺类可以看作 NH_3 分子中的一个、二个或三个氢原子被 R—或Ar —取代所形成的分子,即 RNH_2, $R-\overset{\overset{H}{|}}{N}-R$ 及 R_3N,苯胺($C_6H_5-NH_2$)是其最重要的代表物。

硝基化物 硝基($-NO_2$)是硝酸(HNO_3)脱去 1 个 OH 基团的产物,它可以和 R—或 Ar—相连。$R-NO_2$ 在染料业有广泛用途,这是由于$-NO_2$ 有生色功能。

磺酸基化物 磺酸基($-SO_3H$)是硫酸分子(H_2SO_4)脱去 1 个 OH 基团的产物,它可与 R—或 Ar—相连,十二烷基苯磺酸钠是制造洗涤剂的重要原料。

几乎所有的有机化合物都可看做是烃的衍生物,本章不再详述,以后有关章节将陆续介绍。此外与碳元素有关又与生命现象有关的糖类、氨基酸、蛋白质、酶、DNA 等内容将在第 9 章中介绍。本章重点是介绍与能源有关的内容。

表 2-3 烃衍生物的主要类型和典型化合物

类别	通式(官能团)	典型化合物示例	
		名称和结构简式	用途
卤代烃	RX (—X,代表卤族元素)	氯乙烷 CH_3CH_2Cl	溶剂,制冷剂,做杀虫剂、抗震剂的原料
醇	ROH (—OH)	乙醇 CH_3CH_2OH	俗名酒精,性能良好的溶剂,是饮用酒的主要成分之一,但它的同系物甲醇(CH_3OH)是有毒的
酚	ArOH (—OH)	苯酚 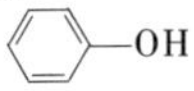 C_6H_5—OH	制造塑料、农药、染料、人造纤维的原料之一
醛	RCHO 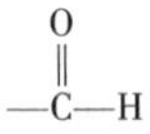 ($-\overset{O}{\overset{\Vert}{C}}-H$)	甲醛 $H-C(=O)-H$ 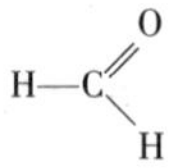	消毒剂,防腐剂,合成树脂,制造染料
酮	RCOR′  ($-\overset{O}{\overset{\Vert}{C}}-$)	丙酮 $CH_3-\overset{O}{\overset{\Vert}{C}}-CH_3$ 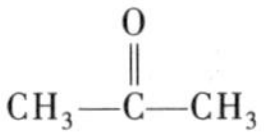	优良的溶剂,制造环氧树脂、异戊橡胶和有机玻璃的原料之一
醚	ROR′ (—C—O—C—)	乙醚 $CH_3CH_2-O-CH_2CH_3$	溶剂,萃取剂
羧酸	RCOOH 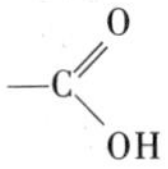 ($-C(=O)OH$)	乙酸 $CH_3-C(=O)OH$ 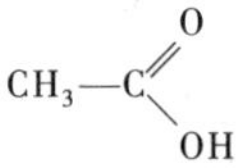	制造塑料、药物、胶片、清漆时用的原料
酯	RCOOR′ 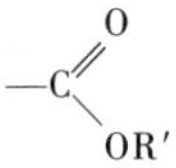 ($-C(=O)OR'$)	乙酸乙酯 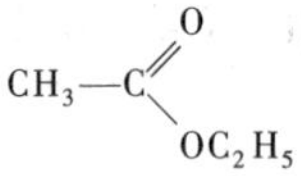 $CH_3-C(=O)OC_2H_5$	溶剂,并用于制造药物、香料、染料等
胺	RNH_2 ($-NH_2$)	苯胺 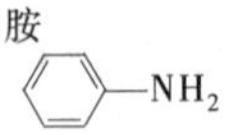 $C_6H_5-NH_2$	用于制药,合成染料
硝基化物	$R-NO_2$ ($-NO_2$)	硝基甲烷 CH_3NO_2	火箭燃料,溶剂
磺酸基化物	$R-SO_3$ ($-SO_3H$)	十二烷基苯磺酸钠 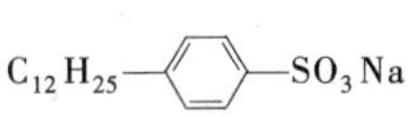 $C_{12}H_{25}-C_6H_4-SO_3Na$	制合成洗涤剂用

2.3 煤炭及其综合利用[①]

随着蒸汽机的发明和推广应用,煤逐渐成为能源的“主角”。最先大量用煤做能源的是英国。英伦三岛森林资源有限而又是产业革命的发源地,对煤炭有着迫切的需要。世界各地虽然都有煤炭资源,但分布并不均匀,绝大部分都埋藏在北纬30°以上地区。预测储量前苏联最多,美国次之,我国为第三,三者之和占全球煤资源的90%。煤炭作为化石燃料是非再生能源,按现在的开采速度估计,煤只能用几百年。煤炭可以直接燃烧,但这样只利用了煤炭应有价值的一半,对环境污染也比较严重。所以如何合理利用煤炭资源是很重要的问题,要了解煤炭的综合利用,有必要先了解煤炭的形成及其组成。

煤是由远古时代的植物经过复杂的生物化学、物理化学和地球化学作用转变而成的固体可燃物。人们在煤层及其附近发现大量保存完好的古代植物化石;在煤层中可以发现炭化了的树干;在煤层顶部岩石中可以发现植物根、茎、叶的遗迹;把煤磨成薄片,置于显微镜下可以看到植物细胞的残留痕迹。这些现象都说明成煤的原始物质是植物。

这些古代植物是怎样变成煤的呢?按生物演化过程,地球的历史可以分为古生代、中生代和新生代三大时期。气候温湿植物茂盛始于古生代中期,距今已有3亿年之久。植物从生长到死亡,其残骸堆积埋藏、演变成煤的过程当然是非常复杂的。经地质学家、煤田学家、化学家们的共同努力,现代的成煤理论认为煤化过程是:植物→泥炭(腐蚀泥)→褐煤→烟煤→无烟煤,这个过程称煤化作用。

植物生长茂盛并能大量繁殖的地方一般是沼泽、湖泊、浅海地区,气候湿润。枯死的植物残骸不断堆积,在细菌作用下腐败分解,表面部分能充分接触空气,完全分解为CO_2和H_2O。但埋藏在下层的则在缺氧甚至无氧的条件下腐败,慢慢地形成黑色的腐殖质。随植物残骸的继续堆积和深埋,这些腐殖质就在无氧条件下脱水,以及在分解产物间的互相作用下生成了腐殖酸,并变成棕褐色的凝胶状物质,称为泥煤(或泥炭),其中腐殖酸的含量可达55%~60%。随着地壳的下沉,黏土砂石堆积在泥煤之上形成一块顶板,在地热和顶板压力条件下,这些泥煤继续发生失水,并有硬结、紧缩等现象。这个过程很漫长,并使泥煤中的腐殖酸减少,氢和氧含量也减少,而碳含量增加,这就形成了褐煤。当它继续沉降到较深的地方时,煤层所受压力可以达10^5~10^6 kPa,地热温度可达200℃左右,此时褐煤的腐殖酸含量、氢和氧的含量继续减少,碳含量不断增加,逐渐形成了烟煤,然后变成无烟煤。所以烟煤和无烟煤是老年煤,形成的时间最长,含碳量高,发热量高;而褐煤和泥

---

① 陈文敏,张自劭主编.煤化学基础.北京:煤炭工业出版社,1993

煤则比较年轻，含碳量较低，发热量也较低。它们的含碳量范围大致如下：

	无烟煤	烟煤	褐煤	泥煤
含碳量/%	85 ~ 95	70 ~ 85	50 ~ 70	约 50

此外，它们的挥发物、水分、灰分和发热量也有差别。由于发生变化的环境不同，煤的组成差别可以很大，在煤炭工业界有多种详细的分类和牌号。总之，煤是古代植物遗骸埋藏在地下，经过漫长的时间，处于空气不足的条件下逐渐形成的。“漫长”是万万年或千万年，这样漫长，无法在短期内重演，所以把煤看作不可再生能源。“空气不足”意味着植物中所含的碳和氢没有完全氧化（尤其是碳），这就是煤所含的潜在能量。植物生长借叶绿素吸收太阳能发生光合作用：

$$mCO_2+nH_2O \xrightarrow[\text{吸收太阳能}]{\text{叶绿素}} C_m(H_2O)_n+O_2$$

植物吸收太阳能，储存太阳能。腐殖过程和煤化过程，实际都是氧化过程，即上述反应的逆过程，并逐步释放能量。在缺氧的条件下，水分可以逸出，但碳就不能全部变成 CO_2，而以碳原子相结合的形式固定下来。从煤的形成推本溯源，其能量乃是来自太阳能。

煤的化学组成虽然各有差别，目前公认的平均组成是

元素	C	H	O	N	S
含量/%	85.0	5.0	7.6	0.7	1.7

将其折算成原子比，可用 $C_{135}H_{96}O_9NS$ 代表，此外也还有微量的其他非金属和金属元素。至于煤的化学结构，科学家们用多种化学的和物理的方法综合论证，至今已有几十种模型。20 世纪 60 年代以前的经典模型如图 2-2 所示。现代公认的模型如图 2-3 所示。

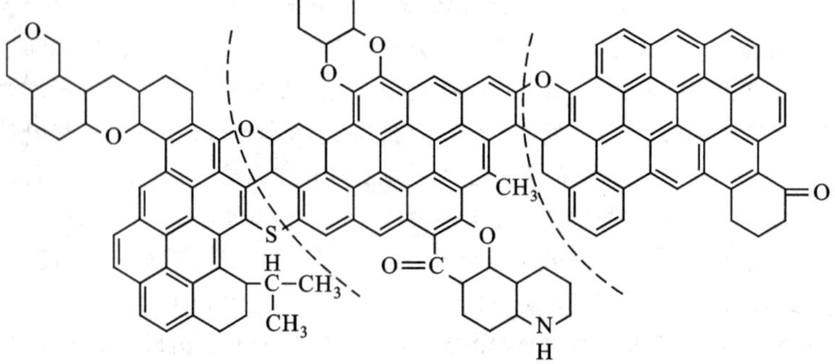

图 2-2 煤的经典结构模型

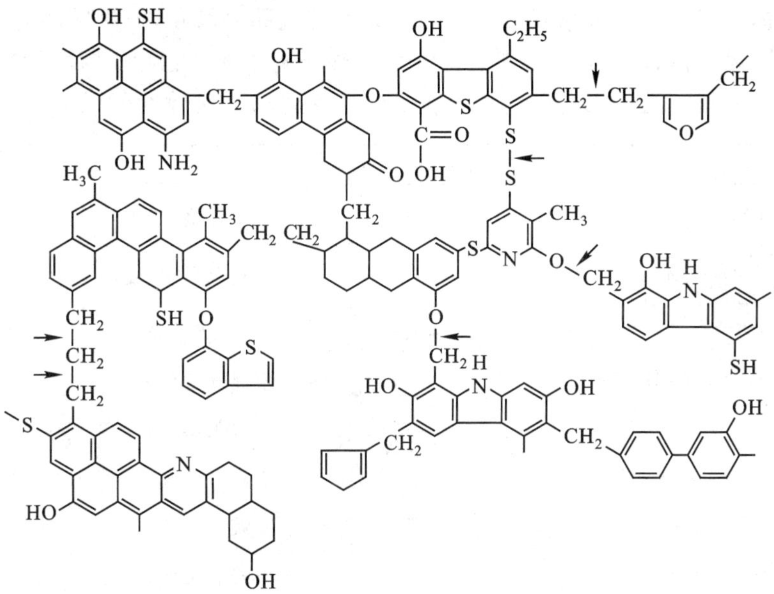

图 2-3 煤的现代结构模型

由上图可见,煤炭中含有大量的环状芳烃,缩合交联在一起,并且夹着含S和含N的杂环,通过各种桥键相连。所以煤可以成为环芳烃的重要来源。同时在煤燃烧过程中有S或N的氧化物产生,污染空气。

煤在我国能源消费结构中位居榜首(约占70%),煤的年消费量在10亿吨以上,其中30%用于发电和炼焦,50%用于各种工业锅炉、窑炉,20%用于人民生活。就是说煤的大部分是直接燃烧掉的,其中C,H,S及N分别变成CO_2,H_2O,SO_2及NO_x。这样热效率的利用并不高,如煤球热效率只有20%~30%;蜂窝煤高一点,可达50%,而碎煤则不到20%。至于工业锅炉用煤的热效率不仅与炉型结构有关,而且与煤的质量、形状、颗粒大小都有关系。煤开采后应该就地进行筛分、破碎,洗选除去一些无用的杂质。随着机械化采煤的发展,煤粉的比例提高,所以还应将煤粉在加压加温条件下成型(球、棒、砖等),然后供应用户,以减少运输量,提高热效率。直接烧煤对环境污染相当严重,二氧化硫(SO_2),氮的氧化物(NO_x)等是造成酸雨的罪魁,大量CO_2的产生是全球气温变暖的祸首。此外还有煤灰和煤渣等固体垃圾的处理与利用问题等。为了解决这些问题,合理利用和综合利用煤资源的办法不断出现和不断推广,其中最令人关心的一是如何使煤转化为清洁的能源,二是如何提取分离煤中所含宝贵的化工原料。现在已有实用价值的办法是煤的气化、煤的焦化和煤的液化。

煤的气化 是让煤在氧气不足的情况下进行部分氧化,使煤中的有机物转化为可燃气体,以气体燃料的方式经管道输送到车间、实验室、厨房等,也可以作为原料气体送进反应塔。煤的气化过程涉及 10 个基本化学反应:

化学反应	$\Delta H/\mathrm{kJ \cdot mol^{-1}}$	特 征
① $C+O_2=CO_2$	−406	完全燃烧,放热
② $C+\frac{1}{2}O_2=CO$	−123	不完全燃烧,放热
③ $C+CO_2=2CO$	+160	还原反应,吸热
④ $C+H_2O=CO+H_2$	+118	水煤气的生成
⑤ $C+2H_2O=CO_2+2H_2$	+76	生成水煤气时的副反应
⑥ $CO+H_2O=CO_2+H_2$	−3	水煤气的变换,制 H_2
⑦ $C+2H_2=CH_4$	−75	甲烷的生成
⑧ $CO+3H_2=CH_4+H_2O$	−250	甲烷的生成
⑨ $2CO+2H_2=CH_4+CO$	−247	甲烷的生成
⑩ $CO_2+4H_2=CH_4+2H_2O$	−253	甲烷的生成

其中 H_2,CO,CH_4 都是可燃气体,也是重要的化工原料。例如化肥厂在合成氨时,需要原料 H_2,可利用反应④和⑥;供居民用燃料时最好的是 CH_4,以反应⑦最理想,反应④生成的水煤气($CO+H_2$),虽然热值也很高,但 CO 毒性大,H_2 又易爆,所以不如 CH_4 气安全。根据煤气的不同用途,工程师们调节煤和空气、水和空气的比例,改进汽化炉的结构,控制反应温度和压力等条件以达到强化需要的反应,抑制不需要的反应的目的,作为燃料用的煤气实际是 H_2,CO,CO_2,CH_4,N_2(由空气带入)的混合气体,它若作为化工原料对气体纯度有一定的要求,则对条件的控制要求更高,并还要适当地分离提纯。

煤的焦化 也叫煤的干馏。这是把煤置于隔绝空气的密闭炼焦炉内加热,煤分解生成固态的焦炭、液态的煤焦油和气态的焦炉气。随加热温度不同,产品的数量和质量都不同,有低温(500～600℃)、中温(750～800℃)和高温(1000～1100℃)干馏之分。

低温干馏所得焦炭的数量和质量都较差,但焦油产率较高,其中所含轻油部分,经过加氢可以制成汽油,所以在汽油不足的地方,可采用低温干馏。中温法的主要产品是城市煤气,而高温法的主要产品则是焦炭。

焦炭的主要用途是炼铁,少量用作化工原料制造电石、电极等。煤焦油是黑色黏稠性的油状液体,其中含有苯、酚、萘、蒽、菲等重要化工原料,它们是医

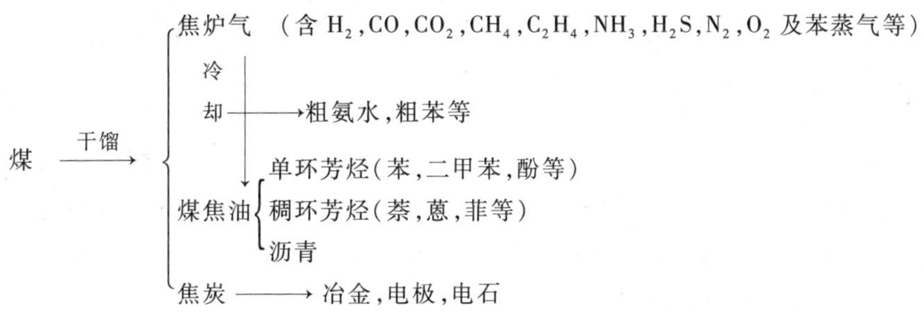

药、农药、炸药、染料等行业的原料，经适当处理可以一一加以分离。对照图 2-2和 2-3（煤的结构模型），煤焦油中所含环状有机物可以说是煤的“碎片”。此外还可以从煤焦油中分离出吡啶和喹啉，以及马达油和建筑和铺路用的沥青等。从煤焦油里分离鉴定的化合物已有 400 余种。从炼焦炉出来的气体，温度至少在 700℃以上，其中除了含有可燃气体 CO, H_2, CH_4 之外，还有乙烯（C_2H_4），苯（C_6H_6），氨（NH_3）等。在上述气体冷却的过程中氨气溶于水而成氨水，进而可加工成化肥；苯等芳烃化合物不溶于水而冷凝为煤焦油；乙烯等沸点高的气体，根据煤气的不同用途酌情处理。总之，煤经过焦化加工，使其中各成分都能得到有效利用，而且用煤气作燃料要比直接烧煤干净得多。

煤的液化　煤炭液化油也叫人造石油。煤和石油都是由 C, H, O 等元素组成的有机物，但煤的平均表观分子量大约是石油的 10 倍，煤的含氢量比石油低得多。所以煤加热裂解，使大分子变小，然后在催化剂的作用下加氢（450～480℃，12 MPa～30 MPa）可以得到多种燃料油。原理似乎简单，实际工艺还是相当复杂的，涉及裂解、缩合、加氢、脱氧、脱氮、脱硫、异构化等多种化学反应。不同的煤又有不同的要求。最近 20 年来美国、日本、德国等科学家都致力于这方面的研究，已有多种较好的设计方案。

上述这种先裂解再氢化的方法称直接液化法。另外还有一类方法称间接液化法，它是先使煤气化得到 CO 和 H_2 等气体小分子，然后在一定的温度、压力和催化剂的作用下合成各种烷烃（C_nH_{2n+2}）、烯烃（C_nH_{2n}）和乙醇（C_2H_5OH）、乙醛（CH_3CHO）等。第一个采用间接液化法的工厂建成于 1935 年，至今已有 60 年历史。目前还有少数缺油富煤的国家采用这种方法。

综上所述，煤既是能源，也是重要的化工原料。我国是世界上最大的耗煤国家，但 70% 的煤都是直接烧掉，既浪费资源，也污染环境。积极开展煤的综合利用是十分重要的方针。

2.4　石油和天然气①

石油有“工业的血液”、“黑色的黄金”等美誉。自本世纪50年代开始，在世界能源消费结构中，石油跃居首位。石油产品的种类已超过几千种。石油是国家现代化建设的战略物资，许多国际争端往往与石油资源有关。现代生活中的衣、食、住、行直接地或间接地与石油产品有关。

1973～1979年这段时期，曾有“石油危机”之称。自二次世界大战之后到1973年间，国际石油市场一直被美国的埃克森、德士古、加州标准、海湾、飞马(美孚)和英国石油、英国壳牌等七家石油公司(号称“石油七姐妹”)所垄断。西方国家利用廉价的石油原料，改造了产业结构，实现了经济的结构调整和繁荣。但石油的主要产地却在发展中国家，如中东地区已探明的石油储量占世界的60%以上。沙特阿拉伯、伊朗、伊拉克、科威特和南美的委内瑞拉等5国的石油出口量曾占世界总出口量的80%。他们在20世纪60年代初就成立了“石油输出国组织**欧佩克**(OPEC)”与上述七家石油公司对抗，后来阿尔及利亚、厄瓜多尔、加蓬、印度尼西亚、利比亚、尼日利亚、卡塔尔和阿联酋等8国先后加入OPEC，OPEC成员扩大为13个。1973年10月中东战争爆发，阿拉伯产油国以石油为武器，对西方国家实行石油禁运，并收回了原油标价大权，在两个月内提价近4倍，一直到70年代末油价不断上涨，到1979年油价已是1973年前的近10倍。发达的资本主义国家在政治、经济和日常生活的方方面面都受到严重影响，给人们留下深刻印象，使人们切实体会到能源对现代社会发展有举足轻重的影响，并称之为70年代的石油危机。

2.4.1　石油和天然气的成因

对此有过多种论点。现在认为石油是由远古海洋或湖泊中的动植物遗体在地下经过漫长的复杂变化而形成棕黑色粘稠液态混合物，其沸点范围从室温到500℃以上。未经处理的石油叫**原油**，它分布很广，世界各大洲都有石油的开采和炼制。就目前已查明的储量看，重要的含油带集中在北纬20°～48°之间，世界上两个最大的产油带，一个叫长科迪勒地带，北起阿拉斯加和加拿大经美国西海岸到南美委内瑞拉、阿根廷；另一个叫特提斯地带，从地中海经中东到印度尼西亚。这两个地带在地质变化过程中曾都是海槽，因此曾有“海相成油”学说。

---

①　梁文杰主编.石油化学.北京：石油大学出版社，1995

我国自20世纪60年代以来相继发现了大庆、胜利、大港等油田。到80年代末，在我国被开发的大小油田已有160多处。此外，我国拥有油气资源较丰富的大陆架，自80年代初开始进行海洋石油的普查和勘探。从现有资料估计，远景以东海最佳，南海和渤海次之，黄海较差。海洋石油的开发，不论技术、资金、装备还是人才方面，都存在不少困难，短期内很难快速发展。

石油的组成元素主要是C和H，此外也有O，N和S等。和煤相比，石油的含氢量较高而含氧量较低。在石油中的碳氢化合物以直链烃为主，而在煤中则以芳烃为主。至于石油中N和S的含量则因产地不同而异，如阿拉伯原油中含S约1.74%，N约0.14%；而我国胜利油田的原油中含S约0.81%，N约0.41%。相比之下，胜利油田的原油含硫量比较低，而含氮量较高。所以不同的原油在炼制、精制的条件和催化剂的选择等方面都是不同的，各有自己的特色。

表2-4 石油和煤成分(平均)的比较

元素 / 燃料	C	H	O	N	S	发热量/$kJ \cdot g^{-1}$
石油中含量/%	83～87	10～14	0.05～2.0	0.02～0.2	0.05～8.0	48
煤炭中含量/%	80～90	3～6	5～8	0.5～1.0	1～2	30

天然气的主要成分是甲烷(CH_4)，也有少量乙烷(C_2H_6)和丙烷(C_3H_8)，它和石油伴生①，但一般埋藏部位较深。据国际经验，每吨石油大概伴有1000 m^3的天然气，所以能源工作机构及能源结构统计往往把石油和天然气归并在一起。天然气是最“清洁”的燃料，燃烧产物CO_2和H_2O，都是无毒物质，并且热值也很高(56 $kJ \cdot g^{-1}$)，管道输送也很方便。我国最早开发使用天然气的是四川盆地，近年北京、天津的居民正在逐渐使用管道天然气，这种方式颇受欢迎。

2.4.2 石油的炼制

石油中所含化合物种类繁多。必须经过多步炼制，才能使用。主要过程有分馏、裂化、重整、精制等。

分馏 烃(碳氢化合物)的沸点随碳原子数增加而升高，在加热时，沸点低的烃类先气化，经过冷凝先分离出来；温度升高时，沸点较高的烃再气化再冷凝，借此可以把沸点不同的化合物进行分离，这种方法叫**分馏**，所得产品叫

① 天然气的成因比石油广泛，在煤田附近往往也有天然气存在。我国天然气的勘探和开发工作还比较薄弱。

馏分。分馏过程在一个高塔里进行,分馏塔里有精心设计的层层塔板,塔板间有一定的温差,以此得到不同的馏分。分馏先在常压下进行,获得低沸点的馏分,然后在减压状况下获得高沸点的馏分。每个馏分中还含有多种化合物,可以进一步再分馏。表 2-5 列举石油分馏主要产品概况,以此为线索可以浏览一下石油世界。

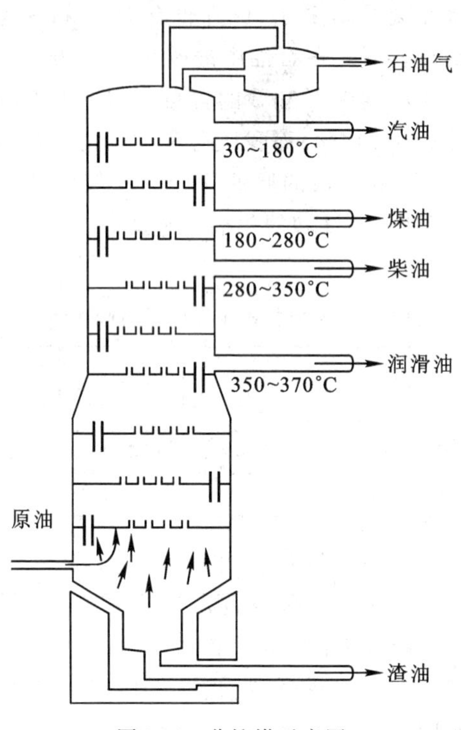

图 2-4　分馏塔示意图

在石油炼制过程中,沸点最低的 C_1 至 C_4 部分是气态烃,来自分馏塔的废气和裂化炉气,统称石油气。其中有不饱和烃,也有饱和烃。不饱和烃如乙烯(C_2H_4)、丙烯(C_3H_6)、丁烯(C_4H_8)都有双键,容易发生加成反应和聚合反应,所以这些烯烃都是宝贵的化工原料。如**乙烯**以 O_2 为催化剂在 150℃,20 MPa 条件可制得高压聚乙烯(反应式①),日常生活中用的食品袋、食品匣、奶瓶等就是用这种材料成型的

$$n\,CH_2{=}CH_2 \xrightarrow[150℃,20MPa]{O_2} \underset{\text{高压聚乙烯}}{\left[\!-CH_2-CH_2-\!\right]_n} \qquad ①$$

$$n\,CH_2{=}CH_2 \xrightarrow[100℃,常压]{TiCl_4} \underset{\text{低压聚乙烯}}{\left[\!-CH_2-CH_2-\!\right]_n} \qquad ②$$

表 2-5 石油分馏主要产品及用途

	温度范围/℃	分馏产品名称	烃分子中所含碳原子数	主要用途
气体		石油气	$C_1 \sim C_4$	化工原料,气体燃料
轻油	30~180	溶剂油	$C_5 \sim C_6$	溶剂
		汽 油	$C_6 \sim C_{10}$	汽车,飞机用液体燃料
	180~280	煤 油	$C_{10} \sim C_{16}$	液体燃料,溶剂
	280~350	柴 油	$C_{17} \sim C_{20}$	重型卡车,拖拉机,轮船用燃料,各种柴油机用燃料
重油	350~500	润滑油 凡士林	$C_{18} \sim C_{30}$	机械,纺织等工业用的各种润滑油,化妆品,医药业用的凡士林
		石蜡	$C_{20} \sim C_{30}$	蜡烛,肥皂
		沥青	$C_{30} \sim C_{40}$	建筑业,铺路
	>500	渣油	$>C_{40}$	做电极,金属铸造燃料

若用 $TiCl_4$ 做催化剂在 100℃,常压下,则可制得强度较高的低压聚乙烯(反应式②),它可制造脸盆、水桶等器皿。乙烯也可以用银做催化剂在 250℃ 和常压条件下生成环氧乙烷(反应式③),这是制造环氧树脂的原料之一。乙烯在 $KMnO_4$ 催化下可加水成为乙二醇(反应式④),它是制造涤纶的原料之一。如在 H_2SO_4 催化下加水,乙烯也可加成为乙醇(反应式⑤),乙烯和 HCl 加成为氯乙烷(反应式⑥),乙烯和 Cl_2 生成二氯乙烷(反应式⑦)等等。

$$CH_2{=}CH_2 + O_2 \xrightarrow[250℃\ 常压]{Ag} \underset{\diagdown O \diagup}{CH_2{-}CH_2} \quad ③$$

环氧乙烷

$$CH_2{=}CH_2 + H_2O \xrightarrow{KMnO_4} \begin{array}{cc} CH_2 & {-}CH_2 \\ | & | \\ OH & OH \end{array} \quad ④$$

乙二醇

$$CH_2{=}CH_2 + H_2O \xrightarrow[加温加压]{H_2SO_4} CH_3{-}CH_2OH \quad ⑤$$

乙醇

$$CH_2{=}CH_2 + HCl \longrightarrow CH_3{-}CH_2Cl \quad ⑥$$

氯乙烷

$$CH_2{=}CH_2 + Cl_2 \longrightarrow \begin{array}{cc} CH_2 & {-}CH_2 \\ | & | \\ Cl & Cl \end{array} \quad ⑦$$

二氯乙烷

众多的乙烯产品广泛用于工农业、交通、军事等领域,它是现代石油化学工业的一个龙头产品，是一个国家综合国力的标志之一。我国目前乙烯年产量 200 多万吨，居世界第 8 位。

丙烯（$CH_3CH=CH_2$）可以制造聚丙烯塑料、聚丙烯腈（人造羊毛）化学纤维、甘油等等。**丁烯**（$CH_3CH_2CH=CH_2$）经过氧化脱氢变成丁二烯（反应式⑧），然后可以聚合生成顺丁橡胶（反应式⑨），它的弹性很好，适合做轮胎。丁二烯和苯乙烯共聚可以制造丁苯橡胶（反应式⑩），这是人造橡胶中用量最大的品种，它的链节一端带有苯环，具有热稳定性好，耐磨、耐光、抗老化等优点。

$$\underset{\text{丁烯}}{CH_3CH_2CH=CH_2}+\frac{1}{2}O_2 \xrightarrow{\text{氧化脱氢}} \underset{\text{丁二烯}}{CH_2=CH-CH=CH_2}+H_2O \qquad ⑧$$

$$n\,\underset{\text{丁二烯}}{CH_2=CH-CH=CH_2} \xrightarrow{\text{聚合}} \underset{\text{顺丁橡胶}}{\left[CH_2-CH=CH-CH_2\right]_n} \qquad ⑨$$

$$n\,\underset{\text{丁二烯}}{CH_2=CH-CH=CH_2}+n\,\underset{\text{苯乙烯}}{CH_2=CH(C_6H_5)} \xrightarrow{\text{共聚}} \underset{\text{丁苯橡胶}}{\left[CH_2-CH=CH-CH_2-CH_2-CH(C_6H_5)\right]_n} \qquad ⑩$$

将石油气中这些不饱和烃分离后，剩下的饱和烃中以**丁烷**（C_4H_{10}）为主，它的沸点为-0.5℃，稍加压力即可液化储于高压钢瓶中。当打开阀门减压时即可气化点燃使用，城市居民用石油液化气的主要成分就是丁烷。另外还含有在液化时带进的一定量的戊烷（C_5H_{12}）和己烷（C_6H_{14}），它们的沸点分别是 36℃和 69℃，在炼油厂炉气温度高时和丁烷等混在一起，加压液化时也就混入钢瓶，用户在室温打开阀门时，这些杂质沸点较高，在室温不能气化，而以液态沉积于钢瓶中。

在 30～180℃沸点范围内可以收集 C_5～C_6 馏分，这是工业常用溶剂，这个馏分的产品也叫**溶剂油**。在 40～180℃沸点范围内可以收集 C_6～C_{10}馏分，这是需要量很大的**汽油**馏分。按各种烃的组成不同又可以分为航空汽油、车用汽油、溶剂汽油等。

汽油质量用“**辛烷值**”表示。在气缸里汽油燃烧时有爆震性，会降低汽油的使用效率。汽油中以 C_7～C_8 成分为主，据研究，抗震性能最好的是异辛烷，将其定标为辛烷值等于 100，抗震性最差的是正庚烷，定其辛烷值为零。若汽油辛烷值为 85，即表示它的抗震性能与 85% 异辛烷 15% 正庚烷的混合物**相当**（并非一定含 85% 异辛烷），商品上称为 85 号汽油。

$$\begin{array}{ccccccc} & & & & CH_3 & & \\ & & & & | & & \\ CH_3- & CH & -CH_2- & & C & -CH_3 \\ & | & & & | & & \\ & CH_3 & & & CH_3 & & \end{array}$$

异辛烷

$$\begin{array}{ccccccccc} & H & H & H & H & H & H & H & \\ & | & | & | & | & | & | & | & \\ H- & C- & C- & C- & C- & C- & C- & C & -H \\ & | & | & | & | & | & | & | & \\ & H & H & H & H & H & H & H & \end{array}$$

正庚烷

人们发现:1 升汽油中若加入 1 毫升四乙基铅 $Pb(C_2H_5)_4$,它的辛烷值可以提高 10 ~ 12 个标号。四乙基铅是有香味的无色液体,但有毒,有的地方在其中适当加一些色料,提醒人们注意这是含铅汽油。这种**抗震剂**已沿用了几十年,但在汽车越来越多的今天,汽油燃烧后放出的尾气中所含微量的铅化合物已成为公害。所以目前正努力用改进汽油组成的办法来改善汽油的爆震性,即市售的无铅汽油。自 20 世纪 70 年代起从环境保护的角度考虑,各国纷纷提出要求使用无铅汽油,有些汽车的设计规定必须使用无铅汽油,以减少对环境的污染。

提高蒸馏温度,依次可以获得**煤油**(C_{10} ~ C_{16})和**柴油**(C_{17} ~ C_{20})。它们又分为许多品级,分别用于喷气飞机、重型卡车、拖拉机、轮船、坦克等。蒸馏温度在 350℃ 以下所得各馏分都属于轻油部分,在 350℃ 以上各馏分则属重油部分,碳原子数在 18 ~ 40 之间,其中有润滑油、凡士林、石蜡、沥青等,各有其用途。

裂化 用上述加热蒸馏的办法所得轻油约占原油的 1/3 ~ 1/4。但社会需要大量的分子量小的各种烃类,采用**催化裂化法**,可以使碳原子数多的碳氢化合物裂解成各种小分子的烃类,如:

$$\underset{\text{十六烷烃}}{C_{16}H_{34}} \xrightarrow[\text{加热加压}]{\text{催化剂}} \underset{\text{辛烷}}{C_8H_{18}} + \underset{\text{辛烯}}{C_8H_{16}}$$

裂解产物成分很复杂,从 C_1 至 C_{10} 都有,既有饱和烃又有不饱和烃,经分馏后分别使用。裂解产物的种类和数量随催化剂和温度、压力等条件不同而异。不同质量的原油对催化剂的选择和温度、压力的控制也不相同。我国原油成分中重油比例较大,所以催化裂化就显得特别重要,对外国的经验只能借鉴,不能照搬。经过 30 多年的研究和实践,我国已开发适用于我国各种原油的一系列铝硅酸盐分子筛型催化剂。经催化裂化,从重油中能获得更多乙烯、丙烯、丁烯等化工原料,也能获得较多较好的汽油。

催化重整 这是石油工业中另外一个重要过程。在一定的温度压力下,汽油中的直链烃在催化剂表面上进行结构的“重新调整”,转化为带支链的烷烃异构体,这就能有效地提高汽油的辛烷值,同时还可得到一部分芳香烃,这是原油中含量很少而只靠从煤焦油中提取不能满足生产需要的化工原料,可以说是一举两得。现用催化剂是贵金属铂(Pt)、铱(Ir)和铼(Re)等,它们的价格比黄金贵得多,化学家们巧妙地选用便宜的多孔性氧化铝或氧化硅为载体,在表面上浸渍0.1%的贵金属,汽油在催化剂表面只要20~30s就能完成重整反应。

加氢精制 这是提高油品质量的过程。蒸馏和裂解所得的汽油、煤油、柴油中都混有少量含N或含S的杂环有机物,在燃烧过程中会生成NO_x及SO_2等酸性氧化物污染空气,当环保问题日益受关注时,对油品中N,S含量的限制也就更加严格。现行的办法是用催化剂在一定温度和压力下使H_2和这些杂环有机物起反应生成NH_3或H_2S而分离,留在油品中的只是碳氢化合物。自20世纪70年代末开始,石油化工科学研究院针对我国油品特点,开展了大量基础研究工作,开发出多种加氢催化剂①,基本满足了国内炼油工业的需要,并有出口。这类催化剂以Al_2O_3为载体,活性组分有钴-钼(Co-Mo)、镍-钼(Ni-Mo)、镍-钨(Ni-W)等体系。

综上所述,石油经过分馏、裂化、重整、精制等步骤,获得了各种燃料和化工产品。有的可直接使用,有的还可以进行深加工。所以炼油厂总是和几个化工厂组成石油化工联合企业,那里是技术密集、资本密集、劳动力密集的地区。

在石油工业中,把常压蒸馏和减压蒸馏叫做一次加工,这是物理变化过程,而裂化、重整和加氢控制等则叫二次加工,它们都属化学变化过程。这些过程都涉及**催化剂**,催化剂的研制是石油化工不可缺少的组成部分。催化作用的奥秘是化学工作者十分感兴趣的研究领域。

2.5 催化作用

催化作用是一个应用广泛的领域。**催化剂能显著改变反应速率,但不影响反应的平衡位置**。催化剂使反应物顺捷径变为生成物,但它本身的组成和数量都保持不变。凡能加快反应速率的催化剂称为正催化剂,而能减慢反应速率的则称为负催化剂,也叫抑制剂,如防止塑料、橡胶老化的添加剂就属这类物质。一般所说的催化剂是指加快反应速率的正催化剂。

当代石油化工的巨大成就与催化剂在工业上的广泛应用密切相关,催化剂的研制已是石油化工行业不可缺少的组成部分。石油炼制过程中的裂解、重整、加氢精制,塑料、橡胶、化纤工业中单体合成和聚合,无机化工原料合成

① 李大东.我国石油化学工业的技术现状和发展动向.大学化学,1993(3):4

氨、硝酸、硫酸的生产等等都是随工业催化剂的研制成功而迅速发展的。

从分子生物学的角度看,人体是一个极其复杂而有趣的催化体系。现在已知人体中有两千多种酶,每种酶能催化一种反应。要了解生命现象的奥秘,必须了解酶的作用。再如汽车尾气的净化、酸雨的形成等与环境保护有关的问题也都涉及催化作用。催化理论至今还不成熟,这里只介绍两个公认的特点:一是催化剂降低了化学反应的活化能,二是催化剂有选择性。

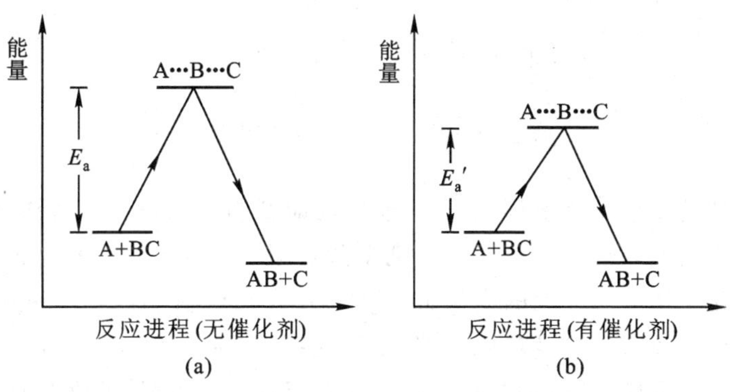

图 2-5 催化剂降低活化能示意图

什么是活化能呢?化学反应的实质是化学键的改组,断键时要吸收能量,成键时则释放能量,反应过程中能量变化如图 2-5 所示。反应物 A 与 BC 发生反应的过程中,旧键将断未断,新键将成未成的瞬间,体系处于过渡状态,叫**活化态**(A···B···C),活化态与起始态之间的能量差 E_a 叫**活化能**(图 2-5(a)),当有催化剂存在时所需活化能降为 E_a'(图 2-5(b))。也可以说:A 和 BC 起反应生成 AB+C 的过程,必须越过一个能垒,催化剂的作用在于降低了这个能垒,使反应物 A 和 BC 能顺捷径很快地转化为生成物 AB 和 C。例如乙醛(CH_3CHO)分解为甲烷(CH_4)和 CO 时,在 518℃,活化能 E_a = 190 kJ·mol^{-1},而用碘(I_2)作催化剂,活化能 E_a'则降低为 136 kJ·mol^{-1}。

$$CH_3CHO \longrightarrow CH_4+CO \qquad E_a=190\text{kJ}\cdot\text{mol}^{-1}$$

$$CH_3CHO \xrightarrow{I_2} CH_4+CO \qquad E_a'=136\text{kJ}\cdot\text{mol}^{-1}$$

又如蔗糖($C_{12}H_{22}O_{11}$)可水解为葡萄糖($C_6H_{12}O_6$)和果糖($C_6H_{12}O_6$)。葡萄糖和果糖的化学式相同,但结构式不同:

$$\underset{\text{蔗糖}}{C_{12}H_{22}O_{11}}+H_2O \longrightarrow \underset{\text{葡萄糖}}{C_6H_{12}O_6}+\underset{\text{果糖}}{C_6H_{12}O_6}$$

这是人体内一个很重要的化学反应,在蔗糖酶的催化作用下,活化能 E_a'为 36 kJ·mol^{-1},若在室温试管中,所需活化能要高得多,约 107 kJ·mol^{-1},即反应速率慢得多。**催化剂降低了反应活化能,加快了反应速率**,这已是共识,但活化能是怎样降低的,还众说纷纭,没有统一的看法。

催化剂的另一特点是**选择性**。许多反应可以生成多种产物,催化剂可以使反应定向进行。例如乙烯和氧气可以发生下列 3 种反应:

$$C_2H_4+\frac{1}{2}O_2 \longrightarrow \underset{\text{环氧乙烷}}{CH_2{-}CH_2 \text{(}\diagdown O \diagup\text{)}} \quad ①$$

$$C_2H_4+\frac{1}{2}O_2 \longrightarrow \underset{\text{乙醛}}{CH_3CHO} \quad ②$$

$$C_2H_4+3O_2 \longrightarrow 2CO_2+2H_2O \quad ③$$

我们需要利用反应①制造环氧乙烷,或用反应②制造乙醛,但不希望得到的是这两种产物的混合物;至于反应③,则希望尽量少发生,因为这个反应是把宝贵的乙烯完全烧成了无用的 CO_2 和 H_2O。现在已经研制成功用 Ag/Al_2O_3 催化剂定向加速反应①制得环氧乙烷,用氯化铜-氯化钯($CuCl_2-PdCl_2$)的盐酸溶液定向加速反应②获得乙醛。这是 20 世纪 60 年代化学工业上的一项重大成就。又如钴-钼/三氧化二铝($Co-Mo/Al_2O_3$)催化剂加氢脱硫效果好,而镍-钨/三氧化二铝($Ni-W/Al_2O_3$)催化剂加氢脱氮效果好。催化剂为什么能有选择性,是催化研究的重要课题。

不论是石油化学工业,还是生物化学、环境化学、材料化学等领域都涉及各种与催化作用有关的问题。催化研究既有其理论意义,又有明显的应用背景,受到科技界和工业界的普遍关注。

2.6　核能(原子能)

原子由带正电荷的原子核和核外带负电荷的电子组成。普通化学反应的热效应来源于外层电子重排时键能的变化,而原子核及内层电子并没有变化。另外还有一类反应的热效应却来源于原子核的变化,这类反应叫**核反应**。核反应可分为核衰变、核裂变和核聚变三大类。1g 镭(Ra)在衰变过程中释放的能量是 1 g 镭和足量氯气(Cl_2)起反应生成 $RaCl_2$ 时所释放能量的 50 万倍。1g 铀-235($^{235}_{92}U$)发生裂变时释放能量为 8×10^7 kJ,1g 氘($^{2}_{1}H$)发生聚变时释放的能量是 6×10^8 kJ。而 1g 煤完全燃烧时释放的能量仅为 30kJ。核反应过程中由于原子核的变化,而伴随着巨大的能量变化,所以核能也叫原子能。认识核反应和研究核能的利用就成为处理能源问题时必须考虑的一个方面。

2.6.1 核衰变

在 1896 年法国科学家 Becquerel H 发现了铀盐的天然放射性现象,他的同事 Marie 和 Pierre Curie 夫妇在 1898 年铀矿中发现了新的放射性元素钋(Po)和镭(Ra),开创了天然放射性和放射化学研究的新领域。他们 3 人共同获得 1903 年的诺贝尔物理学奖。

U,Po,Ra 等这类**原子核不稳定,能自发地放出辐射,而变成另一种原子核,这种过程叫核衰变**。天然放射性元素铀所放出的辐射,在电磁场作用下可以分为三个部分:α 辐射、β 辐射和 γ 辐射,如图 2-6 所示。

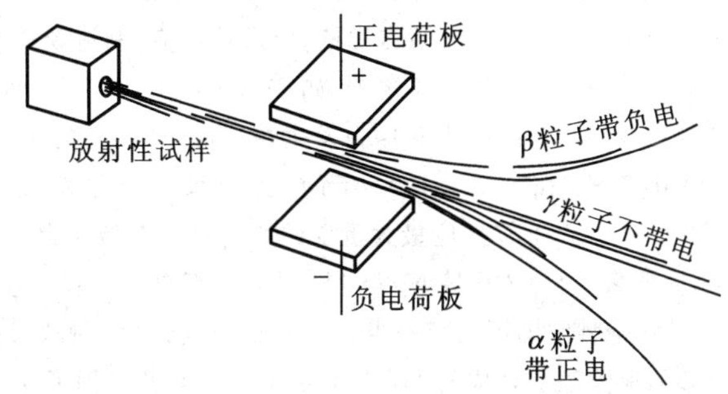

图 2-6 天然放射性辐射

在电场中偏向负极的是带正电的 α 粒子流,α 粒子与氦原子核相同,质量数为 4,电荷数+2,可以用 $^{4}_{2}He$ 代表 α 粒子。例如铀-238($^{238}_{92}U$)能自发进行 α 衰变,成为 90 号元素钍-234($^{234}_{90}Th$),核反应式可以写作:

$$^{238}_{92}U \longrightarrow {}^{234}_{90}Th + \alpha\ ({}^{4}_{2}He)$$

在电场中偏向正极的是带负电的 β 粒子流,它的性质和电子完全相同,质量很小,可看作约为 0,电荷数为-1,可以用 $^{0}_{-1}e$ 代表 β 粒子。如上述 $^{234}_{90}Th$ 能自发进行 β 衰变,成为镤-234($^{234}_{91}Pa$),核反应式是

$$^{234}_{90}Th \longrightarrow {}^{234}_{91}Pa + \beta\ ({}^{0}_{-1}e)$$

在电场中不偏不移的是中性的 γ 辐射,它是一束短波光子流,波长在 0.1 ~0.0005 nm之间。所有的衰变过程都伴有 γ 辐射,因为衰变产物一般是处于不稳定的激发状态,当恢复到稳定状态时就放出光子,γ 辐射没有改变原子核的质量数和电荷数,所以在书写核反应式时,常将其忽略,如上述两个核衰变中都伴有 γ 辐射。

经过仔细研究得知自然界存在三个天然放射系,即铀系、钍系和锕系。每个系列各有多代母子体连续衰变的关系,最后都生成稳定的 82 号元素铅(Pb),中间产物有原子序数介于 82～92 之间的各种衰变产生的子体。α 辐射使质量数减少 4，而 β 辐射对质量数没有影响，所以这些衰变子体间质量数的差都是 4。

在研究天然放射现象的过程中，人们又发现了**人工放射性**。1934 年，Irene Curie（Marie 和 Pierre 的女儿）和她的丈夫 Frederie Joliot 用高能 α 粒子轰击铝箔，获得磷-30（${}^{30}_{15}P$），它能自发衰变放出正电子流（质量和电子相等，但电荷为+1，可以用 ${}^{0}_{+1}e$ 代表），而变成硅-30（${}^{30}_{14}Si$），这两个核反应式是

$$ {}^{27}_{13}Al + {}^{4}_{2}He \longrightarrow {}^{30}_{15}P + {}^{1}_{0}n $$

$$ {}^{30}_{15}P \longrightarrow {}^{30}_{14}Si + {}^{0}_{+1}e $$

${}^{30}_{15}P$ 和天然放射性元素一样具有放射性，但它是由人工在实验室制得的，这是第 1 个人工放射性核素①，它衰变时放出的正电子流，在天然放射性中没有见到过。从此开创了人工放射性时代。科学家们用各种高能粒子轰击靶核，引发核反应，制造新核素和新元素。常用的轰击粒子有不带电的中子或带电的正离子，如 ${}^{1}_{1}H$，${}^{4}_{2}He$，${}^{12}_{6}C$，${}^{15}_{7}N$，${}^{18}_{8}O$ 等，这些粒子在加速器中获得足够能量克服与靶核间的库仑斥力发生核反应，产生新的核素。60 年来人工合成的核素已有 2000 多种，在 1992—1993 年间，我国科学家曾发现 4 种新核素，即 ${}^{182}_{72}Hf$，${}^{208}_{78}Pt$，${}^{208}_{80}Hg$ 和 ${}^{237}_{90}Th$。人工核反应最为重要的用途是制造新元素，原子序数大于 92 号铀的元素，统称超铀元素。自 93 号镎 Np 至 111 号元素都是人工在加速器里合成的，它们的寿命②都很短促（在毫秒间即可衰减一半），产量也极其微少。例如 1995 年在德国重离子加速器研究中心的科学家们合成的 110 号和 111 号元素各得到了 3 个原子。在这个领域工作的科学家们有一整套研究超微量元素的物理和化学性质的巧妙方法，证实这些新元素的发现。

在研究人工核反应的过程中又发现了核裂变现象。

2.6.2　核裂变、原子弹、核电站

1938 年 Hahn O 和 Strassman F 研究中子轰击 U-235 的产物时，想发现新元素的愿望虽未实现，但却发现了另一类核反应——裂变。${}^{235}_{92}U$ 原子核受高能中子轰击时，分裂为质量相差不多的两种核素，同时又产生几个中子，还释放大量的能量。裂变产物的组成很复杂，它们的原子序数在 30（锌 Zn）至 65（铽 Tb）范围内分布。现在已知的有 36 种元素的 200 多种核素，如 U-235 裂变时可产生钡（Ba）和氪（Kr）或氙（Xe）和锶（Sr）或锑（Sb）和铌（Nb）等。

---

①　核素是指质子数和中子数都相同的一类原子。凡质子数相同而中子数不同核素则互为同位素。例如 ${}^{235}_{92}U$ 原子核中含 92 个质子和 143 个中子，而 ${}^{238}_{92}U$ 原子核中含 92 个质子和 146 个中子，所以 ${}^{235}_{92}U$ 和 ${}^{238}_{92}U$ 是两种不同的核素，而互为同位素。这两种核素在周期表中位于同一个位置（第 7 周期，ⅢB 族，第 92 号位置）。

②　放射性核素寿命的长短，常用半衰期（$t_{1/2}$）表示，即衰减一半所需的时间。不同的放射性核素半衰期差别可以很大，如 ${}^{238}_{92}U$ 的半衰期为 4.5×10^{9} 年，${}^{14}_{6}C$ 的半衰期为 5720 年，${}^{32}_{15}P$ 的半衰期为 14.26 天，${}^{256}_{101}Md$ 的半衰期是 30 min。

$$
{}^{235}_{92}U + {}^{1}_{0}n \rightarrow
\begin{cases}
{}^{144}_{56}Ba + {}^{89}_{56}Kr + 3\,{}^{1}_{0}n \\
{}^{140}_{54}Xe + {}^{94}_{38}Sr + 2\,{}^{1}_{0}n \\
{}^{133}_{51}Sb + {}^{99}_{41}Nb + 4\,{}^{1}_{0}n
\end{cases}
$$

U-235 裂变过程中,每消耗 1 个中子,能产生几个中子,它又能使其他 U-235 发生裂变,同时再产生几个中子,再有 U-235 裂变,这就形成了链式反应,如图 2-7 所示。

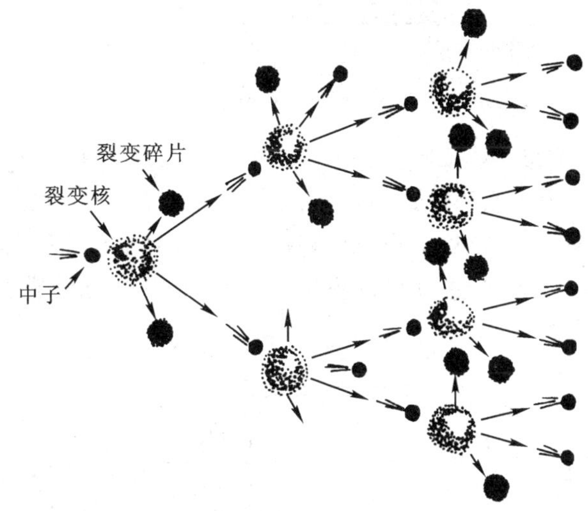

图 2-7 中子诱发 U-235 裂变形成链式反应

连续核裂变释放出巨大的核能,若人工控制使链式反应在一定程度上连续进行,产生的能量加热水蒸气,推动发电机,这是建设核电站的基本原理;若让裂变释放的能量不断积聚,最后则可以在瞬间酿成巨大的爆炸,这是制造原子弹的原理。

随着二次世界大战的爆发,核裂变的研究被吸引到制造原子弹的工作中去了,自 1939 年起,美国政府拨出巨款,设立机构,动员各方面力量投入庞大的原子能研究。经过 6 年多的研究,1945 年 7 月 16 日在美国新墨西哥州的沙漠中第一颗原子弹试爆成功,同年 8 月 6 日和 8 月 9 日先后在日本广岛和长崎投下原子弹,在人类历史上写下了令人难忘的一页,受害的日本人民的痛苦至今犹在。原子弹的结构原理如图 2-8 所示。

原子弹里的炸药就是${}^{235}_{92}U$(或${}^{239}_{94}Pu$)。在天然铀矿中,U-235 只占0.7%,其余是 U-238,它不能发生连续裂变。因此这两种核素的分离是首要问题。科学家们是利用六氟化铀(UF_6)气体扩散速度不同进行提纯,使U-235富集到 93%,这是一项非常艰巨的分离工作。其次为了使原子弹在需要的时候才爆炸,一颗原子弹中有两块 U-235,每块质量都不太大,连续裂变时所释放的能量不足以引起爆炸,但当两块铀合在一起时,便能在瞬间发生强烈爆炸①。所以在原子弹之中还用一个普通的小炸弹作为引爆装置,它的爆炸使两块铀挤压在一起发生爆炸。在铀块外面还有中子反射体,作为减少中子外逸的保护层。一个原子弹的爆炸威力相当于 10 万吨普通炸药(三硝基甲苯,简称 TNT)。

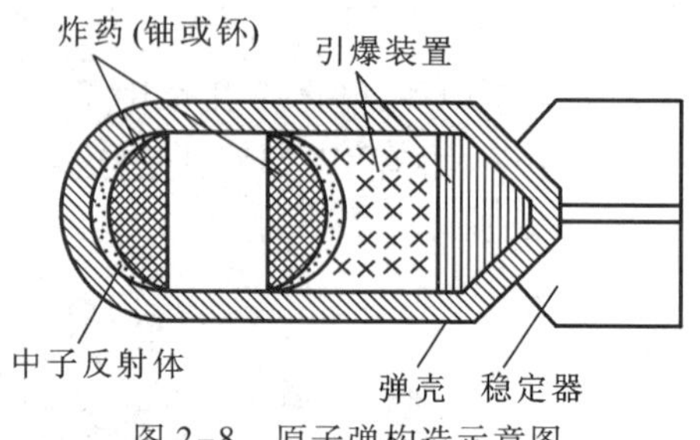

图 2-8　原子弹构造示意图

原子能的研究成果,不幸首先用于战争,危害人民。但二次大战结束后,科技人员很快致力于原子能的和平利用,使它造福于人民。1954 年前苏联建成世界上第一座核电站,功率为 5000kW。至今世界上已有 30 多个国家 400 多座核电站在运行之中,世界能源结构中核能②的比例逐渐增加。核电站的工作原理如图 2-9 所示。

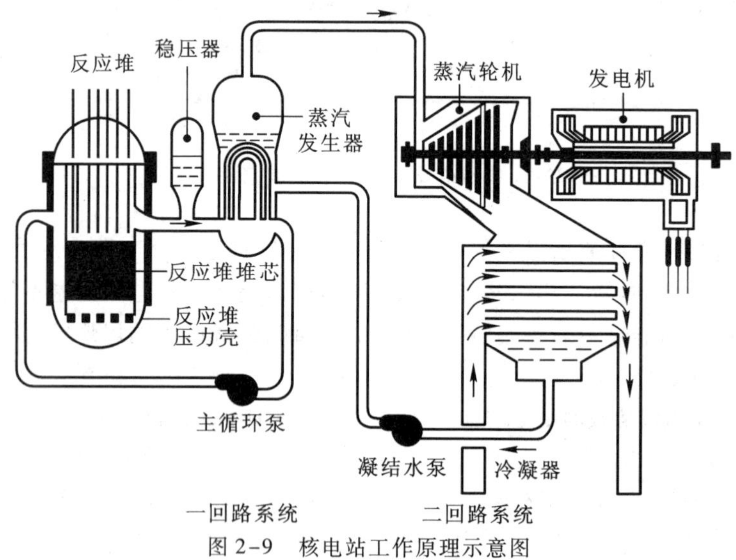

图 2-9　核电站工作原理示意图

---

① 能维持链式反应铀块的最小体积叫临界体积,其质量叫临界质量,即铀块小于临界质量时爆炸不能发生。临界质量与铀块的形状和纯度等多种因素有关。现在已知在有中子反射层的情况下,U-235的临界质量约为 10 kg。原子弹中那两块铀都小于临界质量,当合在一起时则大于临界质量。

②. 冯百川. 核电发展与化学. 大学化学,1988(3):5

核电站的中心是核燃料和控制棒组成的反应堆,其关键设计是在核燃料中插入一定量的控制棒,它是用能吸收中子的材料制成的,如硼(B)、镉(Cd)、铪(Hf)等是合适的材料。利用它们吸收中子的特性控制链式反应进行的程度,U-235 裂变时所释放的能量可将循环水加热至 300℃,高温水蒸气推动发电机发电。由此可见核电是一种清洁的能源,它没有废气和煤灰,建设投资虽高,但运行时就没有运送煤炭、石油这样繁重的运输工作,因此还是经济的。所以发展核电是解决当前电力缺口的一种重要选择。但有两个问题总是令人担忧,一是保证安全运行,二是核废料的处理。

国际上曾发生过两次重大的核电事故。1979 年 3 月 28 日美国宾夕法尼亚州三里岛核电站,因反应堆冷却系统失灵,使堆心部分过热,致使部分放射性物质逸入大气。但事故得到及时处理,没有引起爆炸,对人伤害不很严重,只是核电站受到一定程度的破坏。1986 年 4 月 26 日在前苏联乌克兰基辅市北部的切尔诺贝利核电站,因人为差错和违章操作发生猛烈爆炸,反应堆内放射性物质大量外泄,造成大面积的环境污染,人畜伤亡惨重。放射性伤害,轻者有白血球减少、恶心、呕吐、脱发等症状,重者则有出血、溃疡、遗传失常、癌症等。所以核技术单位都有严格的防护措施以保工作人员的安全。在核电站建设中必须坚定不移地执行安全第一的方针,站址要设在地质结构稳定的岩石层,能承受地震、洪水、飓风等各种自然灾害的侵袭,反应堆的外壳要充分考虑各种可能产生的高压高温情况,操作人员必须经过严格培训和考核才能上岗。国际原子能委员会还组织专家对各核电站进行评审,确保安全。总之,核能的开发,安全必须先行。我国自 1982 年起决定要稳妥而积极地发展核电,第一座自行设计的 30 万千瓦核电站,建在浙江省海盐县秦山脚下,地质构造良好,靠山临海。1995 年 7 月正式通过国家验收。第二期工程两台 60 万千瓦机组将动工,第三期工程亦在计划中。秦山核电站的建成,使华东地区的缺电情况有所缓解。此外在广东大亚湾引进两台 90 万千瓦的核电站正在建设之中,辽宁建新核电站也已开始筹建。预计到 2000 年我国将有 200 多万千瓦的核电能力。

核电站废料的处理也是非常棘手的事情。U-235 裂变产生的碎核都具有放射性。反应堆工作一定时间后,必须更换新燃料,卸下的放射性废料就存在着如何处理、运输、掩埋的问题。早期曾将废料直接埋入地下,但即使掩埋较深,久而久之地下水总会使这些放射性物质扩散。后来又将废料装在金属桶里,外面加一层混凝土或沥青,弃于海底,在大西洋北部和太平洋北部都有这些废料的"墓地"。经多次国际会议商讨,现在认为对用过的核燃料中还有未燃尽的铀,应尽量回收,这样既可提高资源的利用率又减少废料的放射性。废料中还有些有使用价值的放射性物质和非放射性物质,也应提取分离,这些过程统称为“后处理”。其他放射性废料应装入特制容器,它具有防震、防腐、防泄漏等特性。然后将容器深埋在荒无人烟的岩石层里,使它长期与生物界隔离,其放射性禁锢于容器内而不扩散核污染。随着核电的发展,核废料的处理是必须认真对待的重要问题。在反应堆的运行过程中和核燃料的后处理过程中有许多化学问题值得深入研究。

2.6.3　核聚变和氢弹

由 2 个或多个轻原子核聚合成一个较重的原子核的过程叫核聚变,这时也将释放很大的能量。例如 2 个氘核($^{2}_{1}H$)①在高温下可聚合生成 1 个氦核($^{4}_{2}He$):

$$^{2}_{1}H + ^{2}_{1}H \longrightarrow ^{4}_{2}He$$

每克氘聚变时所释放的能量为 5.8×10^{8} kJ,大于每克 U-235 裂变时所释放的能量(8.2×10^{7} kJ)。从能源的角度考虑,核聚变有几个方面比核裂变优越:其一,聚变产物是稳定的氦核,没有放射性污染产生,没有难于处理的废料;其二,聚变原料氘的资源比较丰富,在海水中氘和氢之比为 1.5×10^{-4} : 1,地球上海水总量约为 10^{18} 吨,其中蕴藏着大量的氘,提炼氘比提炼铀容易得多。遗憾的是这个聚变反应需要非常高的温度,以克服两个带正电的氘核之间的巨大排斥力(从理论计算,要克服这种库仑斥力需要 10^{9}℃ 的高温)。氢弹的制造原理,就是利用一个小的原子弹作为引爆装置,产生瞬间高温引发上述聚变反应发生强烈爆炸。氢元素的几种同位素之间能发生多种聚变反应,这种变化过程存在于宇宙之间,太阳辐射出来的巨大能量就来源于这类核聚变。但我们目前尚没有办法在地球上利用这类核聚变发电,怎样能取得这样高的温度?用什么材料制造反应器?怎样控制聚变过程等各种问题尚无答案。核科学家并未放弃核聚变的研究,另外一个反应温度低些的聚变反应已引起人们的关注,它以氘和锂(Li)为原料,在特定的强磁场中,可以发生下列聚变:

$$^{2}_{1}H + ^{6}_{3}Li \longrightarrow 2\ ^{4}_{2}He$$

---

① 核素氘也叫重氢,它由 1 个质子和 1 个中子组成原子核,而氢核只含 1 个质子,所以氢($^{2}_{1}H$)和氘($^{2}_{1}H$)是 2 种核素,互为同位素。还有一种原子核里含 1 个质子和 2 个中子的核素,叫氚($^{3}_{1}H$),也是氢和氘的同位素。

此外等离子体①可控热核反应，激光技术引发核聚变等方面的研究都有一定成果。至于是否能利用核聚变的能量发电，目前还处于实验室的初探阶段。

从能源发展的角度看，核电将逐渐成为电力工业的一个重要支柱。此外，核技术在工业、农业、医疗、环境等领域也有广泛的应用。中国核工业总公司已开发生产了1500多种民用产品。例如$^{131}_{53}I$，$^{125}_{53}I$，$^{31}_{15}P$，$^{60}_{29}Co$等核素在许多医院被用作诊断和治疗的有效手段。现已建立了200多种核医学诊断方法，有20多种医疗用品进行辐照消毒。被称为无刀手术的“伽马刀”就是将γ射线聚焦于癌变部位，γ辐射能抑止恶性细胞的生长；在农业方面近年来应用辐照技术，为几十种农作物培育了400多个优良品种；在工业方面如金属探伤、综合找矿、化工冶金等领域也都采用核技术而取得很好的经济效益；在地质学考古学方面，$^{14}_{6}C$核素是判断岩石或出土文物年龄的探针。总之，核能和核技术已进入社会经济生活中。

2.7 化学电源

电能是现代社会生活的必需品，电能是最重要的二次能源，大部分的煤和石油制品作为一次能源用于发电。煤或油在燃烧过程中释放能量，加热蒸汽，推动电机发电。煤(或油)燃烧过程就是它和氧气发生化学变化的过程，所以“燃煤发电”实质是化学能→机械能→电能的过程，这种过程通常要靠火力发电厂的汽轮机和发电机来完成。另外一种把**化学能直接转化为电能的装置，统称化学电池或化学电源**。如收音机、手电筒、照相机上用的干电池，汽车发动机用的蓄电池，钟表上用的纽扣电池等都是小巧玲珑携带方便的日常用品。那么哪些化学体系可以设计成为实用的电池呢？

化学电池都与氧化还原反应有关。在18世纪末，人们把与氧化合的反应叫氧化反应，而把从氧化物中夺取氧的反应叫还原反应。到19世纪中叶，有了化合价的概念，人们把化合价升高的过程叫氧化，把化合价降低的过程叫还原。20世纪初建立了化合价的电子理论，人们把**失电子的过程叫氧化，得电子的过程叫还原**。例如：

$$Zn \underset{\text{还原}}{\overset{\text{氧化}}{\rightleftharpoons}} Zn^{2+} + 2e^- \qquad Cu^{2+} + 2e^- \underset{\text{氧化}}{\overset{\text{还原}}{\rightleftharpoons}} Cu$$

① 等离子体是一种电离气体，它是离子、电子、原子、分子、自由基等粒子的集合体，它是一种导电的流体。其中正电荷总数和负电荷总数在数值上总是相等的，所以称为等离子体。地球表面自然界难于见到等离子体现象，但在宇宙中，99%的物质都呈等离子态。人工等离子体常见于霓虹灯管、荧光灯管中，在实验室可用气体放电、光电离、热电离等方法产生等离子体。

这两个式子分别代表两个氧化还原半反应，两个半反应组合成一个氧化还原反应：

$$\underset{\text{还原剂}}{Zn} + \underset{\text{氧化剂}}{Cu^{2+}} \rightleftharpoons Zn^{2+} + Cu$$

上式代表锌片和硫酸铜溶液发生置换反应生成硫酸锌和金属铜的离子反应方程式。反应过程中电子由 Zn 转移给 Cu^{2+}，Zn 失去电子被氧化为 Zn^{2+}，Zn 本身是还原剂，它使 Cu^{2+}还原为 Cu，所以 Cu^{2+}本身则是氧化剂。有失电子的一方，就有得电子的一方，电子得与失一定同时发生，即氧化与还原一定同时发生。

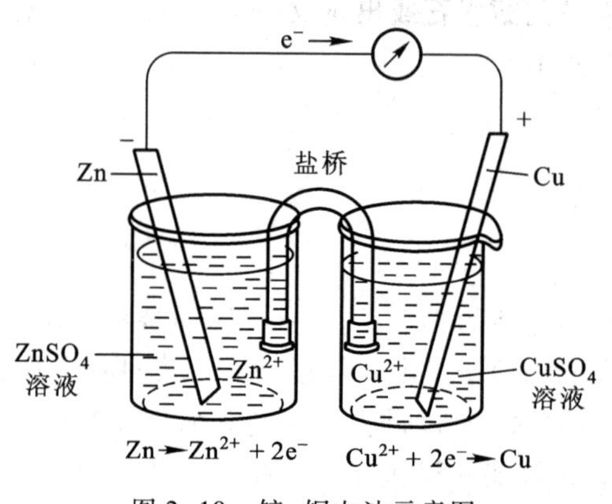

图 2-10 锌-铜电池示意图

凡涉及电子转移的反应都属于氧化还原反应，若这些电子能顺一定方向流动便成为电流。按图 2-10 所示，左边烧杯里盛硫酸锌溶液，并插入锌片，右边烧杯里盛硫酸铜溶液，并插入铜片；两个烧杯之间用"盐桥"相连。（盐桥是一个盛 KCl 饱和溶液胶冻的 U 形管，用以构成电子流的通路）。锌片和铜片之间用电线相联结，中间串联一个电压表（或电流表），电表指针的偏转证明上述装置确有电流产生，这就成为由锌电极（Zn－$ZnSO_4$）和铜电极（Cu－$CuSO_4$）组成的一个电池，简称锌－铜电池。在这个装置里，锌片并没有和 $CuSO_4$溶液相接触，但确实可以看到在锌极发生的是 Zn 片溶解生成 Zn^{2+}，在铜极则有 Cu^{2+}还原成金属铜析出在铜片上，电子由锌极流向铜极，电流方向反之，即由铜极流向锌极，电流表指针向正方向偏转指明铜极为正极，锌极为负极。两个电极反应分别是：

正极： $Cu^{2+} + 2e^- \longrightarrow Cu$

负极： $Zn \longrightarrow Zn^{2+} + 2e^-$

若 Zn^{2+} 和 Cu^{2+} 的浓度都是 1.0 mol·L^{-1},用高阻抗伏特计测得两极电势差为 1.1V,即该电池的电动势为 1.1V。若用铁片和硫酸亚铁溶液代替上述锌电极,则组成铁-铜电池。当 Fe^{2+} 和 Cu^{2+} 浓度都是 1.0 mol·L^{-1} 时,测得电动势为 0.75V。若以 Ag 和 $AgNO_3$ 溶液(1.0 mol·L^{-1})代替铜电极,组成了锌-银电池,其电动势则为 1.6 V。与上述电池相关的氧化还原反应,电子流动方向和电池电动势(E)如下:

	E/V
$Zn + Cu^{2+} \longrightarrow Zn^{2+} + Cu$ ($2e^-$: Zn → Cu^{2+})	1.1
$Fe + Cu^{2+} \longrightarrow Fe^{2+} + Cu$ ($2e^-$: Fe → Cu^{2+})	0.75
$Zn + 2Ag^+ \longrightarrow Zn^{2+} + 2Ag$ ($2e^-$: Zn → Ag^+)	1.6

这几个反应是读者熟悉的金属置换反应,按图 2-10 所示原理可以装成经典的化学电池,在上个世纪它们曾是实用的化学电源。

电池的电动势决定于电极得失电子的能力和溶液的浓度。电极得失电子的能力,用"电极电势"表示,它是一类相对数据,表 2-6 列举了一些手册里记载的水溶液中的标准电极电势 $E^\ominus$。其中"标准"两字是指电极反应中的物质都处于标准状态,即溶液中离子浓度都是 1 mol·L^{-1},气态物质的分压都是 100 kPa,温度为 298K(25℃)。以氢电极作为比较的标准,指定氢电极的标准电极电势为零:

$$2H^+(1.0\text{mol}\cdot L^{-1}) + 2e^- \longrightarrow H_2(100\ \text{kPa}) \qquad E^\ominus_{H^+/H_2}=0$$

其他电极与之相比,如 $E^\ominus_{Cu^{2+}/Cu}=+0.34$ V,表示铜电极电势比氢电极高0.34V;而 $E^\ominus_{Zn^{2+}/Zn}=-0.76$ V,表示锌电极电势比氢电极低 0.76 V。由此可以求得铜电极电势比锌电极高 1.10 V,即锌-铜电池的电动势为 1.10 V。

利用表 2-6 数据,还可以判别水溶液中氧化还原反应的方向。电极反应物质有氧化态与还原态,在书写反应方程式时,氧化态物质写在左边,得电子变为还原态,还原态物质写在右边。电极反应的 $E^\ominus$ 值越大,表示氧化态物质得电子能力越大,即氧化能力越大。如表里左下方的氧化态物质 F_2,Cl_2,$S_2O_8^{2-}$,MnO_4^- 等都是很强的氧化剂。反之 $E^\ominus$ 值越小,氧化态得电子能力越小或还原态失电子能力越大,亦即右上方还原态物质如 K,Na,Zn 等都是强还原剂。由此可知表中**左下方的氧化态物质可以和右上方的还原态物质起反应;反之右下方的还原态物质不能和左上方氧化态物质起反应**。例如 H^+ 和 Fe 可以起反应生成 H_2 和 Fe^{2+},而 H^+ 不能和 Ag 起反应,此即铁能和酸起置换反应放出 H_2,而银不能和酸起反应。同理,可以判断 Cl_2 能氧化 Br^- 或 I^-,但 Fe^{3+} 只能使 I^- 变为 I_2,而不能使 Br^- 变为 Br_2。化学手册里有许多常见物质的有关 $E^\ominus$ 值可供参考。

表 2-6　水溶液中的标准电极电势 $E^{\ominus}$(298K)

电极反应 氧化态 + ne^- = 还原态	$E^{\ominus}$/V
$Li^+ + e^- = Li$	-3.04
$K^+ + e^- = K$	-2.93
$Ba^{2+} + 2e^- = Ba$	-2.90
$Ca^{2+} + 2e^- = Ca$	-2.87
$Na^+ + e^- = Na$	-2.71
$Mg^{2+} + 2e^- = Mg$	-2.37
$Al^{3+} + 3e^- = Al$	-1.66
$Zn^{2+} + 2e^- = Zn$	-0.76
$Fe^{2+} + 2e^- = Fe$	-0.45
$Ni^{2+} + 2e^- = Ni$	-0.26
$Sn^{2+} + 2e^- = Sn$	-0.15
$Pb^{2+} + 2e^- = Pb$	-0.13
$2H^+ + 2e^- = H_2$	0
$S + 2H^+ + 2e^- = H_2S$	+0.14
$Cu^{2+} + 2e^- = Cu$	+0.34
$O_2 + 2H_2O + 4e^- = 4OH^-$	+0.40
$I_2 + 2e^- = 2I^-$	+0.54
$Fe^{3+} + e^- = Fe^{2+}$	+0.77
$Hg_2^{2+} + 2e^- = 2Hg$	+0.79
$Ag^+ + e^- = Ag$	+0.80
$Br_2 + 2e^- = 2Br^-$	+1.07
$Pt^{2+} + 2e^- = Pt$	+1.18
$Cr_2O_7^{2+} + 14H^+ + 6e^- = 2Cr^{3+} + 7H_2O$	+1.23
$Cl_2 + 2e^- = 2Cl^-$	+1.36
$MnO_4^- + 8H^+ + 5e^- = Mn^{2+} + 4H_2O$	+1.51
$Au^+ + e^- = Au$	+1.69
$S_2O_8^{2-} + 2e^- = 2SO_4^{2-}$	+2.01
$F_2 + 2e^- = 2F^-$	+2.87

任何两个电极反应都可组成一个氧化还原反应,理论上都可以设计成一个电池,但真要做成一个有实际应用价值的电池并非易事。目前我们最熟悉而又经常使用的莫过于锌-锰干电池和铅蓄电池。

锌-锰干电池　以上列举的几种电池有溶液,便于说明原理,但不便于携带。日常用的收音机,手电筒里使用的都是干电池,其电压一般为 1.5V,电容量随体积大小而异(分1号,2号,3号,4号,5号等),其结构如图2-11所示。外壳用锌皮作为负极,中心为正极,是一根导电性能良好的石墨棒,裹上了一层由 MnO_2,炭黑及 NH_4Cl 溶液混合压紧的团块。两个电极之间的电解液是由 NH_4Cl,$ZnCl_2$,淀粉和一定量水组成,将其加热调制成糊糊并趁热灌入锌筒,冷却后成半透明的胶冻不再流动,但可以导电。锌筒上口加沥青密封,防止电解液渗出。锌-锰干电池的电极反应为

锌负极: $Zn+4NH_4Cl \longrightarrow (NH_4)_2ZnCl_4+2NH_4^+ + 2e^-$

锰正极: $MnO_2 + H_2O+e^- \longrightarrow MnO(OH) + OH^-$

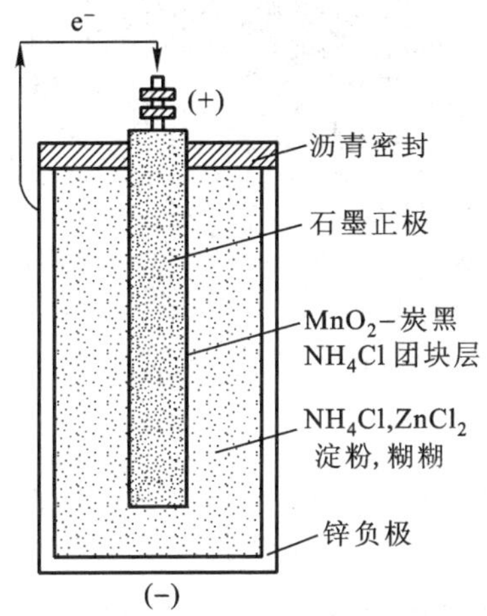

图2-11 锌-锰干电池的结构

在使用过程中,电子由锌极流向锰极(电流方向相反),锌皮逐渐消耗,MnO_2 也不断被还原,电压慢慢降低,最后电池失效。这种电池是一次性消费品,但锌皮不可能完全消耗掉,所以旧电池可回收锌。锌既然是消耗性的外壳,在使用过程中就会变薄以致穿孔,这就要求在锌皮外加有密封包装,有些劣质产品,在使用过程中发生“渗漏”现象,即是没有按要求做的缘故。

铅蓄电池 蓄电池放电到一定程度,可以利用外电源进行充电后再用,这样充电放电可以反复几百次。汽车的启动电源常用铅蓄电池,其结构如图2-12所示。

电池内有一排铅锑合金的栅格板,栅孔为细的铅粉泥所填满。栅板交替由两块导板相联,分别成为顶部的两个电极。整个电极板在使用之前先浸泡在稀硫酸溶液中进行电解处理,在阳极,Pb 被氧化成为二氧化铅(PbO_2),在

阴极,形成海绵状金属铅。干燥后,PbO_2 为蓄电池的正极,海绵状铅为负极①。所用电解液为 30% 的硫酸(H_2SO_4),因此这类电池可以也叫酸性蓄电池。放电时,电极反应和电池反应如下:

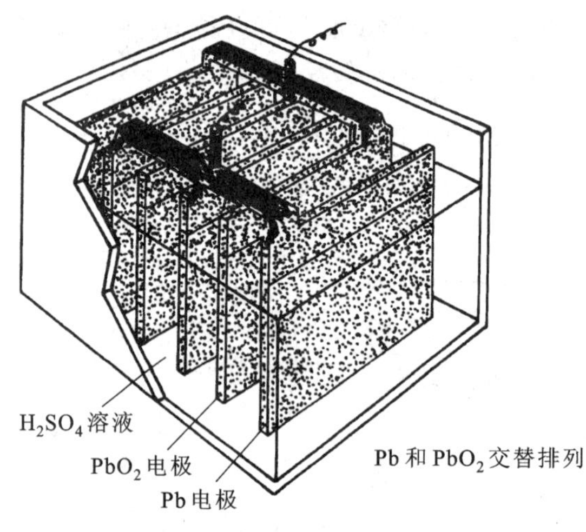

图 2-12 铅蓄电池

正极: $PbO_2 + SO_4^{2-} + 4H^+ + 2e^- \longrightarrow PbSO_4 + 2H_2O$

负极: $Pb + SO_4^{2-} \longrightarrow PbSO_4 + 2e^-$

放电反应: $PbO_2 + Pb + 2H_2SO_4 \longrightarrow 2PbSO_4 + 2H_2O$

放电之后,正负两极都生成了一层硫酸铅($PbSO_4$),到一定程度就必须充电。充电时是将一个电压略高于蓄电池的直流电源与它相接,PbO_2 电极上的 $PbSO_4$放出电子被氧化为 PbO_2,Pb 极上的$PbSO_4$接受电子被还原为 Pb,于是蓄电池的电极恢复原状,又可放电。充电时的电极反应和电池反应恰好是放电时的逆反应:

PbO_2 极: $PbSO_4 + 2H_2O \longrightarrow PbO_2 + SO_4^{2-} + 4H^+ + 2e^-$

Pb 极: $PbSO_4 + 2e^- \longrightarrow Pb + SO_4^{2-}$

充电反应: $2PbSO_4 + 2H_2O \longrightarrow PbO_2 + Pb + 2H_2SO_4$

铅蓄电池放电和充电过程可以合并写为

① 涉及电池电极反应时,用正极负极表示电极电势的高低,电极电势高的为正极,电势低的为负极。电流由正极流向负极,电子由负极流向正极。而涉及电解问题时,则用阴极和阳极表示电极上所发生的变化,阳极发生氧化反应,阴极发生还原反应。

$$Pb + PbO_2 + 2H_2SO_4 \underset{充电}{\overset{放电}{\rightleftharpoons}} 2PbSO_4 + 2H_2O$$

铅蓄电池每个单元电压为2.0V左右,汽车用的电瓶一般由3个单元组成,即工作电压在6.0V左右。若电容量为几十至一百安培,放电时,单元电压降到1.8V,就不能继续使用,必须进行充电。只要按规定及时充电,使用得当,一个电池可以充放电300多次,否则使用寿命会大大降低。这种蓄电池具有电动势高、电压稳定、使用温度范围宽、原料丰富、价格便宜等优点。主要缺点是笨重、防震性差、易溢出酸雾、维护不便、携带不便等。针对这些问题,科技工作者认真不断地从电极材料、隔板材料、电解液组成、电池槽体、整体密封等多方面进行改进。自20世纪80年代以来各种新型的铅蓄电池逐渐问世,它们在汽车工业、通讯业、飞机、船舶、矿山、军工等方面都有广泛应用。在当今各种电池中,就其总产量而言,铅蓄电池还是占90%。

新技术的发展,迫切要求研制体积小、质量轻容量大、保存时间长的各种新型化学电源。现在已经商品化的电池有以下几种。

碱性蓄电池 日常生活中用的充电电池就属于这类。它的体积、电压都和干电池差不多,携带方便,使用寿命比铅蓄电池长得多,使用恰当可以反复充放电上千次,但价格比较贵。商品电池中有镍-镉(Ni-Cd)和镍-铁(Ni-Fe)两类,它们的电池反应是

$$Cd + 2\,NiO(OH) + 2H_2O \underset{充电}{\overset{放电}{\rightleftharpoons}} 2Ni(OH)_2 + Cd(OH)_2$$

$$Fe + 2\,NiO(OH) + 2H_2O \underset{充电}{\overset{放电}{\rightleftharpoons}} 2Ni(OH)_2 + Fe(OH)_2$$

反应是在碱性条件下进行的,所以叫碱性蓄电池。

银-锌电池 电子手表、液晶显示的计算器或一个小型的助听器等所需电流是微安或毫安级的,它们所用的电池体积很小,有"纽扣"电池之称。它们的电极材料是Ag_2O_2和Zn,所以叫银-锌电池。电极反应和电池反应是:

负极: $2Zn + 4OH^- \longrightarrow 2\,Zn(OH)_2 + 4e^-$

正极: $Ag_2O_2 + 2H_2O + 4e^- \longrightarrow 2Ag + 4OH^-$

电池反应: $2Zn + Ag_2O_2 + 2H_2O \longrightarrow 2Zn(OH)_2 + 2\,Ag$

利用上述化学反应也可以制作大电流的电池,它具有质量轻、体积小等优点。这类电池已用于宇航、火箭、潜艇等方面。

燃料电池 氢气(H_2),甲烷气(CH_4),乙醇(C_2H_5OH)等物质在氧气(O_2)中燃烧时,能将化学能直接转化为电能,这种装置叫燃料电池。这些气体分子首先在电极催化剂的作用下离子化,再与O_2起反应生成CO_2和H_2O。

这种电池能量利用率可高达 80%（一般柴油发电机只有 40% 左右），反应产物的污染也少。一种 10 ~ 20 kW 的碱性 H_2-O_2 燃料电池已成功地用于航天飞机，在美国、日本还有若干示范性的 CH_4-O_2 燃料电池发电站，但目前这类电极成本很高，气体净化要求也高，短期内难于普及。

此外，锂-锰电池、锂-碘电池、钠-硫电池、太阳能电池等多种高效、安全、价廉的电池都在研究之中。化学电源的研究和开发是化学科学的重要研究领域之一，也是能源工作者研究领域之一。

2.8　节能和新能源的开发

国民经济的发展要求能源有相应的增长，人口的增长和生活条件的改善也需要消耗更多的能量。现代社会是一个耗能的社会，没有相当数量的能源是谈不上现代化的。现代主要能源是煤、石油和天然气，它们都是短期内不可能再生的化石燃料，储量都极其有限，因此必须节能。节能不是简单地指少用能量，而是指要充分有效地利用能源，尽量降低各种产品的能耗，这也是国民经济建设中一项长期的战略任务。节能问题现已受到各国的普遍重视，作为能源经济发展的重要政策。自 1973 年和 1979 年石油输出国组织（OPEC）两次大幅度提高石油价格以来，工业发达国家不可能再依靠廉价石油来发展经济，美国、日本率先积极开展各种节能技术研究以缓解"能源危机"的冲击，使单位产品的能耗有明显降低。例如国际先进水平是每炼 1 吨钢需消耗 0.7 ~ 0.9 吨标准煤，而我国目前每吨钢的能耗约为 1.3 吨标准煤，也就是说我国炼钢的能耗是国际水平的 1.6 倍，所以在我国节能应该有很大的潜力可挖。

一个国家或一个地区能源利用率的高低一般是按生产总值和能源总消耗量的比值进行统计比较的，它与产业结构、产品结构和技术状况有关。如在 20 世纪 80 年代末，上海市每万元国民经济生产总值要消耗 5.08 吨标准煤，浙江省是 5.38 吨，而有的省却高达 26 吨，可见它们之间能源利用率差别很大。和国际相比，我国的能耗比日本高 4 倍，比美国高 2 倍，比印度高 1 倍，所以若能赶上印度的能源利用率，要实现生产翻一番，似乎不必增加能源消费量。要实现国民经济现代化，既要开发能源，又必须降低能耗，开源节流必须同时并举，并且要把节流放到更重要的位置。

能耗高的原因是复杂的，从化学变化释放能量的角度看，无非一是燃烧是否完全，二是释放的能量是否充分利用。我国的工业锅炉和工业窑炉耗费全国总能源的 65%，它们是节能潜力最大的行业。设计节能的炉型、选择节能的燃气比（燃料和空气的比例）、控制锅炉进水温度、及时清理锅炉积垢、积灰等等都可以节能。供电系统和电能利用系统也是能源消耗量大而能量利用率低的领域，节能潜力较大。火力发电是将化学能转化为电能，通过电动机又将电能转化为机械能可以供机床、水泵、通风、电动车、照明等用，这些能量转化过程中的利用率也大有潜力可挖。例如将发电站的余热与城市供热供暖相结合，组成电热联产，将分散的供热（热损耗很大）改为集中供热，都可有效地提高能源利用率；电动机的材料质量、电机结构的改进可以大大降低损耗；白炽灯的照明效率是荧光灯的一半，研制高效节能灯，并推广使用，也是节能措施之一。总之围绕着节能工作有许多科学技术问题亟待研究，但要使节能工作真正落到实处，不是单纯的技术问题，还要涉及行政管理、能源政策、节能法规、能源价格等各方面的因素。

我国长期面临能源供不应求的局面，人均能源水平低，同时能源利用率低，单位产品能耗高。所以必须用节能来缓解供需矛盾，促进经济发展，同时也有利于环境保护。因此节能是我国的一项基本国策。在节能的同时我们也要积极开展各种新型能源的研究和探索，目前不成熟的新能源也可能成为未来的主要能源。当代新能源是指太阳能、生物质能、风能、地热能和海洋能等。它们的共同特点是资源丰富、可以再生、没有污染或很少污染，它们是远有前景，近有实效的能源。以下对这几种新能源作简要介绍①。

太阳能　地球上最根本的能源是太阳能。煤、石油中的化学能是由太阳能转化而成的（见3.3和3.4），风能、生物能、海洋能等其实也都来自太阳能。太阳每年辐射到地球表面的能量为50×10^{18} kJ，相当于目前全世界能量消费的1.3万倍，真可谓取之不尽用之不竭，因此利用太阳能的前景非常诱人。阳光普照大地，单位面积上所受到辐射热并不大，如何把分散的热量聚集在一起成为有用的能量是问题的关键。太阳能的利用方式是光热转化或光电转化。

太阳能的热利用是通过集热器进行光热转化的，集热器也就是太阳能热水器。它的板芯由涂了吸热材料的铜片制成的，封装在玻璃钢外壳中。铜片只是导热体，进行光热转化的是吸热涂层，这是特殊的有机高分子化合物。封装材料也很有讲究，既要有高透光率，又要有良好的绝热性。随涂层、材料、封装技术和热水器的结构设计等不同，终端使用温度较低的在100℃以下，可供生活热水、取暖等；中等温度在100～300℃之间，可供烹调、工业用热等；高温的可达300℃以上，可以供发电站使用。70年代石油危机之后，这类热水器曾有蓬勃发展，特别是在美国、以色列、日本、澳大利亚等国家安装家用太阳能热水器的住宅很多（10%～35%）。80年代在美国已建成若干示范性的太阳能

---

① 尹炼. 能源的地位、问题、对策——对我国新能源战略的评估与对策探讨. 科技导报，1993（7）：36

热发电站，用特殊的抛物面反光镜聚集热量获得高温蒸汽送到发电机进行发电。

太阳能也可通过光电池直接变成电能，这就是太阳能电池、光伏打电池。它们具有安全可靠、无噪声、无污染、不需燃料、无需架设输电网、规模可大可小等优点，但需要占用较大的面积，因此比较适合阳光充足的边远地区的农牧民或边防部队使用。已有使用价值的光电池种类不少，多晶硅（Si）、单晶硅（掺入少量硼、砷）、碲化镉（CdTe）、硒化铜铟（CuInSe）等都是制造光电池的半导体材料，它们能吸收光子使电子按一定方向流动而形成电流。光电池应用范围很广，大的可用于微波中继站、卫星地面站、农村电话系统，小的可用于太阳能手表、太阳能计算器、太阳能充电器等，这些产品已有广大市场。

对于利用阳光发电，在美国有 Solar 2000 计划，目标是到 2000 年美国太阳能电池总产量达 1400 兆瓦。日本在 70 年代就制定了“阳光计划”。近年来，德国的 ELDURADO 计划等也都是致力于太阳能的开发利用。我国自 80 年代起也开始了太阳能电池的研究，引进了国际先进的技术。太阳能电池现已有小批量生产，受到西藏无电地区牧民们的欢迎。这种小的太阳能发电装置可以为一台彩色电视机和一部卫星接收机提供电源，或为家庭照明和家用电器供电。

生物能 生物能蕴藏在动物、植物、微生物体内，它是由太阳能转化而来的，可以说是现代的、可以再生的“化石燃料”，它可以是固态、液态或气态。稻草、劈柴、秸秆等农牧业废弃物是古老的传统燃料，在广大农村仍是主要能源。但这样的燃料直接燃烧时，热量利用率很低，仅 15% 左右，现用节柴灶热量利用率最多也只能达到 25% 左右，并且对环境有较大的污染。目前把生物能作为新能源来考虑，并不是再去烧固态的柴草，而是要将它们转化为可燃性的液态或气态化合物，即把生物能转化为化学能，然后再利用燃烧放热。农牧业废料、高产作物（如甘蔗、高粱、甘薯等）、速生树木（如赤杨、刺槐、桉树等），经过发酵或高温热分解等方法可以制造甲醇、乙醇等干净的液体燃料。在巴西有 800 万辆小汽车用乙醇做燃料；在美国有许多汽车使用含乙醇的汽油作为燃料；欧共体已建成几座由木屑制甲醇的工厂。这类生物质若在密闭容器内经高温干馏也可以生成一氧化碳（CO）、氢气（H_2）、甲烷（CH_4）等可燃性气体，这些气体可用来发电。生物质还可以在厌氧条件下生成沼气，这种气化的效率虽然不高，但其综合效益很好。沼气的主要成分是 CH_4，作为燃料不仅热值高并且干净，沼渣、沼液是优质速效肥料，同时又处理了各种有机垃圾，清洁了环境。我国农村约有 500 万个小型沼气池作为家用能源。投资建设中型、大型沼气池不仅可用于发电，也可处理城市垃圾。此外科学家们还成功地培育出若干植物新品种，如巴西的香蕉树（亦称石油树），每株年产 50 kg 左右与石油成分相似的胶质。美国人工种植的黄鼠草,每公顷可年产 6000 kg 石油,美国西海岸的巨型海藻,可用以生产类似柴油的燃料油。把生物质转化为可燃性的液体或气体是使古老能源焕发青春的途径。

风能 这是利用风力进行发电、提水、扬帆助航等的技术,这也是一种可以再生的干净能源。按人均风电装机容量算,丹麦遥遥领先,其次是美国和荷兰。我国东南沿海及西北高原地区(如内蒙古、新疆)也有丰富的风力资源,现已建成小型风力发电厂 9 个,发电装机容量 2 万千瓦。风力发电也将是电力建设的一个方面。

地热能 地壳深处的温度比地面上高得多,利用地下热量也可进行发电。在西藏的发电量中,一半是水力发电,约 40% 是地热电,火力发电只占 10% 左右。西藏羊八井地热电站的水温在 150℃ 左右,台湾清水地热电站水温达 226℃。温度较低的地热泉(温泉)遍布全国,已打成地热井 2000 多处。地热能与地球共存亡,地热潜力不容忽视。

海洋能 在地球与太阳、月亮等互相作用下海水不停地运动,站在海滩上,可以看到滚滚海浪,在其中蕴藏着潮汐能、波浪能、海流能、温差能等,这些能量总称海洋能。从 20 世纪 60 年代起法国、前苏联、加拿大、芬兰等国先后建成潮汐能发电站,波浪能发电和温差能发电的示范装置也都已问世。我国在东南沿海先后建成 7 个小型潮汐能电站,其中浙江温岭的江厦潮汐能电站具有代表性,它建成于 1980 年,至今运行状况良好,并且还在海湾两侧,围垦农田,种植柑橘,养殖水产,取得很好的综合效益。

新能源的开发受到世界各国的重视,但进展缓慢,这是因为技术难度较大,对所需研究基金的投资要求较高,有些示范装置,效能虽好,但因成本过高而不易推广。新能源的开发都是综合性项目,涉及化学、物理、电子、机械、仪表控制等各行各业,其中所需各种新材料,需要化学工作者进行研制;许多化学过程和反应条件,需化学工作者进行深入细致的研究。总之化学家将积极参与新能源的开发工作。随着新能源的不断开发,世界能源结构正向多样化的方向发展。

复 习 题

1. 我国能源消费结构与国际相比有何特点?
2. 什么是再生能源和非再生能源?举例说明。
3. 能源的利用和能量守恒定律有何联系?
4. 某种天然气发热量为 38.9 $MJ \cdot m^{-3}$(标准状况),那么 100 m^3 的这种天然气相当于多少公斤标准煤?
5. 原煤、石油气(液化气)、天然气、柴草都是我国的家用能源。试比较它们的优缺点。

6. 煤焦油、焦炉气中的主要成分各是什么？有何重要用途？
7. 石油和煤相比，它们的成因和成分有何异同？
8. 石油炼制工业主要包括哪些过程？
9. 乙烯产量是综合国力的指标之一，根据何在？
10. 什么是辛烷值？汽油中添加四乙基铅有什么作用？有什么缺点？
11. 衰变、裂变、聚变都是原子核反应，举例说明它们的异同。核电站反应堆发生的是哪种核反应？
12. 写出下列几种电池的电池反应（化学反应方程式）。
 (1) 锌-银电池（$Zn-Zn^{2+}$ 和 $Ag-Ag^{+}$）；
 (2) 铅蓄电池；
 (3) 镍-镉蓄电池（碱性可充电电池）；
 (4) 银-锌电池［$Ag-Ag_2O_2$ 和 $Zn-Zn(OH)_2$］。
13. 当前有实效而又有前景的新能源指哪些，各有何特点？
14. 美国、日本把节约的能源列为继煤、石油、自然能（水力、风能、地热、太阳能等）核能之后的“第五常规能源”，这对我国的能源建设有何启示？

第 3 章

化　学　键

化学变化的实质是原子的重新排列组合,化学变化过程是旧化学键断裂和新化学键形成的过程。学习化学键知识是掌握化学知识的一把钥匙,化学键概念是化学基本理论的重要组成部分。**化学键是指两个相邻原子之间强烈的相互作用力**。人们经过一个世纪的探讨,对化学键本质的认识逐步深化,现在认为最基本的化学键类型有 3 种:离子键、共价键和金属键。下面分别介绍这 3 种化学键。

3.1　离子键和离子化合物

氯化钠(NaCl)是最典型的离子化合物,它是食盐的主要成分。它易溶于水,熔点较高(801℃),熔融状态的氯化钠能导电,电解产物是金属钠和氯气:

$$2\ NaCl \xrightarrow[\text{电解}]{\text{熔融}} 2Na + Cl_2$$

反之,金属钠在氯气中燃烧,Na 和 Cl_2 就化合生成 NaCl。那么钠原子和氯原子之间是靠什么样的作用力相结合的呢?从原子核外电子结构看,化学性质很稳定的稀有气体如氦(He)、氖(Ne)、氩(Ar)等亦称惰性气体,它们的外层电子结构都是 s^2p^6,也可以说 s^2p^6(八电子)是一种稳定的电子结构。从附录 1 可知,钠原子和氯原子的核外电子排布分别是:

$$_{11}Na \qquad 1s^22s^22p^63s^1$$

$$_{17}Cl \qquad 1s^22s^22p^63s^23p^5$$

钠原子失去 $3s^1$ 电子而成钠离子 $Na^+(1s^22s^2sp^6)$,这是稳定的 s^2p^6 全充满状态。而氯原子获得 1 个电子则成氯离子 $Cl^-(1s^22s^22p^63s^23p^6)$,这也是稳定的 s^2p^6 状态。带正电的 Na^+ 和带负电的 Cl^- 借静电作用力相结合,这种**强烈的静**

电作用力称为离子键,由离子键结合成的化合物叫**离子化合物**[①],得电子或失电子的数目叫电价数。氯化钠晶体实际上就是这些 Na^+ 和 Cl^- 相间配置而成,见图 3-1(a)。可以将正负离子近似看成球形,每个离子都尽可能多地吸引异号离子而紧密堆积,见图 3-1(b)。

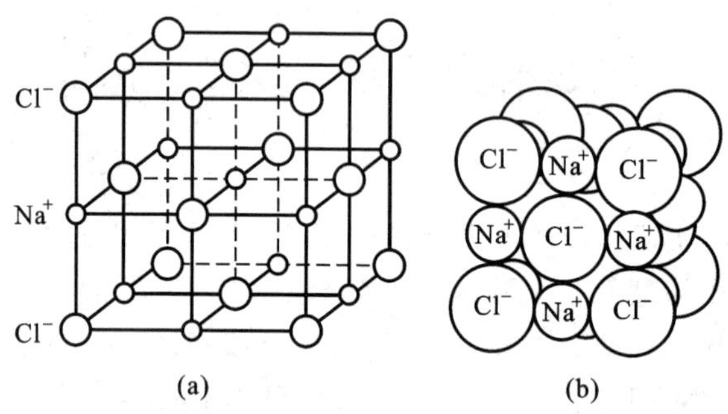

图 3-1 NaCl 晶体中 Na^+ 和 Cl^- 的排列和密堆积

IA 主族碱金属原子核外层都有 s^1 电子,都容易失去一个电子而成+1 价的正离子,而ⅦA 主族卤素原子核外电子结构是 s^2p^5,它们都容易得到一个电子而成-1 价负离子。所以碱金属和卤素借离子键形成离子化合物,如氯化钾(KCl)、氯化铯(CsCl)、氟化铯(CsF)、溴化钾(KBr)等。随正负离子半径大小不同离子的堆积方式有所差别。如铯原子比钠原子大,所以每个 Cs^+ 的周围可以配置 8 个 Cl^-,而 1 个 Na^+ 的周围只能配置 6 个 Cl^-。

氯化镁的化学式是 $MgCl_2$ 而不是 MgCl,氧化镁的化学式不是 MgO_2,而是 MgO,这从核外电子排布、化学键的价数考虑,都是容易理解的:

$$_{12}Mg \quad 1s^22s^22p^63s^2$$

$$_{17}Cl \quad 1s^22s^22p^63s^23p^5$$

$$_{8}O \quad 1s^22s^22p^4$$

Mg 失去 2 个 3s 电子,成为 $2s^22p^6$ 稳定结构,而 O 得 2 个电子,也形成 $2s^22p^6$ 结构,所以 Mg^{2+} 和 O^{2-} 形成 MgO,而 Cl 得 1 个电子即可形成 $3s^23p^6$ 结构,所以 Mg^{2+} 可以和 2 个 Cl^- 化合而成 $MgCl_2$。

原子的电负性表明原子对成键电子吸引能力的大小,参看表 1-7,周期表里位于右上方的非金属电负性较大,位于左下方的金属电负性较小。**电负性差别越大的原子间越容易形成离子化合物**。如 NaCl,CsCl,CaF_2 等都是典型

① 甘兰若. 离子化合物与离子键有哪些特点. 化学通报,1978(2):45

的离子化合物。

正负离子间的静电作用力是很强的，室温下离子化合呈固态，熔点都较高（NaCl 的熔点是 801℃，CsCl 是 646℃，CaF_2 是 1360℃）。熔融状态的离子化合物可以导电。

离子键的强度可用晶格能（U）的大小来衡量，**晶格能**是指 1 mol 离子晶体解离成自由气态离子所吸收的能量。如 NaCl 的晶格能为 786 kJ · mol^{-1}，即

$$NaCl(s) \longrightarrow Na^{+}(g) + Cl^{-}(g) \qquad U = 786\ kJ \cdot mol^{-1}$$

CsCl 的晶格能为 657 kJ · mol^{-1}，CaF_2 则是 2609 kJ · mol^{-1}。晶格能的大小与正负离子电荷数成正比，与正负离子间的距离成反比。晶格能越大，即正负离子间的结合力越强，所以晶体的熔点就越高，硬度也越大。表 3-1 列举了几种离子晶体中电荷数（z），离子间距离（r_0）与晶格能、熔点、硬度的关系。

表 3-1　晶格能[*]与晶体性质

离子化合物	电荷数 z	r_0/pm	晶格能/kJ · mol^{-1}	熔点/℃	莫氏硬度
NaF	1	231	923	993	3.2
NaCl	1	282	786	801	2.5
MgO	2	210	3791	2852	6.5
CaO	2	240	3401	2614	4.5

* 晶格能可以用实验数据间接计算，也可以做理论计算。硬度标准分 10 级，等级越高，表示物质越硬。如金刚石的硬度为 10 级，石英（SiO_2）为 7 级，方解石（$CaCO_3$）为 3 级等。

3.2　共价键和共价化合物

在众多的化合物中共价化合物居多，共价键理论内容丰富也比较复杂，本节着重介绍以下几个要点。

3.2.1　经典的 Lewis 八隅体规则

上面一节已介绍 s^2p^6 八电子稳定状态及离子键的形成，但两个电负性相等或相近的原子结合形成分子时（如 H_2，O_2，N_2，HCl 等），显然不可能以得、失电子的方式形成稳定的八电子结构。1916 年 Lewis 提出共用电子对形成八隅体的学说，例如 A 和 B 两个 Cl 原子形成 Cl_2 时，各有一个电子，既属于 A 又属于 B，或者说 A 和 B 两个 Cl 原子共有这对电子，那么 A 和 B 原子都形成稳定

的八电子结构。可以·代表 A 原子的外层电子,以×代表 B 原子的外层电子,也可以用短线代表共用电子对。以下列举若干常见的共价分子的 Lewis 结构式。

Cl_2	HCl	H_2O	CH_4	C_2H_4	C_2H_2
·· ×× :Cl·× Cl× ·· ××	×× H × ·Cl× ××	×× H ×· O ×· H ××	H ×· H ×· C ×· H ×· H	H ×· C : ×C ×· H ·× ·× H H	·× H ×· C ·× ×C ×· H ·×
Cl—Cl	H—Cl	H—O—H	H | H—C—H | H	H—C═C—H | | H H	H—C≡C—H

A 和 B 两个原子间,若共用 2 对电子,则形成**双键**;共用 3 对电子则形成**三键**。C_2H_4 分子内含有碳碳双键,C_2H_2 分子内含碳碳三键。Lewis 认为原子可以通过**共用电子对形成八电子稳定结构,这种原子间的作用力称为共价键**。用这个概念可以阐明许多非金属原子间形成共价化合物的规律,至今仍为化学界采用。但他并未能阐明共价键的本质和特性,成键电子对的两个电子都带负电,同性相斥,它们是怎样结合的?有些元素的化合物和不少共价分子的结构和性质都不能用八隅规则说明。因此随后发展成价键理论。

3.2.2 价键理论

随着物理学量子力学的发展,1927 年 Heitler 和 London 用量子力学来处理 H 原子形成 H_2 分子的过程,他们得到了 H_2 分子能量(E)与两个 H 原子核间距(r)的关系曲线,如图 3-2 所示。若原子 A 和原子 B 的两个电子自旋方向相反,则是图中下面的曲线。当 A 和 B 相接近时(即 r 值减小时),H_2 分子体系能量降低,这是因为 A 原子的核外电子不仅受到 A 原子核的吸引力,也受到了 B 原子核的吸引,同理 B 的电子既受 B 原子核的吸引,也受 A 原子核的吸引,也可以说是两个原子轨道发生了重叠,两核之间的电子云密度增大,体系能量降低。当 r=74 pm 时,能量为最低值,r 更小时,则因两核之间库仑斥力增大,能量反而升高。即两核间距离为 74 pm时,形成了稳定的 H_2 分子,这和实验测定值相符。若 A 和 B 的电子自旋方向平行,$E-r$ 曲线就不同了,如图3-2上部曲线所示。核间距 r 越小,能量越高,表示两个自旋方向相同的氢原子不能形成 H_2 分子。总之,价键理论继承了 Lewis 共用电子对的概念,但从量子力学的角度指出成键电子必须自旋相反,并且认为**共价键的本质是两个原子有自旋方向相反的未成对电子,它们的原子轨道发生了重叠,使体系能量降低而成键。**

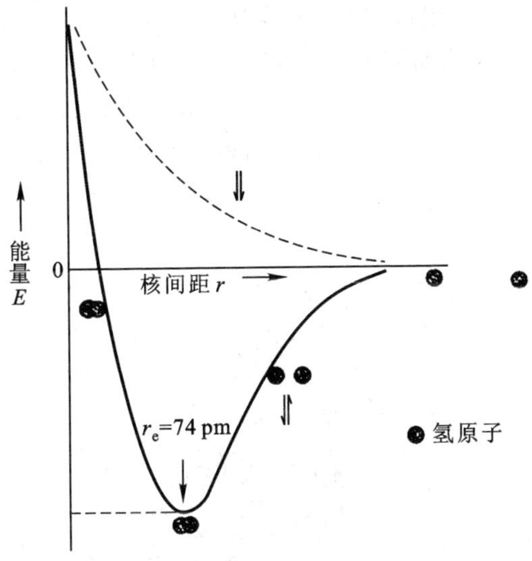

图 3-2 氢分子形成过程的能量曲线

按照价键理论,共价键具有饱和性和方向性。各原子都有确定的不成对电子,所以它的共价键数是一定的。如 H 和 Cl 都是 1 价,O 和 S 是 2 价,N 是 3 价,C 是 4 价等。按此推理,不同原子形成共价化合物时均有确定的原子比,如可以有 HCl,H_2S,NH_3 和 CH_4 等共价化合物,但不可能有 HCl_2 或 H_4S 分子,这就是共价键的**饱和性**。另外,电子运动状态在空间分布是有一定取向的,原子轨道的重叠也是有一定取向的,如 N 原子核外有 3 个未成电子,其取向分别为 p_x, p_y, p_z。N_2 分子中的三对电子并不在同一个平面上,而是在 x,y,z 三个互相垂直的方向。这就是所谓的共价键的方向性。共价键的饱和性和方向性是和离子键相比较而言,离子化合物中正负离子都为 s^2p^6 结构,其电荷分布呈球形对称,所以它们可以从各个方向互相接触,并且尽可能多地和异性离子相接触(配位),配位数的多少决定于正负离子的大小。对离子化合物而言,无所谓成键的方向性,而要考虑离子密堆积和空间利用率。NaCl 中,Cl^-既然没有固定的配位数,也无所谓饱和性。

许多共价化合物如 H_2O,HCl,NH_3,CH_4 等不论在气态、液态或固态都以独立的分子形式存在,所以在状态变化时,不涉及化学键的变化,只是分子间作用力发生变化。它们和离子化合物相比,熔点、沸点就低得多,在液态时也没有带电的微粒,所以不导电,这类物质属分子型共价化合物。也有分子型的共价单质,如碘(I_2)、磷(P_4)和硫(S_8)的单质都是多原子分子,原子间有共价键,它们熔点、沸点也不高。

有些共价化合物是原子型的,如优质磨料金刚砂,它的化学式是碳化硅

(SiC),其结构和金刚石相似,如图 3-3 所示。其中一半 C 的位置为 Si 所取代,即每一个 C 原子以四面体向与 4 个 Si 原子相连。同样,每个 Si 原子也以四面体向与 4 个 C 原子相连,形成了 C 和 Si 相间的巨分子。这类原子型共价化合物和分子型共价化合物不同,它们的熔点很高,硬度也很大。因为要使它发生状态变化,将涉及 Si 和 C 之间的共价键的断裂,这是很不容易的。

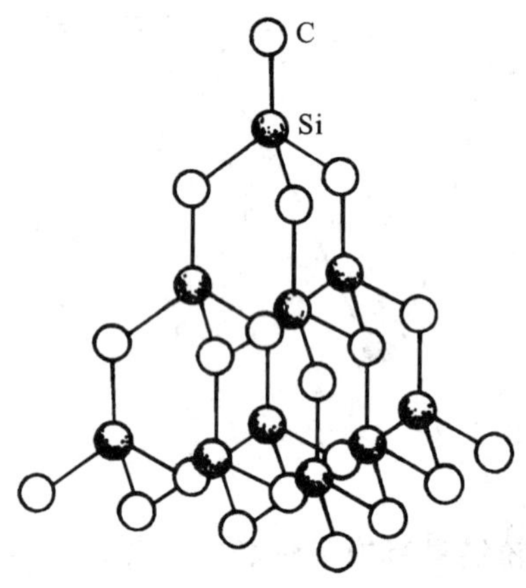

图 3-3　金刚砂 SiC 的结构

3.2.3　杂化轨道理论

价键理论对共价键的本质和特点做了有力的论证,但它把讨论的基础放在共用一对电子形成一个共价键上,在解释许多分子、原子的价键数目及分子空间结构时却遇到了困难。例如 C 原子的价电子是 $2s^22p^2$,按电子排布规律,2 个 s 电子是已配对的,只有 2 个 p 电子未成对,而许多含碳化合物中 C 都呈 4 价而不是 2 价,可以设想有 1 个 s 电子激发到 p 轨道去了。那么 1 个 s 轨道和 3 个 p 轨道都有不成对电子,可以形成 4 个共价键,但 s 和 p 的成键方向和能量应该是不同的。而实验证明:CH_4 分子中,4 个 C—H 共价键是完全等同的,键长为 114 pm,键角为 109.5°。BCl_3,$BeCl_2$,PCl_3 等许多分子也都有类似的情况。为了解释这些矛盾,1928 年 Pauling 提出了杂化轨道概念,丰富和发展了的价键理论。他根据量子力学的观点提出:**在同一个原子中,能量相近的不同类型的几个原子轨道在成键时,可以互相叠加重组,成为相同数目、能量相等的新轨道,这种新轨道叫杂化轨道。**参看图 3-4,C 原子中 1 个 2s 电子激发到 2p 后,1 个 2s 轨道和 3 个 2p 轨道重新组合成 4 个 sp^3 杂化轨道,它们再和 4 个 H 原子形成 4 个相同的 C—H 键,C 位于正四面体中心,4 个 H 位于四个顶角。

杂化轨道种类很多,如三氯化硼(BCl_3)分子中 B 有 sp^2 杂化轨道,即由 1 个 s 轨道和 2 个 p 轨道组合成 3 个 sp^2 杂化轨道,在氯化铍($BeCl_2$)中有 sp 杂化轨道,在过渡金属化合物中还有 d 轨道参与的 sp^3d 和 sp^3d^2 杂化轨道等。

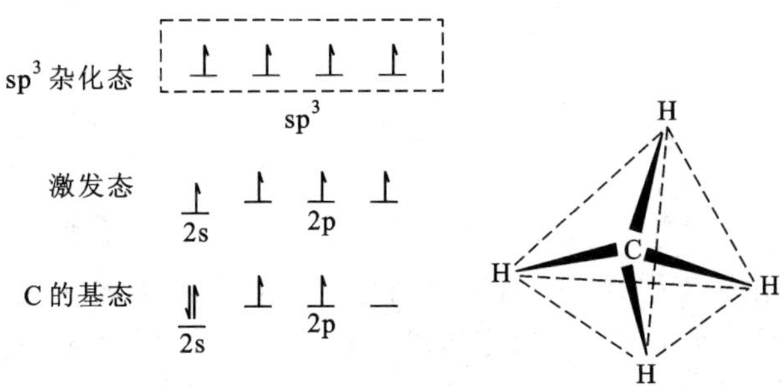

图 3-4 CH_4 分子中 sp^3 杂化和正四面体结构

以上几例都是阐明了共价单键的性质,为解释乙烯和乙炔分子中双键和三键的形成,又提出了 σ 键和 π 键的概念。如把两个成键原子核间联线叫键轴,把原子轨道沿键轴方向"头碰头"的方式重叠成键,称为 **σ 键**,如图 3-5 中(a)和(b)所示。把原子轨道沿键轴方向"肩并肩"的方式重叠,称为 **π 键**,如图 3-5 中(c)和(d)所示。这样就可以解释为什么能在两个相邻原子间形成双键和三键了。

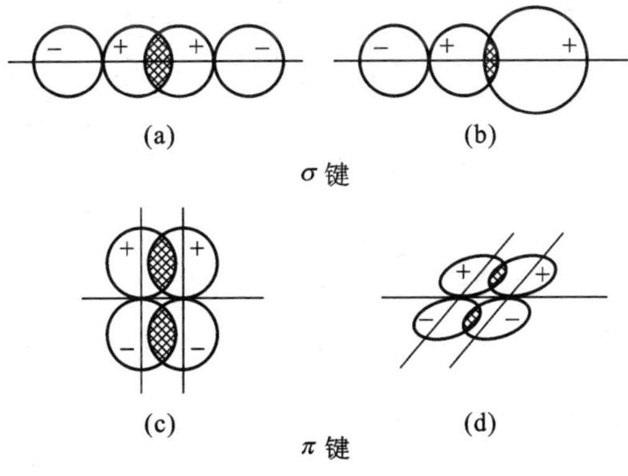

图 3-5 σ 键和 π 键重叠方式

例如在乙烯（ $\mathrm{H-\overset{H}{\overset{|}{C}}=\overset{H}{\overset{|}{C}}-H}$ ）分子中有碳碳双键（C═C），碳原子的激发态中 $2p_x$，$2p_y$ 和 2s 形成 sp^2 杂化轨道，这 3 个轨道能量相等，位于同一平面并互成 120℃ 夹角，另外一个 p_z 轨道未参与杂化，位于与平面垂直的方向上。碳碳双键中的 sp^2 杂化如下所示。

基态：2s ↑↓；$2p_x$ ↑　$2p_y$ ↑　$2p_z$ —
—激发→
激发态：2s ↑；$2p_x$ ↑　$2p_y$ ↑　$2p_z$ ↑
—杂化→
杂化态：sp^2 ↑ ↑ ↑；$2p_z$ ↑

这 3 个 sp^2 杂化轨道中有 2 个轨道分别与 2 个 H 原子形成 σ 单键，还有 1 个 sp^2 轨道则与另一个 C 的 sp^2 轨道形成头对头的 σ 键，同时位于垂直方向的 p_z 轨道则以肩并肩的方式形成了 π 键。也就是说碳碳**双键是由一个 σ 键和一个 π 键组成，即双键中两个键是不等同的**。π 键原子轨道的重叠程度小于 σ 键，π 键不稳定，容易断裂，所以含有双键的烯烃很容易发生加成反应，如乙烯（$H_2C{=}CH_2$）和氯（Cl_2）反应生成氯乙烯（$Cl-CH_2-CH_2-Cl$）。

乙炔分子（C_2H_2）中有碳碳三键（$HC\equiv CH$），激发态的 C 原子中 2s 和 $2p_x$ 轨道形成 sp 杂化轨道。这两个能量相等的 sp 杂化轨道在同一直线上，其中之一与 H 原子形成 σ 单键，另外一个 sp 杂化轨道形成 C 原子之间的 σ 键，而未参与杂化的 p_y 与 p_z 则垂直于 x 轴并互相垂直，它们以肩并肩的方式与另一个 C 的 p_y，p_z 形成 π 键。即碳碳**三键是由一个 σ 键和两个 π 键组成**。这两个 π 键不同于 σ 键，轨道重叠也较少并不稳定，因而容易断开，所以含三键的炔烃也容易发生加成反应。

基态：2s ↓↑；$2p_x$ ↑　$2p_y$ ↑　$2p_z$ —
—激发→
激发态：2s ↑；$2p_x$ ↑　$2p_y$ ↑　$2p_z$ ↑
—杂态→
杂化态：sp ↑ ↑；$2p_y$ ↑　$2p_z$ ↑

甲烷、乙烯、乙炔都是最基本的简单有机化合物，以价键理论为基础，用杂化轨道和 σ 键 π 键的概念，就很好地解释了它们的结构和性质。

3.2.4　键的极性和分子的极性

在 H_2（或 I_2）分子中，两个成键的 H 原子（或 I 原子）对共用电子对的吸引能力是相等的，整个分子的正电荷中心和负电荷中心是重合的，这种分子为非极性分子，H—H（或 I—I）键为非极性共价键。但 HI 分子则是极性分子，

H—I键是极性共价键。因为I的电负性(2.5)大于H(2.1),所以H—I键的共用电子对偏向于I的一端。或者说HI分子中,I端显负性,而H端为正性。**凡由电负性不同的两个原子形成的共价键为极性共价键,**它们的共用电子对偏向电负性大的一方,使电负性大的原子带部分负电荷,电负性小的原子带部分正电荷,可以分别用δ^+和δ^-表示,如$\overset{\delta^+}{\mathrm{H}}—\overset{\delta^-}{\mathrm{I}}$。两个成键原子的电负性差值($\Delta\chi$)越大,键的极性就越大。当$0<\Delta\chi<1.7$时,为极性共价键;当$\Delta\chi>1.7$时,电子对将完全偏于电负性大的原子一边,这就和离子键一样了。例如Cl的电负性为3.0,Na为0.9,Mg为1.2,Na和Cl,Mg和Cl之间$\Delta\chi$值都大于1.7,因而都形成离子键。由此可见离子键和共价键虽然是两种不同的化学键,但它们之间有联系,从离子键到共价键有递变关系。例如$BeCl_2$中的Be($\chi=1.5$)和Cl之间$\Delta\chi$为1.5,Be和Cl原子形成极性很强的共价键,$BeCl_2$在室温虽是固体,但熔点(405℃)比离子化合物如$MgCl_2$(714℃)或$CaCl_2$(782℃)低得多,$BeCl_2$的性质可以说是介于离子化合物和共价化合物之间的过渡状态。

键的极性是一种“矢量”,不但有大小,还有方向,它的方向用从正极到负极的箭头表示。分子的极性与键的极性有关,在双原子分子中,键有极性,分子就有极性,如HI,HCl等。但以极性键结合的多原子分子,是否有极性,还要看分子的空间构型,因为它决定于成键的方向。若分子结构的对称性使键的极性互相抵消,则分子没有极性。如CO_2分子中的C═O键是极性键,但由于CO_2分子呈直线型对称结构,两个C═O键的极性大小相等,方向相反,互相抵消,整个分子就成了没有极性的非极性分子:

$$\mathrm{O}\overset{\leftarrow}{=}\mathrm{C}\overset{\rightarrow}{=}\mathrm{O}$$

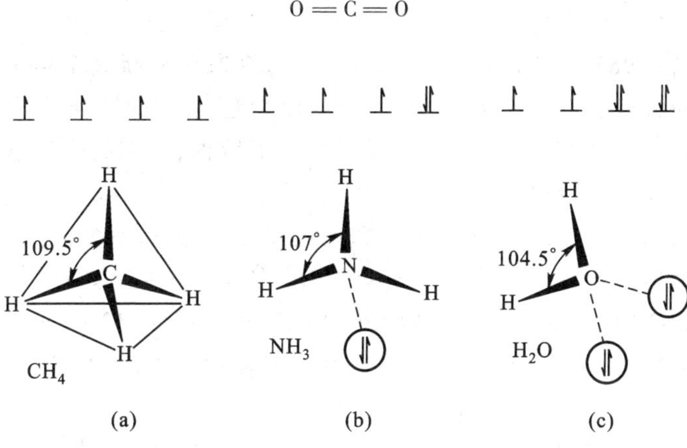

图3-6 CH_4,NH_3,H_2O分子构型和键角

图 3-6 列举了 CH_4,NH_3 和 H_2O 分子的构型和键角。如 CH_4 分子中,C—H 虽是极性键,其中 C 用 4 个 sp^3 杂化轨道,以正四面体方向与 H 成键,所以 CH_4 也是非极性分子。见图 3-6(a)。而 H_2O 则不然,它是极性分子,因为 O 原子用 2 个 sp^3 杂化轨道分别和 2 个 H 原子形成 σ 键,另外两个 sp^3 杂化轨道上各有一对未成键的电子,它们的互斥作用使 H_2O 分子中两个 H—O 键间的夹角为 104.5°,使整个 H_2O 分子呈 V 字型,O 为负端,H 为正端,见图 3-6(c)。NH_3 分子的情况和 H_2O 相似,N—H 键是极性键,键角为 107°,有一对未成键电子,因此 NH_3 分子有极性。N 为负端,H 为正端,见图 3-6(b)。

汽油的主要成分之一是辛烷(C_8H_{18}),它由于结构的对称而是非极性分子,乙醇(C_2H_5OH)分子一端是极性很小的烷基(C_2H_5—),另一端是极性较大的羟基(—OH),它是极性分子。汽油和水不相溶就是因为它们分子极性差别所致,而乙醇和水的互溶性正是因为它们有极性相似的—OH 基团。

价键理论、杂化轨道等共价键概念确实解释了许多化学现象而获得公认,但也还有不少现象无法解释,因此随后又有价层电子互斥理论、分子轨道理论、晶体场理论等多种学说的发展和应用,因涉及较深的数学和物理知识,本书不再介绍。总之,人类对事物内在本质的认识就是这样逐步深入的,永无止境。

3.3 共价键的键能

化学键是两个相邻原子间的强烈相互作用力,要断开化学键,需要吸收能量,而生成化学键时,则将释放能量,这种能量用键能表示。现行化学键键能的定义是:**在 298K(25℃)和 100kPa 条件下,气态分子断开 1 mol 化学键所需的能量叫键能**。不同的原子形成不同的化学键,它们的结合力不同,也就是键能不同。表 3-2 列举一些常见共价键的键能数据,它们的能量单位用 $kJ \cdot mol^{-1}$ 表示,都是 10^2 数量级的。

键能数据不是直接测定的实验值,而是根据大量实验数据综合所得的一种平均近似值。如在 H_2O 分子中有 2 个 O—H 键,要断开第 1 个 O—H 键所需能量为 502 $kJ \cdot mol^{-1}$,而断开第 2 个 O—H 键只需 426 $kJ \cdot mol^{-1}$,表中所列 O—H 键的键能为 465 $kJ \cdot mol^{-1}$,这是根据多种化合物的 O—H 键的断键能量选定的。

化学变化过程的实质是原子外层电子的重排,或者说是化学键的改组。**化学变化的热效应就来源于化学键改组时的键能变化**。例如天然气的主要成分甲烷(CH_4)燃烧生成 CO_2 和 H_2O:

$$CH_4+2O_2 \xlongequal{\quad} CO_2+2H_2O$$

表 3-2 常见共价键的键能(298 K,100 kPa)

键能/kJ · mol^{-1}		H	F	Cl	Br	I	O	S	N	P	C	Si
单键	H	436										
	F	565	155									
	Cl	431	252	243								
	Br	368	239	218	193							
	I	297	—	209	180	151						
	O	465	184	205	—	201	138					
	S	364	340	272	214	—	—	264				
	N	389	272	201	243	201	201	247	159			
	P	318	490	318	272	214	352	230	300	214		
	C	415	486	327	276	239	343	289	293	264	331	
	Si	320	540	360	289	214	368	226	—	214	281	197
双键	C=C	620	C=N	615	C=O	798	C=S	578				
	O=O	498	N=N	419	S=O	420	S=S	423				
三键	C≡C	812	N≡N	945	C≡N	879	C≡O	1072				

可用结构简式表明上述反应的化学键改组情况,并参考表 3-2 数据注明各物质的键能:

```
H   H
 \ /
  C        +    2 O=O    ====    O=C=O    +    2 H—O—H
 / \
H   H
```

断开 4 mol C—H 键需吸收的能量为 4×415 kJ=1660 kJ

断开 2 mol O=O 键需吸收的能量为 2×498 kJ=996 kJ

形成 2 mol C=O 键放出的能量为 2×798 kJ=1596 kJ

形成 4 mol O—H 键放出的能量为 4×465 kJ=1860 kJ

由此可见,当 1 mol CH_4 燃烧时,反应物断键共需吸收的能量为 1660 kJ+996 kJ=2656 kJ,而生成物成键共释放能量为 1596 kJ+1860 kJ=3456 kJ。即随着 1 mol CH_4 气体燃烧时,从键能估算,肯定是一个放热反应,可获得的化学能约为(3456 −2656)kJ=800 kJ。这是一个大约值,因为键能本来就是近似平均值,并且按照定义,它只适用于指定在 298K 和 100 kPa 条件以及反应物和生成物都处于气体状态的情况。实验直接测定 1mol CH_4 完全燃烧时可以放热 800 多千焦。同理可知,辛烷(C_8H_{18},汽油的主要成分)、氢气等在燃烧时释放的热量也都很高。

科学家们认为“氢能”将是未来的理想能源,地球表面的 70% 为水覆盖,所以 H_2O 是丰富的天然资源。若能由 H_2O 制得 H_2,它的燃烧产物又是 H_2O,这样 $H_2O \to H_2 \to H_2O$ 的循环过程既无污染又可再生,氢气的热值又相当高(见表 3-3),所以氢能是很理想的优质能源,问题在于寻找合理的、成本低廉

的制备 H_2 的方法。从理论上说分解 1mol H_2O 所需的能量等于由 1mol H_2 和 1/2 mol O_2 生成 1 mol H_2O 所放出的能量（245 kJ）。由键能数据可知分解 1 mol H_2O 需要吸收的能量约为 245 kJ，反之 H_2 和 O_2 起反应生成 1 mol H_2O 时，则可放热约 245kJ。

表 3-3　几种燃料的热值比较

燃　料	主要成分	化学反应	热值/kJ · g^{-1}
天然气	CH_4	$CH_4+2O_2=CO_2+2H_2O$	56
液化气	C_4H_{10}	$2C_4H_{10}+13O_2=8CO_2+10H_2O$	50
汽油	C_8H_{18}	$2C_8H_{18}+25O_2=16CO_2+18H_2O$	48
煤	C	$C+O_2=CO_2$	33
氢能	H_2	$H_2+\frac{1}{2}O_2=H_2O$	123

$$H_2O = H_2 + \frac{1}{2}O_2$$

$$H{-}O{-}H = H{-}H + \frac{1}{2}O{=}O$$

断开 2 mol H—O 键需吸收的能量为 2×465 kJ=930 kJ	生成 1 mol H—H 键放出能量为 436 kJ	生成 0.5 mol O＝O 键放出能量为 0.5×498 kJ =249 kJ

氢能的利用，首先要有足够的能量打开 H—O 键。例如利用电能进行水的电解是可以获得 H_2 气体，制备 $1m^3$ 的 H_2 约需耗电 4.0～4.5kW。电能本身就是高效、清洁的能源，消耗电力获得氢能似乎是得不偿失，何况 H_2 的储藏和运输都比电力困难得多，这种方法没有实际应用价值。又如利用化学能使 H_2O 分解的水煤气法，在高温下 C 作还原剂，它可以和 H_2O 起反应生成 CO 和 H_2：

$$C + H_2O = CO + H_2$$

这也是一个吸热反应，所得产物 CO 和 H_2 都是可燃气体。制造水煤气虽然耗费一定的能量，但还是值得的。煤直接作为能源的缺点是污染环境，运输量大、热效不能充分利用，煤里其他宝贵成分白白烧掉。所以建造煤气工厂，将煤制成煤气，煤气再作燃料是值得推广使用的方法，这是利用化学变化获得氢能的实用方法，但是 CO 燃烧后还是有 CO_2 生成。

最为理想的方法当然是利用太阳能分解水，但是水不能直接被太阳能所分解（否则江河湖海将不堪设想），必须设计一种装置，借助一些能吸收太阳能并能有效地将其转化为电能或能使 H_2O 还原的物质来实现这个目标。目前虽然困难重重，但光合作用的范例充分说明这个目标一定可以达到，不过要假以时日罢了。

科学家们在这个领域内所做的种种努力再次证明了能量守恒和质量守恒定律是普遍适用的基本定律。但是20世纪以来，有些人利用人类对能源的需要和对能源危机的恐慌心理，违背和抛弃了科学的基本定律，在国内外不止一次地出现了“化水为油”的闹剧。这些假发明家宣称发明了神药，只要加几滴或几克神秘药液，普通的水就变成了可燃的油！这种违背科学的神话曾欺骗了不少“科盲”。如1916年在美国，埃里克特在记者招待会上表演了他发明的少量绿色液体，掺入水中可以代油发动汽车，一时成为新闻热点，有汽车商和银行家愿出巨资作为购买专利的预订金，但最终并未买到专利，而埃里克特却因欺骗罪被判7年徒刑。近十年我国也出现了“水变油”的新闻，在社会上造成思想混乱。1995年3月，41位科技界的全国政协委员提出呼吁，请有关领导单位组织调查“水变油”的投资情况及其对经济建设的破坏后果（见中国科学报，1995年8月4日），这说明了该事件的严重性。它不禁使人们联想到当年曾风行于世界很多国家的点金术，炼丹术的历史。由此可见，时代不会自动赋予人们以科学素养，而科学素养的普遍提高对于社会生产与生活的正常发展都是十分重要的。

3.4 配位键和配位化合物

AgCl是一种难溶于水的白色沉淀，每100 g H_2O 中可以溶解 1.35×10^{-4} g AgCl，因此常利用 Cl^- 与 Ag^+ 生成AgCl沉淀反应去检出 Ag^+ 或 Cl^-。AgCl既不溶于强酸，也不溶于强碱，却易溶于弱碱性的氨水，这是因为 Ag^+ 和 NH_3 可以形成可溶性的 $[Ag(NH_3)_2]^+$：

$$AgCl + 2\,NH_3 \cdot H_2O \rightleftharpoons [Ag(NH_3)_2]^+ + Cl^- + 2H_2O$$

$[Ag(NH_3)_2]^+$ 叫银氨络离子或配离子，其中 Ag^+ 和 NH_3 用配位键相结合，这类化合物叫配位化合物，简称配合物，也叫络合物。周期表里d区和f区金属元素都容易形成配合物，特别是金属和有机分子形成的配位化合物，普遍存在于各种体系中。生物化学、催化、分析化学等领域都在广泛研究各类配位化合物的合成、结构和性质。配位化合物有何特征？配位键与共价键有何异同？

配位化合物是一类比较复杂的分子间化合物，其中含有一个复杂离子，它是一个稳定的结构单元，可以存在于晶体中，也可以存在于溶液中，可以是正离子，也可以是负离子。例如：

$$CuSO_4 + 4NH_3 \rightleftharpoons [Cu(NH_3)_4]SO_4 \rightleftharpoons [Cu(NH_3)_4]^{2+} + SO_4^{2-}$$

$$3NaF + AlF_3 \rightleftharpoons Na_3[AlF_6] \rightleftharpoons 3Na^+ + [AlF_6]^{3-}$$

在$[Cu(NH_3)_4]^{2+}$中的 4 个 NH_3 分子位于同一平面上，以正四边形的方位与 Cu^{2+}结合，其中 Cu^{2+}位于四边形的中心位置，叫**中心体**；NH_3 分子位于四边形的顶角，叫**配位体**；有 4 个 NH_3 与 Cu^{2+}相配，因此 Cu^{2+}的**配位数**为 4；整个离子叫**内界**，用方括号括在一起，SO_4^{2-} 则为**外界**。

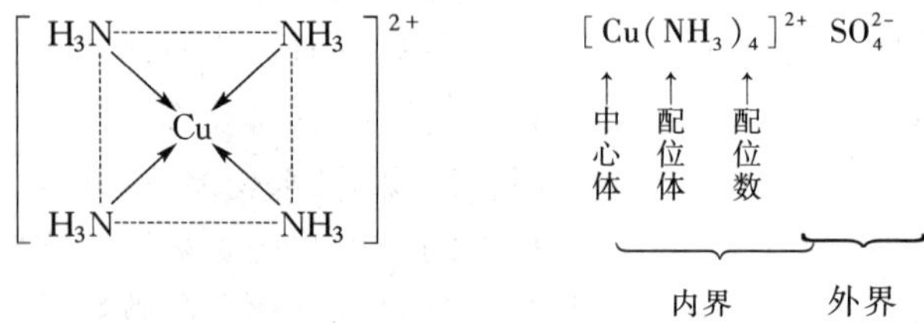

Cu^{2+}和 NH_3 之间的结合力与共价键略有不同，叫配位键，现以此为例说明配位键的本质。基态 Cu 的外层电子结构是 $3d^{10}4s^1$，失电子成 Cu^{2+}后为 $3d^9$，其中有 1 个 3d 电子被激发到 4p 轨道之后，能量相近的 1 个 3d，1 个 4s 和 2 个 4p 轨道杂化形成 4 个能量相等的 dsp^2 杂化轨道，这是 4 个**空轨道**。

Cu^{2+} dsp^2 杂化态：$3d^84p^1$　⇅ ⇅ ⇅ ⇅（3d）[＿ ＿ ＿ ＿]（dsp^2杂化）↑（4p）　N sp^3 杂化态：[↑ ↑ ↑ ⇅]（sp^3杂化）

Cu^{2+} 激发态：$3d^84p^1$　⇅ ⇅ ⇅ ⇅ ＿（3d）＿（4s）↑ ＿ ＿（4p）

Cu^{2+} 基态：$3d^9$　⇅ ⇅ ⇅ ⇅ ↓（3d）　N 基态：$2s^22p^3$　⇅（2s）↑ ↑ ↑（2p）

Cu 基态：$3d^{10}4s^1$　⇅ ⇅ ⇅ ⇅ ⇅（3d）↓（4s）

NH_3 分子中 N 原子的 4 个 sp^3 杂化轨道上有 3 个未成对电子，可以和 3 个 H 形成 N—H 键，此外还有一对**未成键的孤对电子**，它们恰好与 Cu^{2+}的 dsp^2 杂化空轨道相结合形成配位键。Cu 与 N 之间也共用了一对电子，但这对电子是由 N 提供的，而 Cu 则提供了空轨道，我们用 N→Cu 表示，箭头指向具有空轨道的原子，以便与共价键的短线区别。总之，一个原子有杂化空轨道，另一个原子有孤对电子，两者可结合，借这类结合力形成的化学键称为**配位键**。

$[AlF_6]^{3-}$中的情况也差不多。Al 是中心体，F^-是配位体，配位数为 6，内界带负电荷，配离子为负 3 价，外界是 3 个 Na^+。$[AlF_6]^{3-}$为正八面体结构，Al 位于八面体中心，6 个 F^-位于八面体的顶点，这 6 个 F→Al 配位键是等长的，其中 4 个 F^- 位于同一平面正四边形的顶角,另外 2 个分别位于四边形的上方与下方,这 6 个 F^- 形成的八面体犹如一个网兜将 Al^{3+} 装在八面体的中心。这类化合物形象地也叫**络合物**,"络"字的含义就是指网络或网袋的意思。

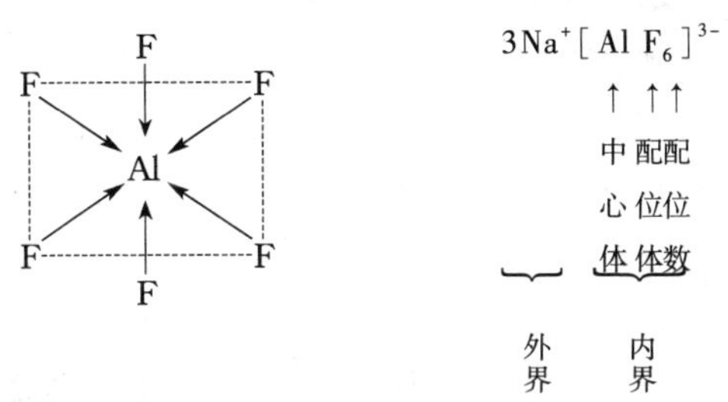

d 区元素和 f 区元素有足够的 d 轨道和能量相近的 s 轨道、p 轨道进行杂化,提供若干**空轨道**;多种负离子或中性分子(可以是简单的无机分子,也可以是很复杂的有机分子)中有**未成键的孤对电子**,这两类原子容易以配位键相结合形成**配位化合物**。这类化合物品种繁多,结构复杂,用途广泛,是现代无机化学的重要研究领域。

3.5 金属键

在已知的 111 种元素中,金属占 80% 以上。金属与非金属之间通过离子键或配位键结合,非金属之间则通过共价键结合。那么金属原子之间的结合力有何特征?例如 Mg 原子核外有 12 个电子($1s^2 2s^2 sp^6 3s^2$),其中最外层的 2 个 s 电子不完全属于哪一个镁原子,而能流动于整个金属晶体之中,这些能自由流动的电子叫自由电子。**自由电子和金属原子间产生没有方向性的"胶合"作用力,称为金属键。**金属单质或合金有许多共性:能导热、能导电、富有展延性、有金属光泽等,这些性质都与金属键的特性有关。对金属键本质的确切阐述需借助近代物理的能带理论。有关金属晶体的问题还将在第 7 章介绍。

金属键、共价键、离子键是三类不同的化学键,结合力的特性不同,但它们之间有联系,有过渡状态;既有区别,又有渗透。掌握化学键的基本知识,有助于了解化学变化的本质和规律,以便更有效地应用。

3.6 分子间作用力和氢键

相邻原子间的强烈作用力称为化学键,分子与分子间则有比较弱的作用力，一般在 10 kJ · mol^{-1} 以下。共价键的键能是 10^2 数量级(见表 3-2)，而离子键晶格能则是 10^2 ~ 10^3 数量级(见表 3-1)。极性分子是一种偶极子，具有正负两极。当它们靠近到一定距离时，就有同极相斥，异极相吸的静电引力，但这种引力比离子键的晶格能弱得多。极性分子与非极性分子之间作用力则是由极性分子偶极电场使邻近的非极性分子发生电子云变形(或电荷位移)而相互作用产生的，如 O_2(或 N_2)溶于水中，O_2 和 H_2O 分子间的作用力就是这种情况。非极性分子与非极性分子之间的作用力来自电子在不停运动瞬间总会偏于这一端或那一端而产生的瞬间静电引力。原子半径越大越容易产生瞬间静电引力。稀有气体是单原子分子，这是典型的非极性分子，它们的液化过程，就是靠这种瞬间静电引力。由氦(He)到氙(Xe)半径依次递增，瞬间的静电作用力也依次递增，沸点依次升高。

元素 沸点	氦(He)	氖(Ne)	氩(Ar)	氪(Kr)	氙(Xe)
沸点/℃	-269	-246	-186	-153	-107
沸点/K	4	27	87	120	166

总之，**分子间作用力是由分子之间很弱的静电引力所产生**，物质的许多物理化学性质如沸点、熔点、粘度、表面张力等都与此有关。

氢键是一种特殊的分子间作用力，其能量约在 10 ~ 30 kJ · mol^{-1} 间。F，O，N 电负性很强，与 H 形成的共价键显较强极性，共用电子对偏于 F 或 O 或 N 这边而使其为负极，H 则为正极。当另外一个电负性强的原子接近 H 时，就会产生静电引力。**氢原子和电负性强的 X 原子形成共价键之后，又与另外一个电负性强的 Y 原子产生较弱的静电引力，这种作用力叫氢键**。可以表示为

$$X—H\cdots Y$$

如第ⅥA 族氧(O)、硫(S)、硒(Se)、碲(Te)的氢化物的沸点递变规律，由 H_2Te，H_2Se 到 H_2S，随分子量的递减，分子的半径递减；随分子间作用力的减小，沸点递减。但分子量最小的 H_2O 的沸点却陡然升高，见图 3-7。这是因为氧的电负性很强，H_2O 分子间形成了 O—H…O 氢键，所以 H_2O 分子间作用力大于同族其他氢化物。ⅦA 和ⅤA 族氢化物沸点的变化规律中，HF 和 NH_3 也显得特殊，这也是因为形成了 F—H…F 和 N—H…N 氢键。H_2O，HF，NH_3 分子间的氢键，在固态、液态都存在，它们许多特性都可以用氢键概念加以解释。例如绝大多数物质的密度，总是固态大于液态的，但 H_2O 在 0℃ 附近的密度却是液态大于固态的。这是因为固态 H_2O(冰)分子间存在 O—H…O 氢

键，使它具有空洞结构，此时冰的密度就小于水，所以冰可浮于水面。见第4章。

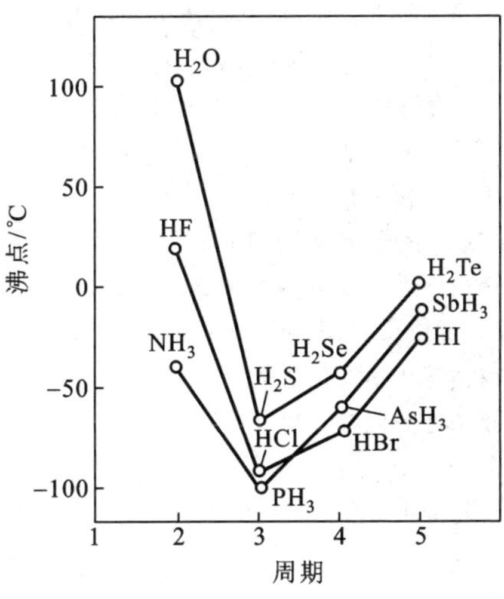

图 3-7　氢化物的沸点

用上述这些简单的无机分子为例容易说明氢键的概念，但这个概念的重要性却体现在生命化学中。生物体内存在各式各样的氢键。氨基酸是组成蛋白质的基石，它的官能团是 $-\mathrm{C}(=\mathrm{O})-\mathrm{NH}-$，其中 O 和 N 都可以形成氢键，一个分子的羰基氧（$\mathrm{>C=O}$）和另一个分子的氨基（NH_2—）氮间可形成 C ═O···H—N 氢键。DNA 双螺旋结构中也有大量氢键相连而成稳定的复杂结构。在本书第9章还将提到这些问题。

复　习　题

1. 离子键属哪类作用力？举例说明哪些元素容易形成离子化合物。
2. 从化学手册查阅得知下列几种离子化合物的晶格能数据，请写出它们熔点由低到高的排列顺序。

化合物	NaBr	NaI	SrO	BaO	CaO
晶格能/$kJ \cdot mol^{-1}$	747	704	3223	3054	3401

3. 共价键属哪类作用力？举例说明共价键的方向性与饱和性，这和离子化合物密堆积中配位数的含义有何不同？
4. 分子型共价化合物和原子型共价化合物的物理化学性能有什么显著差别？举例说明。
5. 参考表 1-7 的电负性数据，下列化合物哪些是离子化合物？哪些是共价化合物？
   BaO，MgO，ZnO，NO，CsCl，$CaCl_2$，$CuCl_2$，$AlCl_3$
6. H_2 是清洁的高能燃料，现有哪些方法可以由 H_2O 制取 H_2？
7. “水变油”违背哪些科学基本原理？
8. 下列几种叙述是否正确？为什么？
   (1) 2s 轨道可以和 3p 轨道形成 sp^2 杂化轨道；
   (2) 烯烃中的碳碳双键由一个 σ 键和一个 π 键组成；
   (3) 烷烃、烯烃都能发生加成反应，因为都含 σ 键；
   (4) 利用键能数据可以估算化学变化的热效应；
   (5) 分子间作用力和离子键类似都是静电作用力；
   (6) 由极性键组成的分子，一定是极性分子。
9. 请将下列几种配位化合物的中心体、配位体、配位数、外界、内界分别填入空格。

	中心体	配位体	配位数	内界	外界
$Fe(NCS)Cl_2$					
$Co(NH_3)_6SO_4$					
$Na_2Zn(OH)_4$					

10. 举例说明配位键和共价键的异同。
11. 研究超导现象经常需要用液氦，它是沸点最低的液体，试用分子间作用说明它的沸点为什么那么低。
12. 试比较离子键、共价键、氢键、分子间作用力等能量级的差别及作用力的特点。

第4章

环境与环境污染

人类赖以生存的环境由自然环境和社会环境(人工环境)组成。**自然环境**是人类生活和生产所必需的自然条件和自然资源的总称,即阳光、温度、气候、地磁、空气、水、岩石、土壤、动植物、微生物以及地壳的稳定性等自然因素的总和。而社会环境是人类在自然环境的基础上,为不断提高物质和精神生活水平,通过长期有计划、有目的地发展,逐步创造和建立起来的一种人工环境。社会环境是人类物质文明和精神文明发展的标志,它随经济和科学技术的发展而不断地变化。社会环境的发展受到自然规律、经济规律和社会发展规律的支配和制约。社会环境的质量对人类的生活和工作,对社会的进步都有极大的影响。

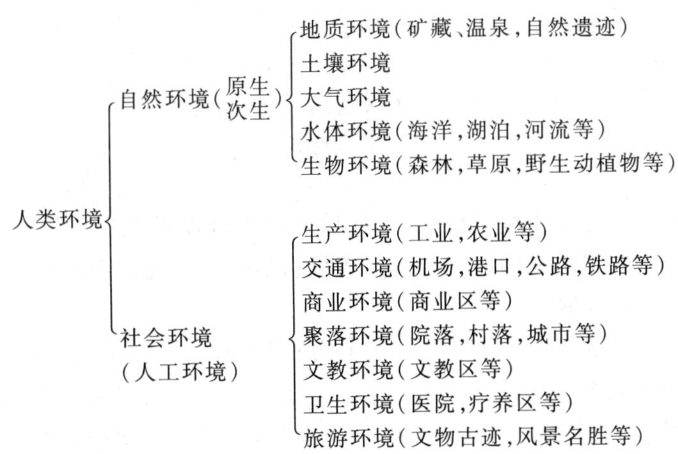

以人为中心的环境既是人类生存与发展的终极物质来源,又同时承受着人类活动产生的废弃物的各种作用。人们通常所说的环境问题主要是指由于人类不合理地开发和利用自然资源而造成的生态环境的破坏,以及工农业生产发展和人类生活所造成的环境污染。

本章重点介绍自然环境生态系统的基本知识和主要的环境污染现象及其

对人体健康的危害。

4.1 环境与生态平衡

植物、动物、微生物等各种生物群落组成了**生物环境**。空气、水、土壤等则是生物赖以生存的环境，也叫**自然环境**、非生物环境。生物群落和其生存环境之间以及生物群落内不同种群生物之间不停地进行物质交换和能量交换，构成了多种多样的**生态系统**。例如，一片森林，一带沙漠，一片海洋，一个村落，一座城市都可视为一个生态系统。它的主要功能是不断进行物质循环和能量交换。生态系统的群落可以分为：生产者、消费者和分解者。

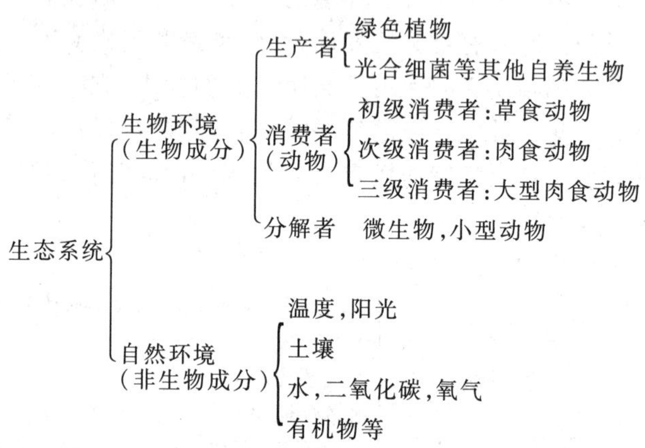

生产者 主要指吸收、利用太阳能后通过光合作用合成有机物的绿色植物。由生产者固定的太阳能和合成的有机物是生态系统能量流动和物质循环的基础。这一类也称为自养生物。

消费者 指依赖于生产者（绿色植物）而生存的异养生物。按营养方式的不同可分为两类：初级消费者——直接以植物为食的食草动物；次级消费者——以草食动物为食的肉食动物。还可以有三级消费者等，后者均以前者为食。依此类推，就使来源于植物中的食物能量通过一系列有机体进行传递和转移。生物与生物之间通过吃与被吃的食物关系形成一条一环扣一环的链条，称为“食物链”。如在草原生态系统中，昆虫吃牧草，蛙吃昆虫，蛇吃蛙，鹰吃蛇……食物链上的每一环节都叫做“营养级”。

分解者 也属于异养生物，又称小型消费者。如存在于生物圈中的微生物（细菌、真菌等），它们能分解复杂的动植物尸体，并释放出为生产者所能重新利用的简单化合物，其作用正好和生产者相反。分解者在生态系统的循环机制中也不可缺少，若没有分解者，地球上将被动植物的遗骸所充斥，而养分元素也被束缚于其中，就不可能进行循环了，所以分解者在生态系统的物质循环中也有非常重要的作用。

非生物成分（自然环境）包括水、气、矿物质、阳光，以及各种无机物和有机物。它们组成生物赖以生存的大气、水和土壤等环境。

生态系统中能量流动的渠道是食物链和食物网。生态系统内的食物链是很复杂的。因为自然界中一种动物常常以多种生物为食，所以实际上并不存在单纯直线式的食物链，而是各种食物链纵横交错，形成复杂的、多方向的食物网。

能量在生态系统中沿着食物链、食物网，由一个机体转移到另一个机体中。食物链上每一营养级都将从前面一个营养级获得的能量中的一部分，用于维持自己的生存和繁殖，然后将剩余的部分传递到下一营养级。人类则处于食物链的终端。

生态系统最初的能量来自太阳，由绿色植物（生产者）的光合作用所吸收并转化为化学能而储存于物质之中。消费者以食物的形式接受了生产者传递来的糖类和其中蕴藏的能量，用以构成本身机体的物质和自身活动的能源。最后分解者又将累积于消费者体内的物质回送到环境中。生态系统中的这种物质循环是自然界最重要的物质循环，推动这个循环的总能量就是太阳能。生态系统中能量的流动和物质的循环是同时进行的。物质作为能量的载体，使能量沿着食物链而逐步转移，成为能流；而能量作为动力，促使物质的循环。两者相互依存而不可分割，共同体现了生态系统的整体功能。

生态系统发展到一定阶段，它的生物种类的组成，各个种群的数量比率及能量和物质的输入、输出等，都处于相对稳定状态，这种状态称为**生态平衡**，这是一种动态平衡。生态系统能自动调节并维持自身稳定结构和正常功能，但自动调节能力有一定的限度，当超过这个限度，就会破坏生态平衡，造成生态失调。

破坏生态平衡的因素有自然因素也有人为因素。自然因素主要指火山爆发、地震、台风、旱涝灾等自然灾害，它们对生态系统的破坏很严重，地域常有一定的局限性，且出现的频率一般不高。而人为因素是指人类生产和生活活动引起的对生态平衡的破坏，这是大量的、长期的、甚至是多方面的。这种人为因素会使环境质量不断恶化，从而干扰了人类的正常生活，对人体健康产生直接或间接，甚至是潜在的不利影响，这就称为**环境污染**。

造成环境污染的人为因素主要可分为物理的（噪声、振动、热、光、辐射及放射性等）、生物的（如微生物、寄生虫等）和化学的（有毒的无机物和有机物）

三个方面。其中化学污染物的数量大、来源广、种类多、性质互异，它们在环境中存在的时间和空间位置又各不相同，污染物彼此之间或污染物与其他环境因素之间也还有相互作用和迁移转化等。造成环境污染的具体来源，既与工农业生产、能源利用和交通运输有关，又与都市的恶性膨胀、大规模开采自然资源和盲目地大面积改造自然环境等有关。

人口膨胀和盲目发展已成为威胁人类生存和发展的两大问题。人类赖以生存的地球，虽然环境资源很丰富，环境容量也很大，但毕竟是有限度的。盲目增加人口、盲目发展生产和消费，必将导致有限资源的短缺和枯竭，加剧环境的污染和恶化，削弱人类未来生存条件的基础，损害环境质量和生活质量，造成生态系统的恶性循环。因此，每一位中国公民都要树立“人口意识”与“环境意识”，自觉地把计划生育、保护和建设环境作为发展经济、繁荣祖国应尽的义务，自觉克服和扼制那些只讲一时的经济效益，而忽视生态效益和社会效益的不良倾向。

4.2　自然环境中化学物质的循环

自然环境可分为四个圈层：生物圈、大气圈、水圈和岩石圈，总称生态圈，这是经过漫长的演化而形成的。各圈层之间有着复杂的物质交换和能量交换，如图 4-1 所示。

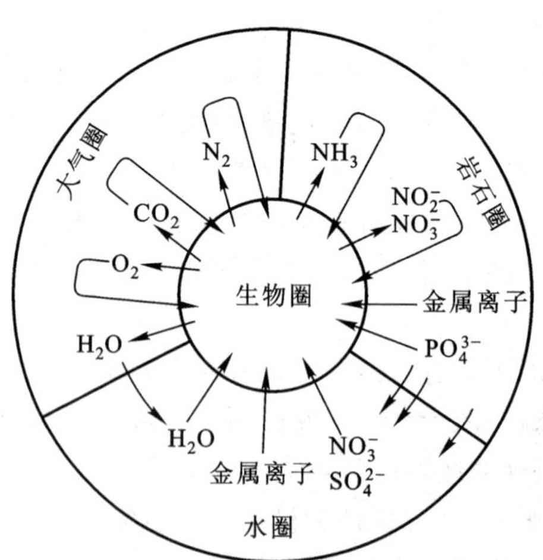

图 4-1　生物圈、水圈、大气圈和岩石圈中的无机物交换示意图

根据放射性同位素方法推算，地球的年龄约为 46 亿年，自然环境发展历

史可划分为地球的形成、生物的形成和人类的出现三个阶段。

地球的形成 地壳内部大量放射性元素的裂变和衰变所释放出的能量的积聚和迸发，陨星对地表的频繁撞击等，导致了地球火山的强烈活动，使地球温度升高到出现局部熔融，重元素沉入地心，轻物质浮升到地表，逐渐形成地壳（岩石圈）、地幔和地核等层次。与此同时，被禁锢在地球内部的气体不断迸发出来，形成原始大气圈，其主要成分为 H_2O，CO，CO_2，CH_4 和 N_2 等。当时不含有氧气，这是一个还原性大气圈。水气凝结后在低凹处汇聚成海洋（水圈），地表水呈酸性。上述过程历时约 10～15 亿年。显然，早期地表环境的显著特征是缺氧，也没有臭氧层，太阳辐射中的高能紫外线可直接射到地面上。

生物的形成 在太阳能和地热能的作用下，简单无机化合物和甲烷等化合形成了简单有机化合物（如氨基酸、单糖等），并逐步演化为生物大分子（如蛋白质、多糖等），为生命的产生创造了条件。大气中 O_2 的积累主要是依赖于生物的光合作用。原始海洋中的蛋白质、氨基酸首先形成无氧呼吸的细菌（原生物），并逐步演化为含有叶绿素的藻类，在水体中进行光合作用放出游离氧。经历了 20 多亿年的进化，终于在 6 亿年前出现了海洋的生物群，4 亿年前形成了水陆生物和藻类的生命系统，逐渐形成了生物圈。游离氧的出现促进了生命的进化，并使地球在 4 亿年前出现了能屏蔽太阳强烈紫外线辐射的臭氧层，保护了陆地植物的生长。陆地植物的生长和微生物的作用，产生了土壤层。土壤是岩石与植物相互作用下的产物。土壤层的形成，又使易于流失的养分在地表上富集起来，从而促使陆地植物更加繁盛，保证了生物圈的发展与繁荣。

人类的出现 人类出现距工业革命约 300 万年。在这 300 万年中人类活动对环境的化学演化的影响并不明显。而工业革命至今不过 200 年，特别是近几十年，自然资源和能源的开发速度和规模都是惊人的，不仅将地下矿藏大量移至地表，把本来固定在岩石中的元素变成了可进入生态环境和人体的形态，而且将大量的工业废物排入大气、水体和土壤环境中，大大加速了化学物质在自然环境中的迁移，而且迅速改变了各圈层中化学物质的组成和数量。更值得注意的是人口剧增对环境造成的冲击。人类为了自身的需要，不断地向大自然索取，并对与环境的协调长期失去控制，从而引发了近年来备受关注的环境问题。

人类和其他生物生存的生物圈是在大气圈、水圈和岩石圈的交汇处。生态系统的物质循环就是自然界的各种化学元素，通过被植物吸收而从环境进入生物界，并随着生物之间的营养关系而流转，又通过排泄物和尸体的降解再回到环境中去。如此周而复始，循环不息。

生态系统中各种元素的循环是非常复杂的，现仅就其最主要的水、氮、氧、碳的循环作简要叙述。

4.2.1　水循环

所有生物机体组成中都含有水，自然界中绝大多数生物及非生物的变化多在水中进行。没有水参与循环，就没有生态系统的功能，生命就不能维持。水约占地球表面的 70%，水为物质间的反应提供了适宜的场所，成为物质传递的介质。水参加的植物的光合作用，既制造了维持生命的必需营养物糖类（$C_6H_{12}O_6$），同时又为生命提供了必需的氧气（O_2）。

$$6CO_2(g)+6H_2O \xrightarrow[\text{叶绿素（催化剂）}]{h\nu\text{（能量）}} C_6H_{12}O_6+6O_2(g)$$

地球上的海洋、河流等水体不断蒸发，生成的水汽进入大气，遇冷凝结成雨、雪等返回地表，其中一部分汇集在江、湖，重新流入海洋，另一部分渗入土壤或松散岩层，有些成为地下水，有些被植物吸收。被植物吸收的部分，除少量结合在植物体内外，大部分通过液面蒸发返回大气。图 4-2 为水循环示意图。由此可见，水的自然循环是依靠其气、液、固三态易于转化的特性，借太阳辐射和重力作用提供转化和运动能量来实现的。

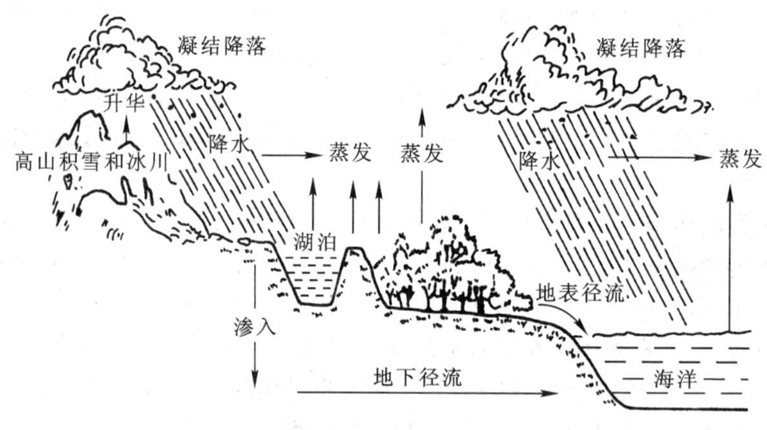

图 4-2　水循环示意图

水循环系统既受气象条件（如温度、湿度、风向、风速）和地理条件（如地形、地质、土壤）等自然因素的影响，也会受到人类活动的影响。例如，构筑水库、开凿河道、开发地下水等，会导致水的流经路线、分布和运动状况的改变；发展农业或砍伐森林会引起水的蒸发、下渗、径流等变化。人类的生产活动和生活中排出的污染物，以各种形式进入水循环后，将参与循环而迁移和扩散。如排入大气的二氧化硫和氮的氧化物形成酸雨；土壤和工业废弃物经雨水冲刷，其中的污染物随径流和渗透又进入水循环而扩散等。

总之,水的循环会对生态系统,对人类生存的环境质量带来显著影响。

4.2.2 氮循环

氮是蛋白质的基本组成元素之一(有关蛋白质的知识见第9章)。所有生物体均含有蛋白质,所以氮的循环涉及到生物圈的全部领域。氮是地球上极为丰富的一种元素,在大气中约占78%。氮在空气中含量虽高,却不能为多数生物体所直接利用,必须通过固氮作用。固氮作用的两条主要途径,一是通过闪电或化学合成等高能固氮,形成的硝酸盐和氨,随降水落到地面;二是生物固氮,如豆科植物根部的根瘤油菌可使氨气转变为硝酸盐等。植物从土壤中吸收铵离子(铵肥)和硝酸盐,并经复杂的生物转化形成各种氨基酸,然后由氨基酸合成蛋白质。动物以植物为食而获得氮并转化为动物蛋白质。动植物死亡后的遗骸中的蛋白质被微生物分解成铵离子(NH_4^+)、硝酸根离子(NO_3^-)和氨(NH_3)又回到土壤和水体中,被植物再次吸收利用。图4-3为氮循环示意图。

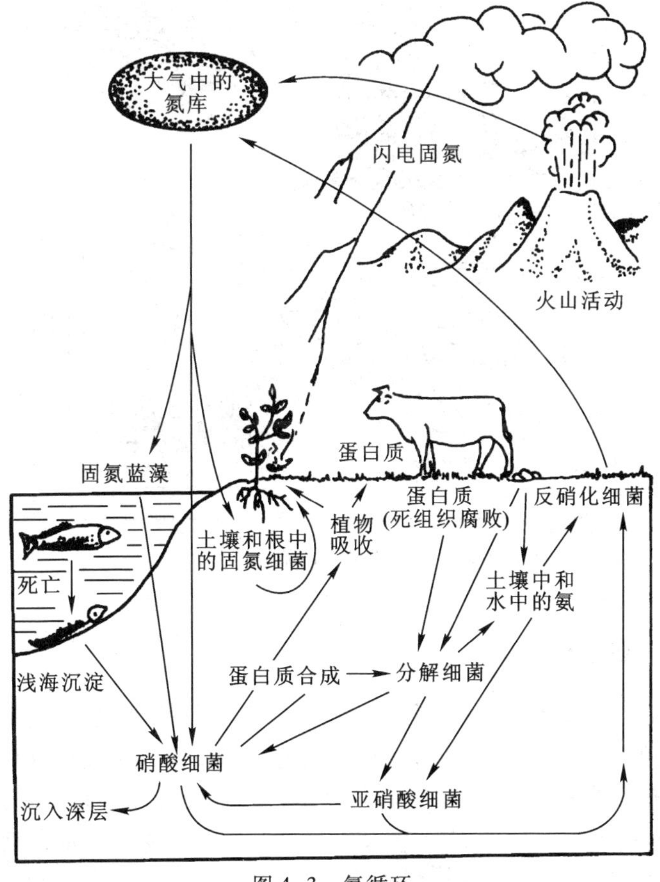

图4-3 氮循环

4.2.3 碳循环

碳是构成生物体的基本元素之一,也是构成地壳岩石和煤、石油、天然气的主要元素。碳的循环主要是通过 CO_2 来进行的。它可分为三种形式:第一种形式是植物经光合作用将大气中的 CO_2 和 H_2O 化合生成碳水化合物(糖类),在植物呼吸中又以 CO_2 返回大气中被植物再度利用;第二种形式是植物被动物采食后,糖类被动物吸收,在体内氧化生成 CO_2,并通过动物呼吸释放回大气中又可被植物利用;第三种形式是煤、石油和天然气等燃烧时,生成 CO_2,它返回大气中后重新进入生态系统的碳循环。图 4-4 为碳循环示意图。

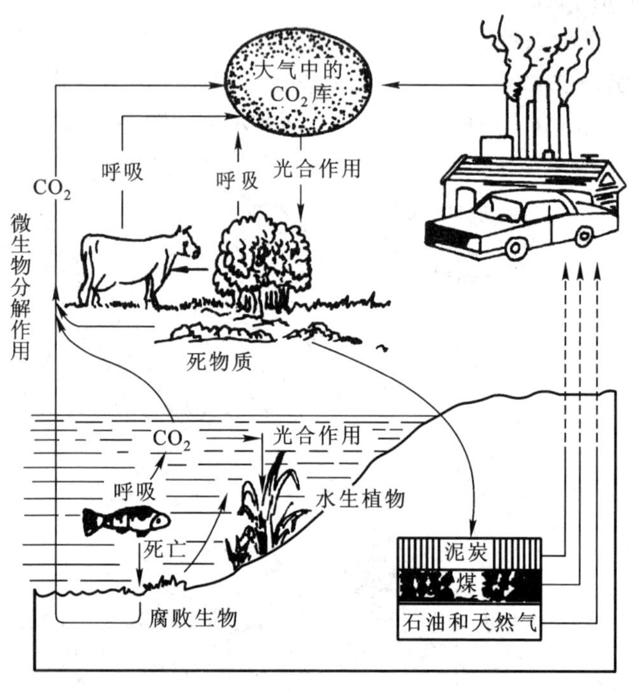

图 4-4　碳循环

4.2.4 氧循环

由于氧在自然界中含量丰富,分布广泛,而且性质活泼,环境中处处有氧(游离态或化合态),所以氧在自然界中的循环最复杂。上述的几种循环中都包含了一部分氧循环。实际上各种物质的循环都是相互关联的,分别叙述仅仅是为了突出主导线索以利讨论。图 4-5 是氧在自然界中的主要循环途径及有关反应。

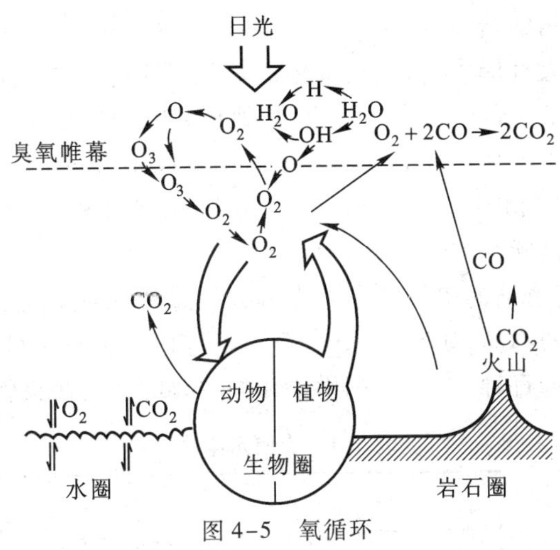

图 4-5 氧循环

应当指出,参与循环的物质仅是该物质总储量的很少部分,大部分则存留于其各自的"储库"之中。海洋是水的总储库,岩石是碳和氧的总储库,大气是氮的总储库。因为参与循环的物质的量极少,所以各种物质总体循环一周所需要的时间很长,且根据各类物质总储量的不同,循环周期的长短差别亦很大。据估计,如把所有地球上现存的水为植物光合作用所裂解,再为动、植物细胞的生物氧化而重新形成,需时 200 万年。在此过程中产生的 O_2 进入大气并约在 2000 年内进行再循环,CO_2 为动、植物细胞所呼出进入大气中,平均停留 300 年,再为植物细胞固定。

总之,自然界中各种物质的循环都按一定的过程进行,而且由此形成自然界中物质的平衡。生物体则参与所处环境的物质循环,成为平衡着的自然环境整体中的一个组成部分,而且是一个主导部分。

4.3 大气污染

大气圈包围在地球之外,它是由空气、少量水气、粉尘和其他微量杂质组成的混合物。空气的主要成分按体积比是氮为78.09%,氧为 20.95%,氩为 0.93%,CO_2 为 0.03%。此外还有稀有气体氦、氖、氪、氙和甲烷、氮的氧化物、硫的氧化物、氨、臭氧等共占 0.1%。

大气中的水气主要来自水体、土壤和植物中水分的蒸发,大部分集中在低层大气中,其含量随地区、季节和气象等因素而异。水气是天气现象和大气化学污染现象中的重要角色。大气中的固体悬浮粒主要来自工业烟尘、火山喷尘和海浪飞逸带出的盐质等。

人类生活在大气圈中,依靠空气中的氧气而生存。氧气被吸进肺细胞后穿过细胞壁与血液中的血红蛋白结合,由血液将氧输送到全身,与身体中营养成分作用而释放出人体活动必需的能量。一般成年人每天需要呼吸约 10 m^3 ~12 m^3 的空气,它相当于一天进食量的10 倍、饮水量的3 倍。人可几周不进食,几天不喝水,但断绝空气几分钟生命就难以维持,这充分表明空气对维持生命的重要性,而清洁的空气则是人类健康的重要保证。但大气中总是含有一些对人体有害的物质,如 CO,NO_x,SO_2 等,它们被视作大气**污染物**,现在能监测到的污染物近百种,表 4-1 列举了几种主要的大气污染物。

表 4-1　大气污染物

分　类	成　　分
颗粒物	碳粒,飞灰,$CaCO_3$,ZnO,PbO_2,各种重金属尘粒
含硫化合物	SO_2,SO_3,H_2SO_4,H_2S,硫醇等
含氮化合物	NO,NO_2,NH_3 等
氧化物	O_3,CO,CO_2,过氧化物等
卤化物	氯气,HF,HCl 等
有机化合物	烃类,甲醛,有机酸,焦油,有机卤化物,酮类,稠环致癌物等

燃料的燃烧是造成大气污染的主要原因。人类生活和工业、科学技术的现代化,使燃料用量大幅度上升,从而造成大气的污染日趋严重。随着交通运输业的发展,大都市中大量汽车的排气也对环境造成了严重污染。另外,大气中还有来自工业生产的其他污染物,石油工业和化学工业大规模地发展也增加了空气中污染物的种类和数量。在农业方面,由于各种农药的喷洒而造成的大气污染也是不可忽视的问题。大气污染对建筑、树木、道路、桥梁和工业设备等都有极大危害。对人体健康的危害也日益明显。下面就某些公认的综合性大气污染现象,介绍其污染源和对人类的危害。

4.3.1　汽车尾气

汽车是近代重要的交通运输工具,随着汽车数量的激增,汽车尾气造成的环境污染也日益严重。汽车尾气中的有害成分主要有 CO,NO_x,SO_2,HC,颗粒物和臭氧等。

CO 是汽油燃烧不完全的产物,其数量占尾气成分的首位。化石燃料的不完全燃烧和高温下存在的 $2CO+O_2 \rightleftharpoons 2CO_2$ 的平衡,使得 CO 存在于所有实际燃烧器的尾气之中。CO 无色、无臭、无味,当被吸入人体后,极易与血红蛋白结合,其亲和力比 O_2 约大 200 ~300 倍,使血红蛋白失去携氧能力(详见第

12章)。CO浓度低时会使人慢性中毒,浓度高时则会导致窒息死亡。

氮的氧化物种类很多,但在大气中有危害作用的,主要是NO和NO_2,习惯上将这两种化合物以NO_x表示,称为氮氧化物。NO_x主要是在气缸点火的高温瞬间由空气中的氮与氧化合而成的。NO_x对人体有危害,它进入人体后,开始是刺激呼吸器官,然后逐渐侵入肺部,与细胞液中水分结合成亚硝酸和硝酸后产生强烈的刺激与腐蚀作用,引起肺水肿。NO_2的毒性高于NO,NO_2气体呈红棕色,有特殊刺激臭味。NO_x既有害于人体健康,还会腐蚀建筑物,并能导致形成酸雨和光化学烟雾,被列为大气中的重要污染物。

大气中的烃类污染物的定义并不严格,它是指各种烃类及其衍生物,品种极多,一般以HC表示(此处HC主要是指油箱及化油器的逸散和滴漏的燃料油和部分因燃烧不完全而生成的烃类及其各种衍生物)。汽车尾气排放的未经燃烧的汽油和燃烧不完全而产生的多种烃类衍生物成分极其复杂,其中有饱和烃、不饱和烃、芳香烃以及这些烃类的含氧衍生物(如醛、酮等),不仅成分种类多,且组成变化也大。烃类污染物对自然界的危害,主要是破坏了生态系统的正常循环,还诱发产生光化学烟雾。

直径大于10 μm(1 μm = 10^{-6} m)的颗粒,能依靠其自身重力作用降落到地面,称为降尘。它们在空气中停留时间短,不易被人吸入,故危害不大。直径小于10 μm的颗粒,在空气中可较长时间飘游,称为飘尘。对人体健康危险性最大的是0.5 μm ~ 5 μm的颗粒,这种飘尘可直接到达肺细胞而沉积在肺中,并可进入血液,导致呼吸道疾病,它们还可能和SO_2,NO_2等产生协同作用,损害黏膜、肺细胞,引起支气管和肺部炎症,部分病人最后会导致肺心病。

汽车尾气中的颗粒物包括铅化合物、碳颗粒和油雾等。铅化合物是大气的重金属污染物中毒性较大的一种,它来自于汽油的抗爆添加剂,这是一种含铅的有机化合物四乙基铅[$(C_2H_5)_4Pb$]。其毒性比无机铅化合物约大百倍,并且随行车和风力扩散。它是引起急性精神性病症的剧毒物质,它可以在人体中不断积累,当血液中铅含量超过0.1 mg时,可造成贫血等中毒症状。所以现在逐步推广使用无铅汽油。碳颗粒是燃料不完全燃烧的产物,而油雾通常是由于油箱及化油器的逸漏而造成的。

硫的氧化物是由燃料所含的硫经燃烧而形成的。低浓度的SO_2(10 μL · L^{-1},即为过去所讲的10 ppm)的危害主要是刺激上呼吸道,浓度较高(100 μL · L^{-1}以上)时会引起深部组织障碍,浓度更高(400 μL · L^{-1}以上)时会致人呼吸困难和死亡。特别是大气尘粒与SO_2的协同作用对人体健康的危害就更大。

4.3.2 光化学烟雾

大气中的HC和NO_x等为一次污染物,在太阳光中紫外线照射下能发生化学反应,衍生出多种二次污染物。由一次污染物和二次污染物的混合物(气体和颗粒物)所形成的烟雾污染现象,称为光化学烟雾。NO_x 是这种烟雾的主要成分,又因其 1946 年首次出现在美国洛杉矶,因此又叫洛杉矶型烟雾,以区别于煤烟烟雾(伦敦型烟雾)。

这种洛杉矶型烟雾是由汽车的尾气所引起,而日光在其中起了重要作用:

$$2NO(g)+O_2(g) \longrightarrow 2NO_2(g)$$

$$NO_2(g) \xrightarrow{h\nu} NO(g)+O(g)$$

$$O(g)+O_2(g) \longrightarrow O_3(g)$$

NO_2 光分解成 NO 和氧原子时,光化学烟雾的循环就开始了。原子氧会和氧分子反应生成臭氧(O_3),O_3 是一种强氧化剂,O_3 与烃类发生一系列复杂的化学反应,其产物中有烟雾和刺激眼睛的物质,如醛类、酮类等物质。在此过程中,NO_2 还会形成另一类刺激性强烈的物质如 PAN(硝酸过氧化乙酰)。另外,烃类中一些挥发性小的氧化物会凝结成气溶胶液滴而降低能见度。下列化学方程式表示光化学烟雾的主要成分和产物。

$$\underset{CO,NO_x,\text{烃}}{\text{汽车排气}} + \underset{\text{提供能量}}{\text{阳光}} + O_2(g) \longrightarrow \underset{\text{氧化剂,刺激剂}}{O_3(g)+NO_x(g)} + CO_2(g)+H_2O(g)+\text{有机化合物}$$

总之,NO,HC 的氧化,NO_2 的分解,O_3 和 PAN 等的生成,是光化学烟雾形成过程的基本化学特征,其反应机理极为复杂。它对大气造成的严重污染不能轻视。O_3,PAN,醛类对动植物和建筑物伤害很大,对人和动物的伤害主要是刺激眼睛和黏膜,及气管、肺等器官,引起眼红流泪、头痛、气喘咳嗽等症状,严重者也有死亡的危险。O_3,PAN 等还能造成橡胶制品老化、脆裂,使染料褪色,并损坏油漆涂料、纺织纤维和塑料制品等等。

在发生光化学烟雾时,大气中各种污染物的浓度比晴朗天气要增大五、六倍(见下页表),能见度晴天为 11.2 km,而在烟雾天只有1.6 km。

显然,要对石油、氮肥、硝酸等化工厂的排废严加管理,严禁飞机在航行途中排放燃料等,以减少氮氧化物和烃的排放。现在已研制开发成功的催化转化器,就是一种与排气管相连的反应器,它使排放的废气和外界空气通过催化剂处理后,氮氧化物转化成无毒的 N_2,烃可转化成 CO_2 和 H_2O。

浓度/mg·L^{-1} 天气 / 污染物	晴朗	有烟雾	增大倍数
CO	3.5	23.0	6.5
烃	0.2	1.1	5.5
过氧化物	0.1	0.5	5.0
氮的氧化物	0.08	0.4	5.0
低级的醛	0.07	0.4	6.0
臭氧	0.06	0.3	5.0
SO_2	0.05	0.3	6.0

4.3.3 酸雨

大气中的化学物质随降雨到达地面后会对地表的物质平衡产生各种影响。降雨的酸化程度通常用 pH 表示,pH 就是氢离子浓度的负对数,即 $pH=-lg[H^+]$。

正常雨水偏酸性,pH 约为 6~7,这是由于大气中的 CO_2 溶于雨水中,形成部分解离的碳酸:

$$CO_2(g)+H_2O \rightleftharpoons H_2CO_3 \rightleftharpoons H^++HCO_3^-$$

雨水的微弱酸性可使土壤的养分溶解,供生物吸收,这是有利于人类环境的。酸雨通常是指 pH 小于 5.6 的降水,是大气污染现象之一。首先用酸雨这个名词的人是英国化学家史密斯。1852 年,他发现在工业化城市曼彻斯特上空的烟尘污染与雨水的酸性有一定关系,报道过该地区的雨水呈酸性,并于 1872 年编著的科学著作中首先采用了“酸雨”这一术语。

酸雨的形成是一个复杂的大气化学和大气物理过程,主要是由废气中的 SO_x 和 NO_x 造成的。汽油和柴油都有含硫化合物,燃烧时排放出 SO_2,金属硫化物矿在冶炼过程也要释放出大量 SO_2。这些 SO_2 通过气相或液相的氧化反应产生硫酸,其化学反应过程可表示为

气相反应: $$2SO_2+O_2 \xrightarrow{\text{催化剂}} 2SO_3$$

$$SO_3+H_2O \longrightarrow H_2SO_4$$

液相反应: $$SO_2+H_2O \longrightarrow H_2SO_3$$

$$2H_2SO_3+O_2 \xrightarrow{\text{催化剂}} 2H_2SO_4$$

大气中的烟尘、O_3 等都是反应的催化剂,O_3 还是氧化剂。

燃烧过程产生的 NO 和空气中的 O_2 化合为 NO_2,NO_2 遇水则生成硝酸和

亚硝酸,其反应过程可表示为

$$2NO+O_2 \longrightarrow 2NO_2$$
$$2NO_2+H_2O \longrightarrow HNO_3+HNO_2$$

酸雨对环境有多方面的危害:使水域和土壤酸化,损害农作物和林木生长,危害渔业生产(pH 小于 4.8,鱼类就会消失);腐蚀建筑物、工厂设备和文化古迹,也危害人类健康。因此酸雨会破坏生态平衡,造成很大经济损失。此外,酸雨可随风飘移而降落到几千公里以外,导致大范围的公害。因此,酸雨已被公认为全球性的重大环境问题之一。

4.3.4　温室效应加剧

燃料在燃烧过程一定会产生 CO_2 和 H_2O,产生的 CO_2 可溶解在雨水、江河、湖泊和海洋里,也可以被植物吸收进行光合作用等。产生的和去除的 CO_2 之间达到平衡,使大气中 CO_2 的浓度保持在一定范围内。

地球大气层中的 CO_2 和水蒸气等允许部分太阳辐射(短波辐射)透过并到达地面,使地球表面温度升高;同时,大气又能吸收太阳和地球表面发出的长波辐射,仅让很少的一部分热辐射散失到宇宙空间。由于大气吸收的辐射热量多于散失的,最终导致地球保持相对稳定的气温,这种现象称为温室效应。温室效应是地球上生命赖以生存的必要条件(即保护作用)。但是由于人口激增、人类活动频繁,化石燃料的用量猛增,加上森林面积因乱砍滥伐而急剧减少,导致了大气中 CO_2 和各种气体微粒含量不断增加,致使 CO_2 吸收及反射回地面的长波辐射能增多,引起地球表面气温上升,造成了温室效应加剧,气候变暖。因此 CO_2 量的增加,被认为是大气污染物对全球气候产生影响的主要原因。但是温室气体并非只有 CO_2,还有 H_2O,CH_4,CFC(氟氯烃,几种氟氯代甲烷及乙烷的总称,商品名氟里昂)等。研究温室气体对全球变暖的影响时,主要考虑以下三个因素。第一,在大气中的浓度。大气中多原子分子浓度最大的是 CO_2,它是主要的温室气体,浓度年增长率为 0.5%。第二,增长趋势。虽然 H_2O 的平均浓度在温室气体中居第二位,但是浓度增长不明显,则对温室效应的增强影响不大,所以人们谈论全球变暖时,都未提到 H_2O。在温室气体中浓度占第三位的 CH_4 年增长 0.9%,浓度占第四位的 N_2O 年增长0.25%,原来大气中并不存在的 CFC 浓度的年增长率高达 4.0%。第三,各种分子吸收红外辐射的能力。如 CFC 分子吸收红外辐射的能力是 CO_2 分子的几千万倍。因此,要防止全球变暖,应从控制温室气体的排放入手。

温室效应的加剧导致全球变暖,会对气候、生态环境及人类健康等多方面带来影响。地球表面温度升高会使更多的冰雪融化,反射回宇宙的阳光减少,极地更加变暖,海平面慢慢上升,降雨量也会发生变化。这会使草原以及对水敏感的物种出现播种、开花、结果等生长周期变化,变暖的气候条件有利于病菌、霉菌和有毒物质的生长,导致食物受污染或变质。因此,气候变暖将引起全球疾病的流行,严重威胁人类健康。

为减缓温室效应的加剧,既要设法减少矿物燃料的使用量,开发新能源,又要禁止砍伐森林,特别是要有效地控制人口的增长。

4.3.5 臭氧层空洞

在高层大气中(高度范围约离地面 15 km ~ 25 km),由氧吸收太阳紫外线辐射而生成可观量的臭氧(O_3)。光子首先将氧分子分解成氧原子,氧原子与氧分子反应生成臭氧:

$$O_2 \xrightarrow{h\nu} 2O \qquad O + O_2 \longrightarrow O_3$$

O_3 和 O_2 属于同素异形体,在通常的温度和压力条件下,两者都是气体。

当 O_3 的浓度在大气中达到最大值时,就形成厚度约 20 km 的臭氧层。臭氧能吸收波长在 220 nm ~ 330 nm 范围内的紫外光,从而防止这种高能紫外线对地球上生物的伤害。

过去人类的活动尚未达到平流层(海拔约 30 km)的高度,而臭氧层主要分布在距地面 15 km ~ 35 km 的大气层中,所以未受到重视。近年来不断测量的结果证实臭氧层已经开始变薄,乃至出现空洞。1985 年,发现南极上方出现了面积与美国大陆相近的臭氧层空洞,1989 年又发现北极上空正在形成的另一个臭氧层空洞。此后发现空洞并非固定在一个区域内,而是每年在移动,且面积不断扩大。臭氧层变薄和出现空洞,就意味着有更多的紫外辐射线到达地面。紫外线对生物具有破坏性,对人的皮肤、眼睛,甚至免疫系统都会造成伤害,强烈的紫外线还会影响鱼虾类和其他水生生物的正常生存,乃至造成某些生物灭绝,会严重阻碍各种农作物和树木的正常生长,又会导致的温室效应加剧。

人类活动产生的微量气体,如氮氧化物和氟氯烃等,对大气中臭氧的含量有很大的影响。引起臭氧层被破坏的原因有多种解释,其中公认的原因之一是氟里昂的大量使用。氟里昂被广泛用作制冷剂、发泡剂、清洗剂、气喷雾剂等。氟里昂化学性质稳定,易挥发,不溶于水。但进入大气平流层后,受紫外线辐射而分解产生 Cl 原子,Cl 原子则可引发破坏 O_3 循环的反应:

$$Cl + O_3 \longrightarrow ClO + O_2$$

$$ClO+O \longrightarrow Cl+O_2$$

由第一个反应消耗掉的 Cl 原子，在第二个反应中又重新产生，又可以和另外一个 O_3 起反应，因此每一个 Cl 原子能参与大量的破坏 O_3 的反应，这两个反应加起来的总反应是：

$$O_3+O \longrightarrow 2O_2$$

反应的最后结果是将 O_3 转变为 O_2，而 Cl 原子本身只作为催化剂，反复起分解 O_3 的作用。O_3 就被来自氟里昂分子释放出的 Cl 原子引发的反应破坏。

另外，大型喷气机的尾气和核爆炸烟尘的释放高度均能达到平流层，其中含有各种可与 O_3 作用的污染物，如 NO 和某些自由基等。人口的增长和氮肥的大量施用等也可以危害到臭氧层。在氮肥的分解中会向大气释放出各种氮的化合物，其中一部分可能是有害的氧化亚氮（N_2O），它会引发下列反应：

$$N_2O+O \longrightarrow N_2+O_2$$
$$N_2+O_2 \longrightarrow 2NO$$
$$NO+O_3 \longrightarrow NO_2+O_2$$
$$NO_2+O \longrightarrow NO+O_2$$
$$O_3+O \longrightarrow 2O_2$$

NO 按上述反应式循环起作用，使 O_3 分解。

为了保护臭氧层免遭破坏，于 1987 年签订了蒙特利尔议定书，即禁止使用氟氯烃和其他的卤代烃国际议定书。然而，臭氧层变薄的速度仍在加快。不论是南极地区上空，还是北半球的中纬度地区上空，O_3 含量都呈下降趋势。与此同时，关于臭氧层破坏机制的争论也很激烈。例如大气的连续运动性质使人们难以确定臭氧含量的变化究竟是由动态涨落引起的，还是由化学物质破坏引起的，这是争论的焦点之一。由于提出不同观点的科学家在各自所在的地区对大气臭氧进行的观测是局部和有限的，因此建立一个全球范围的臭氧浓度和紫外线强度的监测网络，可能是十分必要的。

联合国环境规划署对臭氧消耗所引起的环境效应进行了估计，认为臭氧每减少 1%，具有生理破坏力的紫外线将增加 1.3%，因此，臭氧的减少对动植物尤其是人类生存的危害是公认的事实。保护臭氧层须依靠国际大合作，并采取各种积极、有效的对策。

4.4　水体污染

地球表面上水的覆盖面积约占四分之三。水是宝贵的自然资源，是人类生活、动植物生长和工农业生产不可缺少的物质。水是一切生命机体的组成物质,是生命发生、发育和繁衍的源泉。水是生物体新陈代谢的一种介质,生物从外界环境中吸收养分,通过水将各种养分物质输送到机体的各个部分,又通过水将代谢产物排出机体之外,因此水是联系生物体的营养过程和代谢过程的纽带,水参与了一系列的生理生化反应,维持着生命的活力。水还对生物体起着散发热量、调节体温的作用。水是人体(以及各种生物体)中含量最多的一种物质,约占体重的三分之二。每人每天约需5L水,没有水就没有生命。

生产和生活用水,基本上都是淡水。地球上全部地面和地下的淡水量总和仅占总水量的0.63%。随着社会发展和人们生活水平的提高,生产和生活用水量在不断上升。人类年用水量已近4万亿立方米,全球有60%的陆地面积淡水供应不足,近20亿人饮用水短缺。联合国早在1977年就向全世界发出警告:水源不久将成为继石油危机之后的另一个更为严重的全球性危机。近年来多种渠道的报道都在告诫我们人类面临水源危机。据估计,全球对水的需求,每20年将增加一倍,但水的供应却不会以这种速度增加。目前拥有世界人口40%的约80个国家正面临水源不足,并使其农业、工业和人民的健康受到威胁。人类不但需水量大,且随着工农业的迅速发展和人口增长,排放的废污水量也急剧增加,使许多江、河、湖、水库,甚至地下水等都遭受不同程度的污染,使水质下降。而水质的优劣直接关系到工农业生产能否正常进行,关系到水生生物的生长,更关系到人体的健康,因此,水质的优劣极为重要。

天然水可分为降水、地表水和地下水三大类。天然水体又是江、河、湖、海等水体的总称。所有的天然水体总是要和外界环境密切接触,它在运动过程中,会将接触到的大气、土壤、岩石等所含多种物质挟持或溶入,使自身成为极其复杂的体系。大多数天然水体的pH为3~9,其中河水pH为4~7,海水pH为7.7~8.3。

天然水体中通常含有三大类物质,即悬浮物质、胶体物质和溶解物质,如表4-2所列。

表4-2 天然水体的组成

分类	主要物质
悬浮物质	细菌,病毒,藻类及原生动物,泥沙,黏土等颗粒物
胶体物质	硅,铝,铁的水合氧化物胶体物质,黏土矿物胶体物质,腐殖质等有机高分子化合物
溶解物质	氧,二氧化碳,硫化氢,氮等溶解气体,钙,镁,钠,铁,锰等离子的卤化物,碳酸盐,硫酸盐等盐类,其他可溶性有机物

水的物理、化学性质①　水的化学式为 H_2O。纯水是一种无味无色的液体。天然水多呈浅蓝绿色。水是氧的氢化物，与同周期或同族的一些元素的氢化物（如 H_2S，CH_4 等）相比，水的许多物理常数均表现出“异常”。如水的生成热很高，热稳定性很大，在 2000 K 的高温下离解度不足百分之一。水的冰点为 0℃（273.15 K），沸点为 100℃（373.15 K），所以在常温下，水为液态。

温度改变时，水的体积变化也不寻常，它在 0 ~ 4℃ 范围内，一反“热胀冷缩”的普遍规律，而是在 4℃ 时密度最大，高于或低于此温度时，密度都较小，因此当水结冰时，体积反而胀大而变轻，所以冰浮在水面上。水的这一特性，对自然界水下生命的保护有着十分重要的意义，当冬季河流、湖泊冰封水面时，反而保护了水下生物的生存。

在一般液体物质中，除汞以外，水具有的表面张力最大。植物通过水的毛细管作用获得水分及养分，土壤也是通过毛细管作用来保持水分的。

水的特殊的理化性质，是与水分子的极性分不开的。在 H_2O 分子中，两个 O—H 键间的键角为 104.5°，因此 H_2O 分子是一个极性分子。由于氢键的存在，冰和水具有很多不寻常的性质。H_2O 分子中每个氢原子都参与形成氢键，使 H_2O 分子之间构成一个四面体向的骨架结构。每一个氧原子周围有 4 个氢原子，其中 2 个 H 是与 O 共价结合，另外 2 个 H 离得稍远，通过氢键与 O 键合，由此形成一个有很多“空洞”的结构，从而使冰的密度小于水，所以冰浮于水面。当冰在冰点溶化时，部分氢键被破坏，冰的骨架结构总体崩溃而变成水，但这时液态水中仍有大量氢键存在。

$$nH_2O \xrightleftharpoons{\text{缔合}} (H_2O)_n + Q \qquad n = 1, 2, 3, \cdots$$

温度升高，上述平衡向吸热方向移动，即向左移动，缔合程度减少，在到达水的沸点时只有少数的缔合水分子。温度降低，平衡右移，水的缔合作用增大。水在 4℃ 时的缔合作用最大，即此温度下，这些 H_2O 分子堆积最紧密，此时水的摩尔体积最小，故密度最大。破坏水分子的缔合结构时，要消耗较多的能量，故冰的熔化热、熔点、水的比热、沸点及汽化热等性质和同族其他元素的氢化物相比，都高得多。

水体污染　主要指由于人类的各种活动排放的污染物进入河流、湖泊、海洋或地下水等水体中，使水和水体的物理、化学性质发生变化而降低了水体的使用价值。水体污染会严重危害人体健康，据世界卫生组织报导，全世界 75% 左右的疾病与水有关。常见的伤寒、霍乱、胃炎、痢疾和传染性肝炎等疾病的发生与传播都和直接饮用污染水有关。

水体污染有两类：一类是自然污染，另一类是人为污染，而后者是主要的。自然污染主要是自然因素所造成，如特殊地质条件使某些地区有某些或某种化学元素的大量富集，天然植物在腐烂过程中产生某种毒物，以及降雨淋洗大气和地面后挟带各种物质流入水体，都会影响该地区的水质。人为污染是人类生活和生产活动中产生的废污水对水体的污染，包括生活污水、工业废水、

① 李里特．水的结构和生理功能．科技导报．1997(1)，56 ~ 69

农田排水和矿山排水等。此外,废渣和垃圾倾倒在水中或岸边,或堆积在土地上,经降雨淋洗流入水体,都能造成污染。

排入水体的污染物种类繁多,分类方法各异。一般可按污染物组成分为无机污染物、有机污染物和农药污染物等,见表4-3。

表4-3 水中主要污染物质

类　型	主要污染物
无机污染物	含氟,氮,磷,砷,硒,硼,汞,镉,铬,锌,铅等化合物
有机污染物	酚,氰,多氯联苯(PCB)、多环芳烃(PAH),取代苯类化合物
农药污染物	DDT,六六六,敌百虫,敌敌畏等

酸性或碱性物质进入水体使水的pH发生变化,酸、碱在水体中可彼此中和,也可分别和地表物质发生反应生成无机盐类,由此引起水体中酸、碱、盐浓度超过正常量使水质变坏的现象称水体的酸碱盐污染。

水体中的酸主要来源于冶金、金属加工的酸性工序;制酸厂、农药厂、人造纤维等工厂的废酸水以及进入水体的酸雨等,碱主要来源于印染、制药、炼油、碱法造纸等工业污水。

我国渔业用水的标准对淡水域规定pH为6.5~8.5,海水为7.0~8.5;农田灌溉用水标准为pH为5.1~8.5。当水体长期受酸碱污染,就会使水体不能维持正常的pH范围,既影响水生生物的正常活动,造成水生生物的种群发生变化,导致鱼类减少,又会破坏土壤的性质,影响农作物的生长,还会腐蚀船舶、水上建筑等。

有毒无机污染物　主要是指汞(Hg)、镉(Cd)、铅(Pb)等重金属和砷(As)的化合物以及氰根离子(CN^-)、亚硝酸根离子(NO_2^-)等。它们对人类及生态系统可产生直接的损害或长期积累性损害。

重金属污染物　污染的特点是因其某些化合物的生产与应用的广泛,在局部地区可能出现高浓度污染。另外,重金属污染物一般具有潜在危害性。它们与有机污染物不同,水中的微生物难于使之分解消除(可称为降解作用),经过"虾吃浮游生物,小鱼吃虾,大鱼吃小鱼"的水中食物链被富集,浓度逐级加大。而人正处于食物链的终端,通过食物或饮水,将有毒物摄入人体。若这些有毒物不易排泄,将会在人体内积蓄,引起慢性中毒。在生物体内的某些重金属又可被微生物转化为毒性更大的有机化合物(如无机汞可转化为有机汞)。例如众所周知的水俣病就是由所食鱼中含有氯化甲基汞引起的,"痛痛病"则由镉(Cd)污染引起的。这些震惊世界的公害事件都是工厂排放的污水中含有这些重金属所致。重金属污染物的毒害不仅与其摄入机体内的数量有关，而且与其存在形态有密切关系，不同形态的同种重金属化合物其毒性可以有很大差异。如烷基汞的毒性明显大于二价汞离子的无机盐；砷的化合物中三氧化二砷（As_2O_3，砒霜）毒性最大；钡盐中的硫酸钡（$BaSO_4$）因其溶解度小而无毒性；$BaCO_3$ 虽难溶于水，但能溶于胃酸，所以和氯化钡（$BaCl_2$）一样有毒。

无机污染物中的氰化物（KCN、NaCN）的毒性是很强的，氰化物以各种形式存在水中，人中毒后，会造成呼吸困难，全身细胞缺氧，导致窒息死亡。氰化物主要来自各种含氰化物的工业废水，如电镀废水、煤气厂废水，炼焦炼油厂和有色金属冶炼厂等的废水。

有毒有机污染物　主要包括有机氯农药、多氯联苯、多环芳烃、高分子聚合物（塑料、人造纤维、合成橡胶）、染料等类有机化合物。它们的共同特点是大多数为难降解有机物，或持久性有机物。它们在水中的含量虽不高，但因在水体中残留时间长，有蓄积性，可造成人体慢性中毒、致癌、致畸、致突变等生理危害。

随着现代化石油化学工业的高速发展，产生了很多原来自然界没有的、难分解的、有剧毒的有机化合物，这些化合物有合成洗涤剂、有机氯农药等。例如对环境危害极大的有机氯农药，其特点是毒性大，化学性质稳定，残留时间长，且易溶于脂肪、蓄积性强而在水生生物体内富集，其浓度可达水中的数十万倍，不仅影响水生生物的繁衍，且通过食物链危害人体健康。这类农药国外早已禁用，我国从 1983 年开始也已停止生产和限制使用。

多氯联苯（PCB）是联苯分子中一部分或全部氢被氯取代后所形成的各种异构体混合物的总称。PCB 有剧毒，脂溶性强，易被生物吸收，且具有化学性质很稳定，不易燃烧，强酸、强碱、氧化剂都难以将其分解，耐热性高，绝缘性好，蒸气压低，难挥发等特性。所以 PCB 作为绝缘油、润滑油、添加剂等，被广泛用于变压器、电容器，以及各种塑料、树脂、橡胶等工业，因此 PCB 也存在于这些工业的废水中而被排入水体。PCB 在天然水和生物体内都很难降解，是一种很稳定的环境污染物。

近年来石油对水体的污染也十分严重，特别是海湾及近海水域。石油对水体污染的主要污染物是各种烃类化合物——烷烃、环烷烃、芳香烃等。在石油的开采、炼制、贮运、使用过程中，原油和各种石油制品进入环境而造成污染，其中包括通过河流排入海洋的废油、船舶排放和事故溢油、海底油田泄漏和井喷事故等等。当前，石油对海洋的污染已成为世界性的环境问题。1991 年发生的海湾战争，人为地使大量原油从科威特的艾哈迈迪油港流入波斯湾，这是最大的一次石油污染海洋事件，它将带来难以估量的恶果。

石油或其制品进入海洋等水域后，对水体质量有很大影响，这不仅是因为石油中的各种成分都有一定的毒性，还因为它具有破坏生物的正常生活环境，造成生物机能障碍的物理作用。石油比水轻又不溶于水，覆盖在水面上形成薄膜层，既阻碍了大气中氧在水中的溶解，又因油膜的生物分解和自身的氧化作用，会消耗水中大量的溶解氧，致使海水缺氧，同时因石油覆盖或堵塞生物的表面和微细结构，抑制了生物的正常运动，且阻碍小动物正常摄取食物，呼吸等活动。如油膜会堵塞鱼的鳃部，使鱼呼吸困难，甚至引起鱼类死亡。若以含油的污水灌田，也会因油膜粘附在农作物上而使其枯死。

水体污染物中有一类属于耗氧有机物，它们是来自于城市生活污水及食品、造纸、印染等工业废水中含有的大量烃类化合物、蛋白质、脂肪、纤维素等有机物质，本身无毒性，但在分解时需消耗水中的溶解氧，故称为耗氧(或需氧)有机物。

天然水体中溶解氧含量一般为 $5\ mg\cdot L^{-1}\sim10\ mg\cdot L^{-1}$。当大量耗氧有机物排入水体后，使水中溶解氧急剧减少，水体出现恶臭，破坏水生生态系统，对渔业生产的影响甚大。这类物质对水体的污染程度，可间接地用单位体积水中耗氧有机物生化分解过程所消耗的氧量(以 $mg\cdot L^{-1}$ 为单位)，即**生物化学需氧量**(BOD)来表示。一般用水温在25℃时5天的生化需氧量(BOD_5)作为指标，用以反映耗氧有机物质的含量与水体污染的关系，一般情况下，水体中 BOD_5 低于 $3\ mg\cdot L^{-1}$ 时，水质较好。BOD_5 量愈高，表明溶解氧消耗就愈多，水质就愈差。因此，BOD_5 达到 $7.5\ mg\cdot L^{-1}$ 时，水质不好；大于 $10\ mg\cdot L^{-1}$ 时，表明水质很差，鱼类已不能存活。

污水中除大部分是含碳的有机物外，还包括含氮、磷的化合物及其他一些物质，它们是植物生长、发育的养料，称为植物营养素。过多的植物营养素进入水体后，也会恶化水质、影响渔业生产和危害人体健康。含氮的有机物中最普遍的是蛋白质，含磷的有机物主要有洗涤剂等。

蛋白质在水中的分解过程是：蛋白质→氨基酸→胺及氨。随着蛋白质的分解，氮的有机化合物不断减少，而氮的无机化合物不断增加。此时氨(NH_3)在微生物作用下，可进一步被氧化成亚硝酸盐，进而氧化成硝酸盐，其过程为

第一步：氨被氧化成亚硝酸盐

$$2NH_3+3O_2\xrightarrow{\text{微生物}}2HNO_2+2H_2O$$

第二步：亚硝酸盐被氧化成硝酸盐

$$2HNO_2+O_2\xrightarrow{\text{微生物}}2HNO_3$$

这样，复杂的有机氮化合物就会变成无机硝酸盐。大量的硝酸盐会使水体中生物营养元素增多。对流动的水体来说，当生物营养元素增多时，因其可随水流而稀释，一般影响不大。但在湖泊、水库、内海、海湾、河口等地区的水体，水流缓慢，停留时间长，既适于植物营养元素的积累，又适于水生植物的繁殖，这就引起藻类及其他浮游生物迅速繁殖。当这些水体中植物营养物质积聚到一定程度后，水体过分肥沃，藻类繁殖特别迅速，使水生生态系统遭到破坏，这种现象称为**水体的富营养化**。水体出现富营养化现象时，浮游生物大量繁殖，因占优势的浮游生物的颜色不同，水面往往呈现蓝色、红色、棕色等。这种现象在江河、湖泊中称为水华，在海洋上则称为赤潮。这些藻类有恶臭，有的还有毒，表面有一层胶质膜，鱼不能食用。藻类聚集在水体上层，一方面发生光合作用，放出大量氧气，使水体表层的溶解氧达到过饱和；另一方面藻类遮蔽了阳光，使底生植物因光合作用受到阻碍而死去。这些在水体底部的死亡的藻类尸体和底生植物在厌氧条件下腐烂、分解，又将氮、磷等植物营养元素重新释放到水中，再供藻类利用。这样周而复始，就形成了植物营养元素在水体中的物质循环，使它们可以长期存在于水体中。富营养化水体的上层处于溶解氧过饱和状态，下层处于缺氧状态，底层则处于厌氧状态，显然对鱼类生长不利，在藻类大量繁殖的季节，会造成大量鱼类的死亡。同时，大量藻类尸体沉积水体底部，会使水深逐渐变浅，年深月久，这些湖泊、水库等水体会演变成沼泽，引起水体生态系统的变化，如图 4-6 所示①。因此，水体的富营养化亦是水体遭受污染的一种很值得注意并应给予足够重视的严重现象。

人类排泄物（粪便、尿液）中的含氮化合物也会对水环境，特别是对地下水产生污染。进入水体的排泄物是十分复杂的有机氮化合物，由于水中微生物的分解作用，逐渐转变成较简单的化合物，即由蛋白质分解成肽、氨基酸等，最后产生氨。在这种降解过程中有机氮化合物不断减少，而无机氮化合物则不断增加。若处于无氧环境，最终产物是氨；若有氧存在则氨会进一步被氧化转变成亚硝酸盐与硝酸盐。亚硝胺类化合物已是世界公认的具有危害性的一类环境化学致癌物质。硝酸盐、亚硝酸盐与二级胺（仲胺）是亚硝胺的前体。环境中的氨基化合物可以通过微生物的代谢活动产生二级胺。因此，人的排泄物对地下水产生的氮污染问题不容忽视。为保护地下水环境，既要对居民的排泄物进行处理，也要对养猪场等的建设和三废排放处理等作合理规划，更重要的是积极开展地下水环境的氮污染治理与预防方法的研究。

① 梁英豪编. 化学与环境. 南宁：广西教育出版社，1993

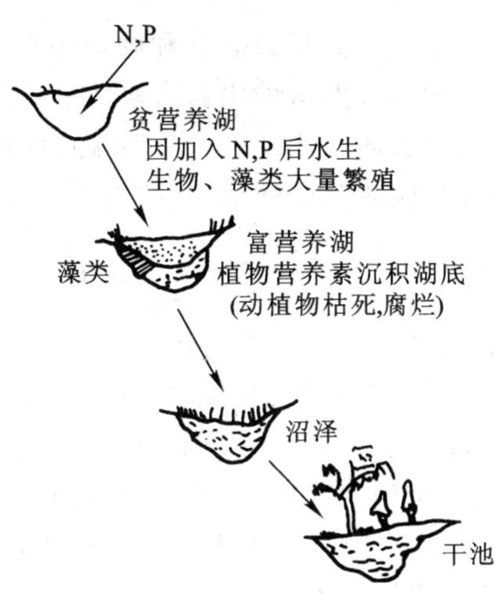

图4-6 富营养化作用引起的湖泊生态系统的变化

生活中洗涤剂的使用对水质的影响也不可忽视。肥皂和洗涤剂是日常生活中不可缺少的洗涤用品。肥皂为脂肪酸钠、钾或铵盐,而合成洗涤剂的主要成分是表面活性剂。

利用氢氧化钠水溶液与脂肪(油脂)混合加热搅拌,进行皂化反应后就生成羧酸钠盐及甘油:

$$\begin{array}{l} RCOOCH_2 \\ \mid \\ RCOOCH_2 \\ \mid \\ RCOOCH_2 \end{array} + 3NaOH \longrightarrow 3RCOO^-Na^+ + \begin{array}{l} CH_2—OH \\ \mid \\ CH—OH \\ \mid \\ CH_2—OH \\ \text{甘油} \end{array}$$

有机酸的钠盐是肥皂或香皂的主要成分。

肥皂能去垢,是因为它具有一个离子端和一个很长的非极性的烃链。肥皂的离子端和水分子一样是具有极性的,能溶于水;而烃链和脂肪一样,是非极性的,憎水而能溶于脂肪。污垢通常是通过一层薄油膜附在衣物上。由于油在水里不溶解,所以无法用水直接洗去油膜,而离子端能溶于水,肥皂就在水和油垢之间起了偶联的作用,离子端又和水紧紧相连,这样油垢就被带走了。但肥皂也有其缺点,在硬水中会生成难溶于水的脂肪酸钙和镁盐,或在酸性水中能生成难溶于水的脂肪酸而丧失去垢力。

合成的洗涤剂分子中就同时具有亲水基团和憎水基团,如烷基苯磺酸钠,它的结构为

$$R—C_6H_4—SO_3^-Na^+$$

在此分子中，R 通常是一个很长的烃链。它和硬水中的离子形成的烷基苯磺酸盐能溶于水，因而优于肥皂。但这种化合物若具有支链，则不能被微生物降解，在水体里形成泡沫也会造成水体污染。为消除这种现象，又合成了能被微生物降解的去垢剂，如线型烷基苯磺酸钠，其结构为

$$CH_3—(CH_2)_{10}—CH_2—C_6H_4—SO_3^- Na^+$$

这些表面活性剂就是合成洗涤剂的主要成分。

日用洗涤剂中一般加有辅助剂，其中有聚磷酸盐（如三聚磷酸钠 $Na_5P_3O_{10}$）、硫酸钠、碳酸钠、羧基甲基纤维素钠、荧光增白剂、香料等，有时还加入蛋白质分解酶。这些辅助剂的加入能改善洗涤剂的功能。三聚磷酸盐占洗涤剂质量的 50% 左右，其作用是与水中钙、镁、铁等离子形成配合物，防止产生沉淀，使水软化，进一步增强洗涤剂的洗涤效率，也能使洗涤水有适当的酸碱度，以减少对皮肤的刺激；硫酸钠（Na_2SO_4）含量约占洗涤剂的 20%，其作用是促使污垢自衣物表面脱落并不再行附着；在洗涤剂组成中占 3% ~10% 的碳酸钠（Na_2CO_3）的作用是使洗脱的污垢在水中溶解或悬浮及防锈；羧基甲基纤维素钠占 0.05% ~0.1%，它能使油垢凝聚，悬浮水中，特别是能防止污垢再沉积在洗涤的衣物上；荧光增白剂含量为 0.1%，洗涤衣物时被织物吸收后有增强洗涤衣服洁白感的效果；蛋白质分解酶的作用是使蛋白质污垢分解以便消除；香料用量一般为 0.05% ~0.1%。

洗涤剂使用后的洗涤污水会给环境带来影响甚至危害。洗涤剂进入人体的途径主要是由饮水、食物污染，通过消化道进入人体内，其次是皮肤接触吸收。因表面活性剂本身对人体皮肤就有一定的刺激作用，若排入水中会使鱼类中毒，当其在水体中含量达到 $10\ mg \cdot L^{-1}$ 时，会引起鱼类死亡和水稻减产。另外，由于合成洗涤剂本身就是一种有机物分子，在水中可进行生物降解，分解的最终产物是 CO_2 和 Na_2SO_4。由于在分解过程中要消耗水中的溶解氧，使水中含氧量降低，同时当洗涤剂在水体中含量达 $0.5\ mg \cdot L^{-1}$ 时，水中会漂浮起泡沫，这种泡沫覆盖水面也降低了水的复氧速度和程度，这必然会影响水生生物及鱼类的生存。而洗涤剂中含量高的辅助剂磷酸盐随着洗涤污水汇同人类尿等生活污水中的 N，C 等一起排入水域中，使水中浮游生物繁殖所需的 N，P 等营养元素增加，造成前面讨论过的湖泊、海湾的水体富营养化现象，使水区环境恶化。如今水体中磷的含量约有一半来自人的生活使用的合成洗涤剂。所以，减少洗涤剂中的含磷量是防止水体发生富营养化、保护水质的重要措施。

最后，我们要特别指出的是水的氯化消毒处理造成对水的污染问题。氯化消毒是多年来广泛采用的饮水消毒法，后又用于污水处理和造纸工业的制

浆漂白等工程。但从70年代以来,人们发现氯化处理会使水中所含的腐殖质(如食物渣滓和浮游生物)等多种有机物发生变化,形成对人体健康有害的卤代烃(如三氯甲烷$CHCl_3$)。这些含氯的有机物中很多是有毒的,有的具有致癌、致畸、致突变作用。这个事实提醒人们,采取某种化学方法处理生产或生活过程中的问题时,不仅要考虑暂时的经济效益和社会效益,同时还要考虑它对生态环境和人体健康的潜在的长远的影响。

4.5 食品污染

食品与空气、水、土壤等共同组成了人类生活的环境。人体正是从环境中摄取空气、水和食物,经过消化、吸收、合成,组成人体的细胞和组织的各种成分并产生能量,维持着生命活动。同时,又将体内不需要的代谢产物通过各种途径排入环境。食物链是人类同周围环境进行物质交换与能量传递的重要途径。食品的质量直接影响人体健康。

食品从作物栽培、收获、贮存、加工、运输、销售、烹调直至食用,经过的环节多、周期长,在此过程中有害于人体健康的化学毒物和病菌都有可能污染食品。按污染物的性质分类,食品污染可分两大类:一是生物性污染,即由致病微生物和寄生虫造成的污染;二是化学性污染,指有毒化学物质对食品污染。

汞、镉、铅、砷等元素的一些化合物对食品造成的污染主要渠道是农业上施用的农药和未经处理的工业废水、废渣的排放。

常用的砷酸铅、砷酸钙、亚砷酸钠、甲基汞等农药(若用量过大,或使用时间距收获期太近)会对粮食作物、蔬菜、瓜果造成直接污染。含有汞、镉化合物的工业废水直接排放到江、河、湖泊,造成水体污染,进而污染水生生物。用受到污染的水灌溉农田,引起土壤污染,必然又污染农作物。人们长期食用被污染的水、鱼、农作物,毒物能通过食物链而富集,在人体中积累而引起慢性中毒。1955年,日本山县出现一种怪病,开始病人腰、腿关节疼痛,几年后全身各部位都痛了起来,最后骨骼萎缩,自行骨折,这种病被人称为“痛痛病”。经调查发现,原来是日本一家金属矿业公司的一座炼锌厂的废水中含有大量镉的有毒化合物,使稻米和饮水被污染的缘故。水体中生长的鱼、贝类生物,对镉有一定的蓄积作用。例如我国沿海地区常见的海产品毛蚶对镉有很高的富集能力。大气中含铅粉尘、废气、受铅污染的水源、剥落的油漆都会直接或间接污染食品。例如一辆汽车向空气中排放的铅,其中有一半左右会降落在公路两侧30 m以内的农田中,使作物受到污染;若在公路上晾晒粮食、油菜籽等,很容易造成铅的污染。

有机化合物**农药**，如乐果、DDT 及敌敌畏等会引起对作物的直接污染。空气、水、土壤受到农药的污染后又会间接地造成食品的污染。为此，国家对不同的农药规定了其在作物上的限制使用日期。

环境中的农药可以通过人的皮肤、呼吸道和消化道进入人体。常见急性农药中毒事故大多数是由误食被农药严重污染的食品引起的。然而，人们可能常摄入的是一些被农药轻微污染的食物，因而更要警惕慢性农药中毒，尤其要谨防农药从口进入人体。

施用农药是为了防治病虫害，获取农业丰收，但使用不慎会污染环境，危害人体健康。科学使用农药措施主要有：① 开发高效、低毒、低残毒或无公害的新农药，以取代或禁用剧毒、高残毒农药；② 合理选择农药品种、选择适当的药液浓度和施药的方法，既提高药剂的杀虫效率，又做到最大限度地减少农药对环境的污染；③ 加强农药的管理，对农药施用人员进行专门训练，使他们掌握农药的理化性质、毒性程度、应用范围、施用方法以及安全防护等方面的基本知识；④ 推广综合防治病虫害的方法。除了化学农药以外，生物防治、物理防治、农业防治等措施也是防治农业病虫害的有效办法。因此，应用化学、物理、生物以及其他方法，进行联合或者交替使用，是一种生态学的综合防治方法，既有较理想的防治虫害的效果，又能减少或者防止对环境的污染，应加强深入研究和推广应用。

为提高食品的色、香、味和营养成分或满足工艺要求及延长食品保存期等的需要，有目的地在食品中添加一些人工合成的化学物质或天然物质，这些物质被称为**食品添加剂**。目前使用的食品添加剂大多数属于化学合成的添加剂。食品添加剂又可根据其用途的不同，分为发色剂、漂白剂、防腐剂、抗氧化剂、助鲜剂、稳定剂、增稠剂、乳化剂、膨松剂、保湿剂、食用色素以及为增加营养价值而添加的维生素及必需元素等等。目前食品添加剂已有近千种。

发色剂又叫呈色剂。为保持肉类的红色，即保持食物的鲜美外观，在加工时加入适量的化学物质，它与食品中的某些成分作用，使制品呈现良好的色泽。肉类腌制品中常用的发色剂是硝酸盐，它在细菌作用下能还原成亚硝酸盐，然后亚硝酸盐在一定的酸性条件下生成亚硝酸。一般宰后成熟的肉因含乳酸，pH 约为 5.6～5.8，在不加入酸的情况下，亚硝酸盐就可生成亚硝酸，其反应为

$$NaNO_2+CH_3CHOHCOOH(\text{乳酸})\longrightarrow HNO_2+CH_3CHOHCOONa$$

亚硝酸（HNO_2）很不稳定，即使在常温下也可生成亚硝基：

$$3HNO_2\longrightarrow H^++NO_3^-+2NO+H_2O$$

而生成的亚硝基(—NO)会很快与肉中呈现颜色(紫红色)的主要成分——还原性肌红蛋白(用 Mb 表示)——反应,生成鲜艳亮红色的亚硝基肌红蛋白(MbNO)。亚硝基肌红蛋白遇热后,放出巯基(—SH),变成具有鲜红色的亚硝基血色原。反应中的亚硝基在空气中也可以被氧化成二氧化氮(NO_2),进而与水反应生成硝酸。此反应不仅使亚硝基被氧化,也抑制了亚硝基肌红蛋白的生成。而具有强氧化性的硝酸又使肌红蛋白中的铁离子由二价被氧化至三价,成为高铁肌红蛋白。

当人和动物食用了添加硝酸盐和亚硝酸盐的食品后,上述的反应均可能在人体和动物体内发生。若生成高铁肌红蛋白的反应发生在血液里,就会使血液中的血红蛋白转变成高铁血红蛋白,致使血红蛋白失去输氧能力,引起紫绀症。

另外,上述反应生成的亚硝酸还能与人体和动物内的蛋白质代谢的中间产物仲胺(如二甲基胺)合成亚硝胺:

$$(CH_3)_2NH + HNO_2 \longrightarrow (CH_3)_2N—NO + H_2O$$

二甲基胺　　　　*N*-亚硝基二甲胺

在动物试验中,已证实亚硝胺是一类很强的致癌性物质,有的甚至可通过胎盘或乳汁影响下一代,只是不同种类的亚硝胺所产生的病变部位不尽相同。

由于上述原因,必须严格控制肉制食品中这两种盐的添加量。食品行业对肉品加工中两类盐的最大容许使用量以及不同肉类制成品中的残留量都有明确规定。

黄曲霉素是由一种名为黄曲霉生物体产生的一类毒素的总称,属生物性污染物质。这种霉菌的繁殖力较强,温度高和湿度大是这种霉菌的生长条件。在气温高而潮湿的季节里,特别是我国南方地区,在粮食、水果、饲料、木材以及生活用品上,经常发现长有白的、绿的、灰的、黑的各式各样的棉絮状、毛茸或粉末状的菌丝,就是霉菌在作祟,人们常称之为“发霉”现象。

黄曲霉菌及其毒素对食品的污染可分为对植物性食品和动物性食品污染两种情况。在各类植物性食品中,花生及其制品最易受黄曲霉素的污染,其次是玉米、小麦、大麦等麦类作物与干薯也常受污染。若用污染的植物性饲料喂养家畜、家禽,就会使动物性食品中含有黄曲霉素。动物试验表明,黄曲霉素可以使人急性中毒,也有很强的致癌性,因此黄曲霉素对食品的污染已受到重视。

4.6 固体废弃物对环境的污染

固体废弃物就是一般所说的垃圾。垃圾是人类生产中必然产生的遗留废料,或是人类新陈代谢排泄物和消费品消费后的废弃物品。

城市垃圾指居民的生活垃圾、商业垃圾、市政维护和管理中产生的垃圾,不包括工厂生产排出的工业固体废弃物。当前城市垃圾问题的两个特点是数量的剧增和成分的变化。人口剧增、城市人口密度大,必然导致城市垃圾数量的剧增。

堆放的垃圾若不及时清除,必然污染空气,有损环境,且会滋生蚊蝇等害虫,危害人体健康。垃圾对土壤、水体和大气均会造成严重的污染。垃圾中的化学污染物和生物病原体,如致病菌和寄生虫,会污染农田和土壤。人食用受污染土壤上生长的蔬菜,瓜果等就会感染肠道传染病、寄生虫病等疾病。垃圾经过雨水淋沥,流入河流或渗入地下,将使地表水和地下水受到污染。若将垃圾直接倒入河、湖、海,会使水面到处漂浮着塑料制品、废瓶、杂物等,不仅有碍观瞻,还会导致生态平衡的破坏。垃圾中有机物的腐败、分解产生恶臭,细颗粒随风飘扬,会污染大气和环境;而焚烧处理时的烟尘也会污染大气。因此,对垃圾若不做及时的、正确的处理,对环境污染是很严重的。随着自然资源不断开发利用、人口的增长以及人均消费水平的提高,世界各国的垃圾以高于其经济增长速度 2 ~3 倍的平均速度增长,见表 4-4。垃圾已成为现代都市越来越严重的环境问题。

由表 4-4 可见,全世界每年产生的垃圾大部分来自西方经济发达国家,美国是产生垃圾最多的国家。西方发达国家往往打着可重复利用物资的幌子,向发展中国家倾销有害废料,例如每年有数百万只废弃汽车电池从欧洲、北美洲出口到巴西、菲律宾等地,当地的回收加工工厂仅靠一些简陋的设备对其中的铅重新熔炼回收,工人的健康和生态环境都受到严重损害。其他出售的所谓废金属,实际上里面掺杂着许多有害废弃物,而其中有效成分很低。1996 年报导的发生在我国的几起“洋垃圾”事件更是触目心惊。

近年来,发展中国家强烈谴责发达国家转嫁污染的恶劣行径。1989 年 3 月 22 日联合国通过了《巴塞尔公约》,1995 年 9 月 22 日,100 多个国家的代表在日内瓦通过了《巴塞尔公约》的修正案,禁止发达国家从最终处理为目的向发展中国家出口危险废料,并规定发达国家在 1997 年底前停止向发展中国家出口用于回收利用的危险废料,决心封杀洋垃圾!

表 4-4　世界垃圾资源生产现状及预测(1990 年)*

地区	人均日产垃圾 kg	人均年产垃圾 kg	垃圾总量增长率 %	2000 年垃圾总量 万吨	2010 年垃圾总量 万吨
北美洲	1.50	547.50	7.80	48 964.79	103 770.03
美国	2.00	730.00	8.00	39 368.86	85 062.44
南美洲	0.62	226.30	6.80	12 466.16	24 068.29
欧洲	0.91	332.15	7.20	52 356.62	104 934.78
英国	0.80	292.00	6.40	3 108.68	5 780.84
法国	1.10	401.50	7.60	4 882.46	10 156.61
德国	0.90	328.50	7.90	5 481.62	11 723.54
瑞士	0.85	310.25	8.40	1 466.09	1 044.13
亚洲	0.78	284.70	9.40	214 463.97	526 656.59
中国	0.56	204.40	10.00	61 500.57	159 511.71
日本	1.27	463.55	9.00	13 470.76	31 891.06
印度	0.52	189.80	8.60	36 383.92	83 016.37
非洲	0.42	153.30	6.70	18 318.92	35 038.46
大洋洲	0.55	200.75	7.20	1 038.79	2 081.98
总计	0.81	301.83	8.24	347 609.43	796 550.13

* 方创琳. 垃圾资源化——世界垃圾资源开发利用现状及整治对策. 科技导报, 1993(4)52 ~ 56

复　习　题

1. 人类环境的结构和特征是什么?
2. 简述生态系统的组成和功能。
3. 生态平衡的特点和影响生态平衡的因素有哪些?
4. 请举例阐述食物链或食物网的作用。
5. 大气中硫氧化物、氮氧化物、一氧化碳的主要来源及其对环境的污染危害有哪些?
6. 试评述温室效应加剧的原因及其对环境的影响。
7. 请举例讨论水体中的主要化学污染物及其对人体健康的危害。
8. 如何才能防治食品被污染?
9. 为什么说水体的富营养化现象会严重影响水体的质量?

第5章

化学与环境保护

实现可持续发展战略已成为世界许多国家指导经济、社会发展的总体战略,即经济的发展必须和人口、环境、资源统筹考虑。1987年世界环境与发展委员会提出采用可持续发展的总原则是:“今天的人类不应以牺牲今后几代人的幸福而满足其需要。”可持续发展的核心思想是**在经济发展的同时,注意保护资源和改善环境,合理地保护和改善环境为可持续发展提供物质基础**。环境对发展的约束是由于不合理的发展破坏了环境所致,而合理的发展又为治理环境提供了更多的技术和资金。

可持续发展对于不同国家和地区,其内容和方式不尽相同。对于中国的可持续发展道路,很多人的观点是,首先应保证满足全体人民的基本需求;其次是尽快建立资源节约型的国民经济体系,合理保护资源,提高资源的利用率,维持生态平衡和可持续发展能力;然后,实现社会、政治、经济、技术、管理等方面的全方位转变,建立有效、协调、创新的持续发展机制。具体政策包括:控制人口过快的增长;解决贫困人口问题;建立基于市场经济的环境保护政策;采用污染减少型技术;加强对资源的公众管理;加强全民环境教育;大力开展国土整治,改善生态环境;治理城市环境及推广生态农业、植树造林、保护生物多样性等等。

总之,我国在制定经济发展目标和政策时,应充分考虑环境问题。若经济政策既能带来经济效益又不损害环境,它们就能促进经济的可持续发展。反之,如果可能带来环境损失,就需要调整计划,以便抵消这些损失。我们只有坚持“经济建设、城乡建设和环境建设同步规划、同步实施、同步发展”的指导方针,才能实现人口、资源、环境与发展的良性循环,给子孙后代创造更好的生存和发展条件。

我国“九五”和2010年的环保目标是:到本世纪末,力争环境污染和生态破坏加剧趋势得到基本控制,部分城市和地区环境质量有所改善,2010年基本改变生态环境恶化的状况,城乡环境有比较明显的改善。为实现“九五”环保目标的两大举措是:① 实现污染物排放总量的控制,使2000年主要污染物排放总量控制在1995年水平,确保环境污染加剧的趋势得到基本控制;② 实施跨世纪绿色工程计划,主要包括地区和流域环境综合整治项目、城市环保基础设施建设项目、生态环境恢复和保护项目等,重点是三河(淮河、辽河、海河)、三湖(滇池、巢湖、太湖)水污染防治和 SO_2 污染与酸雨的控制。

5.1 环境质量评价的一般要求

环境质量关系到人类的健康和生活,关系到工农业生产活动的正常进行,关系到生态平衡的正常延续。要保护环境,改善环境质量,必须制定环境质量标准,并对环境质量进行评价。环境质量评价的内容包括污染源评价、污染状况评价、环境自净能力评价、环境对人体健康与生态系统的影响评价和环境经济学的评价等。评价内容是非常复杂的,有时一个项目的评价甚至要花费数年时间,且需要动员各学科的许多人合作才能完成。

环境质量的分级是以环境质量指数来表示的。这是一种数学模型,不同国家、不同地区,不同部门采用的计算方法不尽相同。评价对象和评价方法不同,数学模型也不同。例如常用的一种表示方法为**环境质量指数** E(或 EQI,即 Environment Quality Index)的表述是

$$E = \sum_{i=1}^{n} C_{\mathrm{i}}/C_{\mathrm{is}}$$

式中 C_{is} 为 i 污染物的评价标准,C_{i} 为 i 污染物的实际测得浓度,n 为受监测的污染物种类数。$C_{\mathrm{i}}/C_{\mathrm{is}}$ 实际上是污染物的超标率。这是一种比值法评价。显然 E 值愈大,污染就愈严重。

污染物评价标准一般以国家规定的环境标准或污染物在环境中的本底值为依据。如国家规定居住区大气中 SO_2 的日平均含量不得超过 0.15 $\mathrm{mg \cdot m^{-3}}$,若某地区实际测得 SO_2 的日平均含量为 0.3 $\mathrm{mg \cdot m^{-3}}$,就表明大气受 SO_2 污染,SO_2 超标了一倍。个别污染项目可能缺少国家规定标准或本底数值,这时可结合环境质量现状评价中的实际情况定出临时性指标作为依据。对评价对象的要求不同,标准值(C_{is})可以不同。如对水质进行评价时,水质标准可有三种:人体直接接触的(如饮用水)水质标准;人体间接接触的(如农田用水)水质标准;人体不接触的(如工业用水)水质标准。若需要对某个区域进行整体环境质量的综合评价,可采用将各个单项 E 值叠加的方法,求得环境质量综合指数:

$$E_{综合} = E_{地面水} + E_{地下水} + E_{大气} + E_{土壤}$$

但有时这样的简单叠加不尽合理,因为各种环境质量因素对总体环境影响作

用可能不一致,因此需根据具体情况再作合理的处理。

环境质量监测是环境质量评价(分级)的基础,首先要根据被测对象和评价目标确定监测项目。如对水体质量进行评价时一般需要测定的项目有三类:① 无机物,包括硝酸盐、铵态氮、磷酸盐、氯化物、水中总固体浓度、硬度、pH 等;② 有机物,包括生化需氧量、化学耗氧量、有机酸、氰化物、洗涤剂等的含量;③ 重金属,铬、镉、铅、汞、砷等含量。此外还有色度、臭度、透明度、温度、放射性物质浓度、细菌总数、藻类含量及水文条件等许多项目供各种评价目标选择。

常规的大气环境质量评价中受监测的污染物种类一般有 5 种:颗粒飘尘(PM),SO_x,NO_x,CO,氧化剂(以 O_3 为代表)。测定目标确定后,通过具体监测,将各污染物的实际测得值和标准值代入公式进行计算,并根据 E 值大小,将大气环境质量分为 6 个级别,见下表。

级　别	环境质量指数 E	污染程度
Ⅰ	0～0.01	清洁
Ⅱ	0.01～0.1	微污染
Ⅲ	0.1～1	轻污染
Ⅳ	1～4.5	中度污染
Ⅴ	4.5～10	较重污染
Ⅵ	>10	严重污染

我国生活饮用水质标准和大气环境质量标准参阅附录 2 和 3。

显然只有对环境的各种组成部分,对污染物的存在形态、分布状态、含量进行本底的和现状的分析鉴定,才能了解环境污染状况,研究污染物的存在和转化规律,从而认识、评价、改造和控制环境。

5.2　环境质量监测的主要手段

为了了解环境污染状况,消除和控制污染以及研究污染物的存在和转化规律,就需要对污染物的存在形态、含量进行本底[①]的和现状的分析鉴定,提供可靠的分析数据。因此,分析化学在环境监测工作中,任务繁重,责任重大,**环境分析化学**已成为一个具有特色的分支领域。

环境分析化学是研究如何运用现代科学理论和先进实验技术来鉴别和测

① 环境在未受污染的情况下,化学元素的正常含量。

定环境污染物及有关物种的种类、成分与含量以及化学形态的科学，是环境化学的一个重要分支学科，也是环境科学和环境保护的重要基础学科。环境分析的主要特点如下。

(1) 研究领域广、对象复杂。要针对各种污染源（工业、农业、交通、生活等）和各类环境要素（大气、水体、土壤、动物、植物、食品及人体组织等生物材料）中成千上万种的化学物质进行定性或定量的测定。鉴定物质中含有哪些元素、原子团，叫定性分析；测定物质中有关组分的含量，叫定量分析。测定对象如果是无机物，则称无机分析；如为有机物，则称有机分析。

(2) 被测组分含量低，特别是环境背景值含量极微（10^{-6} g ~ 10^{-12} g）。例如已测定太平洋中心上空中铅的含量为 1 μg · L^{-1} 而南北极则低于 0.5 μg · L^{-1}。雨水中汞的平均含量为 0.2 μg · L^{-1}。对含量极微的组分进行分析，通常采用微量分析或超微量分析的方法，并需要采用高灵敏度的分析技术。

(3) 样品组成复杂，不仅测定元素的总量，还要做形态分析。形态分析是指分析某种元素物理-化学形态，包括物理形态分析和化学形态分析。物理形态分析包括区分金属的物理性质如溶解态、胶体和颗粒状等；而化学形态分析是指区分各种化学形态如单质、有机形态和无机形态。不同形态的元素性质相差很大，表现出在环境中的不同行为，如有机污染物的异构体多，异构体之间的毒性差别大。做形态分析要求分析方法选择性高，或实现多元素同时测定。

(4) 样品稳定性差。有些污染物在环境介质中可能发生溶解、沉淀、吸附、氧化、还原、光解、水解、生物降解等变化，因此样品的采集时间、地点、气象条件的影响、贮存条件（容器性质、温度、避光条件）等会影响样品的组成和浓度。这需要在现场进行连续的动态分析，要求仪器和方法测定速度快，自动化程度尽可能高。为此，环境分析应用了现代分析化学中的各项新理论、新方法、新技术，且引进了近代化学、物理学、数学、生物学、计算机联用和其他技术科学的最新成就，如光导纤维分析、电子探针、中子活化分析等，特别是发展了各种测试手段的多机联用或一机多用的连续、自动、遥控等技术来定性定量地研究环境问题。通常采用仪器分析的方法，例如色谱-质谱-计算机联用，它能快速测定各种挥发性有机物，这种方法已应用于废水的分析，可检测 200 多种污染物。70 年代以来，国外在环境监测分析中已广泛采用自动连续监测系统。国内一些大城市也先后建立了空气质量自动连续监测系统，从采样、分析、数据传递和处理实现了自动化和计算机化。遥感和激光技术也开始应用于环境分析，例如利用地球监测卫星，通讯卫星和高空飞机对环境进行遥测；应用激光光谱可不经过取样直接测出大面积大气中含有 2 ~ 3 μL · L^{-1} 的 10 种成分。

为提高分析结果的可靠性和可比性，方法的标准化是一个关键。我国对环境分析方法的标准化工作有很大进展，已出版《水质分析法》、《饮用水、地面水水质分析法》、《环境污染分析方法》、《污染源统一监测分析方法》等。所选用的分析方法都具有灵敏、准确和简便等特点，适应了环境保护和环境监测工作的需要。各种化学物质的具体分析方法，请参阅有关的专门书籍和资料。

5.3　三废处理

我国在环境资源、环境容量①方面，总量虽大但人均量相当小。我国经济生产的特点是工业技术水平整体不高，工业生产的能源和资源消耗及污染物排放量高，乡镇企业比重逐渐增大，但其“三废”（废气、废水、废渣）基本没有经过任何处理而四处排放，污染十分严重。我国能源结构中煤炭仍占 70% 左右，煤烟对大气污染程度不易减轻，环保治理技术水平落后，严重地制约着环保工作的深入开展。人们认识到既不能走“先污染、破坏，后治理，恢复”的道路，也不应该走“边污染，边治理”的道路，而应该采取积极的态度。“全面规划，合理布局，综合利用，化害为利，依靠群众，大家动手，保护环境，造福人民”的中国环境保护方针，明确了环境污染的综合防治思想，是将环境作为一个有机整体，根据当地的自然条件，按照污染物的产生、变迁和归宿的各个环节，采取法律、行政、经济和工程技术相结合的措施，防治结合，以防为主，以期最大限度地合理利用资源、减少污染物的产生和排放，用最经济的方法获取最佳的防治效果，以实现资源、环境与发展的良性循环。

具体讲，保护环境，一靠管理、二靠资金、三靠技术。环境污染的治理，归根结底要依靠科学技术的进步。化学工作者在提高环保治理技术水平，保护环境质量中发挥了重要作用。他们从事的是对物质变化规律的研究，运用化学理论、技术，并与其他学科结合，逐步掌握环境污染物的污染规律，对产生环境污染的污染物的特性提供信息，制定相应的环境质量标准。例如：

开展环境分析方法和方法标准化的研究，建立高灵敏度、高选择性、快速、自动化程度高的监测方法；

开发新材料、新能源、用洁净新工艺（绿色化学工艺）代替经典工艺；

在制定污染物向环境排放量标准的同时与其他手段相结合，积极开展处理和利用废物的技术研究，变废为宝。

---

① 在人类生存和自然环境不致受害的前提下，环境可容纳污染物的最大负荷。

5.3.1 废气的处理

大气污染物绝大部分是由化石燃料燃烧和工业生产过程产生的,一般可通过下列措施防止或减少污染物的排放。① 改革能源结构,积极开发无污染能源(太阳能、地热能、海洋能、风能等),或采用相对低污染能源(天然气、沼气等);② 改进燃煤技术和能源供应办法,逐步采取区域采暖、集中供热的方法,这样既能提高燃烧效率,又能降低有害气体排放量;③ 采用无污染或低污染的工业生产工艺;④ 及时清理和合理处置工业、生活和建筑废渣,减少地面扬尘;⑤ 加强企业管理,注意节约能源和开展资源综合利用,并要减少事故性排放和逸散;⑥ 植树造林,这是治理大气污染、绿化环境的重要途径。

即使采取上述措施,仍会有污染物排入大气,因此,对各种污染源要进行治理,控制其排放浓度和排放总量,使其不致超过该地区的环境容量。

《中华人民共和国大气污染防治法》是于 1988 年 6 月开始实行的。随着我国的能源消费量不断增长,烟尘的年排放量和二氧化硫年排放量不断增加。1995 年又重新修改了该法,其重点体现在:强化燃煤污染防治,规定不仅要防治由燃煤造成的烟尘污染,也要控制二氧化硫及氮氧化物污染,遏制区域性的酸雨污染;加强机动车排气污染防治,限制生产和使用含铅汽油;强调采用清洁生产工艺,规定国家对严重污染大气环境的落后生产工艺和设备实行淘汰制度;对城市饮食服务业的环境保护管理提出了要求。该法还规定了国家有利于大气污染防治以及综合利用活动的经济、技术政策和措施。这部大法的重新颁布、实施必定会更有效地推动我国的大气污染防治工作。

5.3.2 废水的处理

污染水体的污染物主要来自城市生活污水、工业废水和径流污水。这些污水若不经处理就排入地面水体,会使河流、湖泊受到严重污染。因此必须先将其输送至污水处理厂进行处理后排放。但这些污水水量非常大,若全部经污水处理厂进行处理,投资极大,因此应尽量减少污水和污物的排放量。如在工业生产中尽可能采用无毒原料,可杜绝有毒废水的产生;若使用有毒原料,则应采用合理的工艺流程和设备,消除逸漏,以减少有毒原料的流失量;重金属废水,放射性废水,无机毒物废水和难以生物降解的有机毒物废水,应与其他量大而污染轻的废水如冷却水等分流;剧毒废水在厂内要进行适当预处理,达到排放标准后才能排入下水道;冷却水等相对清洁的废水,则在厂内经过简单处理后循环使用。这样既可减少工业废水排放量,减轻污水处理厂的负荷,又可达到废水回用,节省水资源的目的。

排放到污水处理厂的污水及工业废水,可利用多种分离和转化进行无害化处理,其基本方法可分为物理法、化学法、物理化学法和生物法。各种方法的简要基本原理和单元技术列入表 5-1。

表 5-1　污水处理方法分类

基本方法	基本原理	单元技术
物理法	物理或机械的分离过程	过滤,沉淀,离心分离,上浮等
化学法	加入化学物质与污水中有害物质发生化学反应的转化过程	中和,氧化,还原,分解,混凝,化学沉淀等
物理化学法	物理化学的分离过程	汽提,吹脱,吸附,萃取,离子交换,电解电渗析,反渗透等
生物法	微生物在污水中对有机物进行氧化,分解的新陈代谢过程	活性污泥,生物滤池,生物转盘,氧化塘,厌气消化等

废水按水质状况及处理后出水的去向确定其处理程度。废水处理程度可分为一级、二级和三级处理。

一级处理由筛滤、重力沉淀和浮选等物理方法串联组成,主要是用以除去废水中大部分粒径在 0.1 mm 以上的大颗粒物质(固体悬浮物),且减轻废水的腐化程度。经一级处理后的废水一般还达不到排放标准,故通常作为预处理阶段,以减轻后续处理工序的负荷和提高处理效果。

二级处理是采用生物处理方法(又称微生物法)及某些化学法,用以去除水中的可降解有机物和部分胶体污染物。

在自然界中,存在大量依靠有机物生存的微生物,它们具有氧化分解有机物的巨大能力。生物法处理废水就是利用微生物的代谢作用,使废水中的有机污染物氧化降解成无害物质的方法。

二级处理中采用的化学法主要是化学絮凝法(或称混凝法)。废水中的某些污染物常以细小悬浮颗粒或胶体颗粒的形式存在,很难用自然沉降法除去。向废水中投加凝聚剂(混凝剂),使细小悬浮颗粒的胶体颗粒聚集成较粗大的颗粒而沉淀,与水分离。常用的凝聚剂有硫酸铝($Al_2(SO_4)_3$),明矾(硫酸铝钾),硫酸亚铁($FeSO_4$),硫酸铁($Fe_2(SO_4)_3$),三氯化铁($FeCl_3$)等无机凝聚剂和多种有机聚合物(高分子)凝聚剂。

经过二级处理后的水一般可达到农灌标准和废水排放标准。但水中还存留一定量的悬浮物、生物不能分解的有机物、溶解性无机物和氮、磷等藻类增殖营养物,并含有病毒和细菌,因而还不能满足较高要求的排放标准,也不能直接用作自来水,要作为某些工业用水和地下水的补给水,则需要继续对水进行三级处理。

三级处理可采用化学法(化学沉淀法、氧化还原法等)、物理化学法(吸附、离子交换、萃取、电渗析、反渗透法等),这是以除去某些特定污染的一种“深度处理”方法。化学法就是通过化学反应改变废水中污染物的化学性质或物理性质,使之发生化学或物理状态的变化,进而将其从水中除去。例如**化学沉淀法**,就是利用某些化学物质作沉淀剂,与废水中的污染物(主要是重金属离子)进行化学反应,生成难溶于水的物质沉淀析出,从废水中分离出去。如可用石灰($Ca(OH)_2$)与废水中 Cd^{2+},Hg^{2+} 等重金属离子形成难溶于水的氢氧化物沉淀:

$$Cd^{2+}+Ca(OH)_2 \longrightarrow Cd(OH)_2\downarrow +Ca^{2+}$$

$$Hg^{2+}+Ca(OH)_2 \longrightarrow Hg(OH)_2\downarrow +Ca^{2+}$$

利用沉淀反应除去废水中污染的重金属离子,是水溶液中主要化学反应之一,也是沉淀-溶解平衡的应用。

一个在一定条件下能发生的化学反应体系中,随着反应的进行,反应物浓度逐渐减少,而产物浓度逐渐增加,最终化学反应达到其进行的限度,即达到平衡。不同的化学反应达到平衡态的时间不尽相同,但作为化学平衡态,都具有共同的特征:

(1) 平衡建立时反应中各物质的浓度或分压不再随时间而改变,且只要外界条件不变(即温度、压力和浓度等都不变),无论经过多长时间,平衡时各物质的浓度或分压应保持不变,这一特征对实际生产具有重要的指导作用;

(2) 化学平衡是动态平衡,从宏观上看,化学反应达到平衡态,各物质的浓度或分压不再随时间改变,反应似乎“停止”了,但从微观上看,正逆两方面的反应仍继续进行,只是它们的反应速率相等;

(3) 化学反应在一定条件下达到平衡态,可用相应的平衡常数描述反应进行的限度。

用石灰与废水中 Cd^{2+} 形成难溶物 $Cd(OH)_2$,而难溶物在溶液中总有一定的溶解度,在一定条件下,当溶解与沉淀速率相等时,便建立了固体难溶电解质与溶液中离子间的多相平衡,即:

$$\underset{\text{未溶解的固体}}{Cd(OH)_2(s)} \underset{\text{沉淀}}{\overset{\text{溶解}}{\rightleftharpoons}} \underset{\text{溶液中的离子}}{Cd^{2+}+2OH^-}$$

这个平衡的特点是反应物为 $Cd(OH)_2$ 固体,生成物为溶液中的 Cd^{2+} 和 OH^-,其平衡浓度分别用 $[Cd^{2+}]$ 和 $[OH^-]$ 表示,其平衡常数表达式为

$$K_{sp}=[Cd^{2+}][OH^-]^2$$

当温度一定时,难溶电解质的饱和溶液中,其离子浓度的乘积为一常数,这个

常数叫做**溶度积**。这个溶度积是饱和溶液中各离子浓度幂的乘积，其中离子浓度与标准浓度比的指数就是溶解平衡方程式中该离子的化学计量数。对于下列难溶电解质溶解平衡通式：$A_mB_n(s) \rightleftharpoons mA^{n+} + nB^{m-}$，其溶度积表达式为：

$$K_{sp} = [c_{A^{n+}}]^m \cdot [c_{B^{m-}}]^n$$

书写标准平衡常数表达式必须与相应的化学反应方程式写法相符，标准平衡常数表达式中不考虑反应中出现的纯固体、纯液体和溶剂。平衡常数是化学反应的一个特征常数，其数值大小与各物质的分压或浓度无关，但随反应温度而变，因此写平衡常数时，一般要注明温度，若未注明，通常是指室温(298 K)。

对难溶电解质的溶解平衡，显然 K_{sp} 越小，其在相同温度下溶解度越小；反之 K_{sp} 越大，其溶解度越大。下表列出某些难溶电解质的溶度积。

难溶电解质	溶度积(K_{sp})	难溶电解质	溶度积(K_{sp})
$Cd(OH)_2$	3×10^{-14}	CdS	3.6×10^{-29}
$Cu(OH)_2$	5.6×10^{-20}	CuS	8.5×10^{-45}
$Fe(OH)_3$	1.1×10^{-36}	FeS	6×10^{-18}
$Hg(OH)_2$	4×10^{-26}	HgS	1×10^{-53}
$Pb(OH)_2$	1.6×10^{-17}	PbS	3.4×10^{-28}

金属硫化物的溶解度一般都比较小，因此用硫化钠或硫化氢作沉淀剂能更有效地处理含重金属离子的废水，特别是对于经过氢氧化物沉淀法处理后，尚不能达到排放标准的含 Hg^{2+} 和 Cd^{2+} 的废水，再通过反应生成极难溶于水的硫化物沉淀：

$$Hg^{2+} + S^{2-} \longrightarrow HgS\downarrow$$

$$Cd^{2+} + S^{2-} \longrightarrow CdS\downarrow$$

这样自然沉降后的出水中，Hg^{2+} 含量可由起始的 400 mg · L^{-1} 左右降至 1mg · L^{-1} 以下。

难溶电解质的平衡是一个动态平衡，改变条件可以移动平衡。在实际生产中，可利用同离子效应(在难溶电解质的饱和溶液中，加入含有共同离子的另一电解质，而使难溶电解质溶解度降低的效应)，即加入过量的沉淀剂，就可使沉淀反应趋于完全。这里说的“完全”并非溶液中就不存在欲沉淀分离的离子，一般定性分析中，溶液中该离子浓度不超过 10^{-5} mol · L^{-1}，就可以认为已沉淀完全了。

化学沉淀法处理废水，一般有投药、混合、反应、沉淀等过程。其工艺流程如图 5-1 所示。

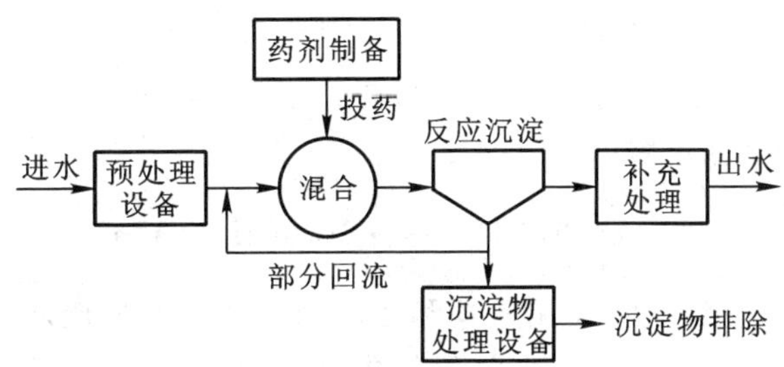

图 5-1 化学沉淀法工艺流程示意图

化学氧化法常用来处理工业废水，特别适宜处理难以生物降解的有机物，如大部分农药、染料、酚、氰化物，以及引起色度、臭味的物质。常用的氧化剂有氯类（液态氯、次氯酸钠、漂白粉等）和氧类（空气、臭氧、过氧化氢、高锰酸钾等）。

用氯、次氯酸钠、漂白粉等可以氧化废水中的有机物、某些还原性无机物以及用来杀菌、除臭、脱色等。氯氧化法处理含氰废水是废水处理的一个典型实例。在碱性条件下（pH = 8.5 ~ 11），液氯可将氰化物氧化成氰酸盐：

$$CN^- + 2OH^- + Cl_2 \longrightarrow CNO^- + 2Cl^- + H_2O$$

氰酸盐的毒性仅为氰化物的千分之一。若投加过量氧化剂，可将氰酸盐进一步氧化为二氧化碳和氮：

$$2CNO^- + 4OH^- + 3Cl_2 \longrightarrow 2CO_2\uparrow + N_2\uparrow + 6Cl^- + 2H_2O$$

使水质得以进一步净化。

空气中的氧是最廉价的氧化剂，但氧化能力不够强，只能氧化易于氧化的污染物。过氧化氢（H_2O_2）具有强氧化能力，适于处理多种含有毒有味化合物及难以处理的有机废水，如含硫、氰、苯酚等的废水。高锰酸钾（$KMnO_4$）也是强氧化剂，主要用于除去锰、铁和某些有机污染物。

化学还原法主要用于处理含有汞、铬等重金属离子的废水。例如用废铁屑、废铜屑、废锌粒等较汞活泼的金属作还原剂处理含汞废水，将上述金属放在过滤装置中，当废水流过金属滤层时，废水中的 Hg^{2+} 即被还原为金属汞：

$$Fe(Zn,Cu)+Hg^{2+} \longrightarrow Fe^{2+}(Zn^{2+},Cu^{2+})+Hg\downarrow$$

生成的铁(锌、铜)汞渣经焙烧炉加热,可以回收金属汞。

对于含铬废水,可先用硫酸酸化(pH=3~4),然后加入5%~10%的硫酸亚铁,使废水中的六价铬还原为三价铬:

$$6Fe^{2+}+Cr_2O_7^{2-}+14H^+ \longrightarrow 6Fe^{3+}+2Cr^{3+}+7H_2O$$

然后再加入石灰,降低酸度,调至 pH 为 8~9,三价铬离子形成难溶于水的氢氧化铬沉淀,即自然沉降而与水分离。

$$2Cr^{3+}+3Ca(OH)_2 \longrightarrow 2Cr(OH)_3+3Ca^{2+}$$

物理化学处理法是指运用物理和化学的综合作用使废水得到净化的方法。常用的有吹脱、吸附、萃取、离子交换、电解等方法,有时也归类于化学方法。常用化学方法处理废水的原理和处理对象见表 5-2。

表 5-2　常用处理废水的化学方法

方　法	原　理	设备及原材料	处理对象
混凝	向胶状浑浊液中投加电解质,凝聚水中胶状物质,使之和水分开	混凝剂有硫酸铝,明矾,聚合氯化铝,硫酸亚铁,三氯化铁等	含油废水,染色废水,煤气站废水,洗毛废水等
中和	酸碱中和,pH 达中性	石灰,石灰石,白云石等中和酸性废水,CO_2 中和碱性废水	硫酸厂废水用石灰中和,印染废水等
氧化还原	投加氧化(或还原)剂,将废水中物质氧化(或还原)为无害物质	氧化剂有空气(O_2),漂白粉,氯气,臭氧等	含酚,氰化物,硫,铬,汞废水,印染,医院废水等
电解	在废水中插入电极板,通电后,废水中带电离子变为中性原子	电源,电极板等	含铬含氰(电镀)废水,毛纺废水
萃取	将不溶于水的溶剂投入废水中,使废水中的溶质溶于此溶剂中,然后利用溶剂与水的相对密度差,将溶剂分离出来	萃取剂:醋酸丁酯,苯,N-503 等 设备有脉冲筛板塔,离心萃取机等	含酚废水等
吸附(包含离子交换)	将废水通过固体吸附剂,使废水中溶解的有机或无机物吸附在吸附剂上,通过的废水得到处理	吸附剂有活性炭,煤渣,土壤等 吸附塔,再生装置	染色、颜料废水,还可吸附酚,汞,铬,氰以及除色,臭,味等用于深度处理

应该指出的是,不同的处理方法有其自身的特点和适应的处理对象,需合理地选择和采用。例如对成分复杂的废水,化学沉淀法往往难于达到排放或回用的要求,则需与其他处理方法联合使用。

5.3.3 废渣的处理

垃圾不是完全不可以利用的,通过各种加工处理可以把垃圾转化为有用的物质或能量,所以人们把垃圾看成一种资源。面对垃圾资源与日俱增同自然资源日渐枯竭的严峻现实,人类已开始自觉和不自觉地投入垃圾处理技术的研究。许多国家根据本国的垃圾有机成分含量高的特点,用垃圾生产高能燃料、复合肥料,制造沼气和发电,并将沼气最终用于城市管道燃气、汽车燃料、工业燃料。当前全球垃圾资源开发处理现状主要特点为:① 发达国家垃圾资源开发处理量远高于发展中国家;② 垃圾处理技术在发达国家以卫生填埋为主,而在发展中国家以堆肥为主;③ 垃圾资源开发处理系列化和垃圾资源综合利用多元化已成为全球垃圾处理和综合回收利用的新趋势。

在采用各种合理方法处理垃圾的同时,更有价值的是对垃圾进行回收,这种回收包括材料和能源的回收。其中材料回收主要是根据垃圾的物理性能,研究和发展机械化、自动化分选垃圾技术。如利用磁吸法回收废铁;利用振动弹跳法分选软、硬物质;利用旋风分离方法,分离密度不同的物质等。随着可燃性垃圾不断增加,不少国家把它作为能源的资源。一般是通过三种途径利用:① 作为辅助燃料代替低硫煤使用;② 在焚化炉内焚化,利用其热能生产蒸汽和发电;③ 高温干馏产生气体和残渣,气体可作燃料,残渣冷却后形成玻璃体,可作原料利用。这种方法比高温焚化垃圾,产生可供利用的能源更多,回收的材料更多,也不污染空气,这种方法会得到发展。因此,目前在开展科学合理使用填埋法和焚烧法的同时,积极研究无害化处理、长期受益的良性循环轨道的垃圾处理方法。其中有一种名为分选发酵法,其处理工艺路线如图5-2所示[①]。

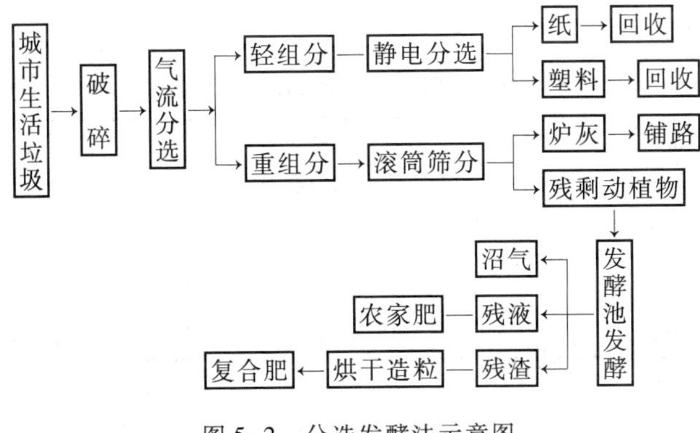

图5-2 分选发酵法示意图

① 曾中方.我国城市垃圾处理的利用技术.环境保护,1996(4):10~11

该方法是基于我国城市垃圾主要以厨房垃圾为主的特点，先将收集的垃圾经重力分选，然后将吹出少量纸塑后剩下的主要部分经过滚筒筛分，筛下少量炉灰后，剩下大部分剩残动植物等有机废料送入发酵池进行发酵。经过生物发酵、化学法调控 pH 等一系列步骤和一定的时间，即可产生沼气。待沼气释放完后，可滤出池中发酵液直接用作农家肥，再将剩下的残渣经晒干、粉碎制成颗粒复合肥。这正是对城市垃圾作为生产沼气和复合肥的宝贵原料的积极开发。

由于树立了垃圾资源化利用意识，围绕垃圾处理无害化、最小量化，积极开展技术革新，强化垃圾资源综合开发利用高新技术的应用研究，以及健全垃圾资源综合开发整治法，加强对垃圾资源开发利用的法制管理和科学管理，既可减少对环境的污染，又可变废为宝！

5.4　绿色工艺的设计

三废的处理过程不应产生新的污染，这样才能实现减少或消除污染。更有实际意义的是绿色工艺的设计。化学工作者正是在探索污染物的防治、转化、处理及综合利用的途径，积极改革旧工艺，探寻无污染或低排放的“绿色”新工艺中发挥着重要作用。例如有机化学家在有机合成工业中，提出对合成途径原子利用率和 E-因子的分析和估价，以此综合考虑对原料的选取、能量的耗损以及废料的环境商值 EQ 等，探索新的合成工艺①。

E-因子定义为每生产 1 kg 期望产品的同时产生的废物的量，即 E-因子 = 废料质量/产品质量。表 5-3 列出了不同生产部门生产中环境所能接受的 E-因子的大小。

表 5-3　不同化工生产部门的 E-因子

工业部门	产品/吨	E-因子
炼　　油	$16^6 \sim 10^8$	~0.1
基本化工	$10^4 \sim 10^6$	<1 ~ 5
精细化工	$10^2 \sim 10^4$	5 ~ 50
制　　药	$10^1 \sim 10^3$	25 ~ 100

从表中可看到，精细化工（如染料）和制药工业的 E-因子较大，主要废料

① 曾庭英、宋心琦．化学家应是“环境”的朋友——介绍绿色工艺．大学化学，1995，10(6)：25 ~ 31

是在纯化产品的反应过程中产生的无机盐。一般合成步骤多,废料就多。因此,减少合成步骤、无机盐的形成,可减少废料向环境的排放。

环境商值 EQ 是综合考虑废物的排放量和废物在环境中的毒性行为,用以评价各种合成方法相对于环境的好坏。环境商 $EQ=E\times Q$。式中 E 即为 E-因子,Q 为根据废物在环境中的行为给出的对环境不友好度,例如,无害的 NaCl 和$(NH_4)_2SO_4$ 若 Q 定为 1,则有害重金属离子的盐类基于其毒性大小,其 Q 为 100 ~ 1 000。环境商值愈大,废物对环境的污染愈严重,因此 EQ 值的大小是化学工程师衡量或选择合理生产工艺的重要因素。

要降低 EQ 值,意味着要减少生产工艺过程中废物的排放量,就是要提高合成工艺中的原子利用率。原子利用率定义为

$$\text{原子利用率}=\frac{\text{期望产品的摩尔质量}}{\text{化学方程式中按计量所得物质的摩尔质量}}$$

为此,要选择合适的途径,提高原子利用率。除理论产率外,还需考虑和比较不同途径的原子利用率,这是有关生产过程对环境产生的潜在影响的又一评价标准。下面给出了环氧乙烷(C_2H_4O)生产中,经典工艺和新工艺(一步催化反应)不同原子利用率的比较。经典工艺的原子利用率为 25%,新的一步催化法则为 100%,即理论上没有废物产生。

经典氯代乙醇法

$$CH_2{=\!=}CH_2+Cl_2+H_2O \longrightarrow ClCH_2CH_2OH+HCl$$

$$ClCH_2CH_2OH+Ca(OH)_2 \xrightarrow{HCl} H_2C\overset{O}{\text{——}}CH_2 +CaCl_2+2H_2O$$

总反应

$$C_2H_4+Cl_2+Ca(OH)_2 \longrightarrow C_2H_4O+CaCl_2+H_2O$$

$$\text{摩尔质量}/g\cdot mol^{-1} \qquad 44 \qquad 111 \qquad 18$$

原子利用率 = 44/173 = 25%

现代石油化学工艺

$$CH_2{=\!=}CH_2+1/2O_2 \xrightarrow{\text{催化}} H_2C\overset{O}{\text{——}}CH_2$$

原子利用率 = 100%

随着人类生产和社会活动的增加,大量污染物进入环境,冲击生态环境和影响人体健康。人们对改善环境质量要求可持续发展的愿望日益迫切。纵

然，环境问题是多方面的，也是全球性的。联合国于 1972 年 6 月 5 日至 16 日在斯德哥尔摩首次召开 113 个国家参加的人类环境会议。会议通过了一个全球保护环境的行动计划和《人类环境宣言》，呼吁“为了这一代和将来的世世代代而保护和改善环境，已成为人类一个紧迫的目标”，“这个目标将同争取和平和全世界的经济与社会发展这两个既定的基本目标共同和协调地实现”。会议通过了将每年的 6 月 5 日定为“世界环境日”的决议。每年的世界环境日都有一个主题，旨在通过宣传，强化公众的环境意识。每位公民要自觉保护环境，作为高等学校培养的各种层次的高素质人才，包括专门技术人员和管理人员更应努力学习有关知识，加强对保护环境，改善环境质量的责任感。创造一个清洁美好的生活环境是人类的共同愿望，给后代留下一个良好的环境，也是我们这一代人所必须履行的道德责任！

复　习　题

1. 结合你的家乡或周围环境谈谈环境问题的严重性。
2. 环境质量监测的作用是什么？
3. 什么是人口、资源、环境和发展的良性循环？
4. 治理污染、保护环境的主要方针是什么？
5. 请举例讨论化学在保护环境中的作用。
6. 你认为什么是“环境意识”，如何才能提高广大公民的环境意识？
7. 汽车、飞机的尾气会对大气形成污染的主要原因？你认为减少或消除尾气污染的有效途径有哪些？
8. 什么是“绿色工艺”？它在化工生产中的积极意义有哪些？

第 6 章

晶体结构与晶体材料

绝大多数材料都是固态物质,以晶态物质为主,也有一些是非晶态的。因此作为学习材料部分的基础知识,了解晶体结构特点和晶体的基本性质及晶体的宏观对称性与晶系的关系是十分必要的。

6.1 晶体的结构特点

什么是晶体？晶体是由原子或分子按照一定的周期性规律在空间重复排列而成的固体物质。今以 NaCl 晶体为例讨论晶体结构的特点。

NaCl 是食盐的主要成分,市售粗盐经过重结晶可得到纯净、漂亮的 NaCl 晶体。NaCl 晶体呈立方体外形,肉眼可以看到平滑的晶面,尖锐的顶角和笔直的棱边。NaCl 晶体整齐的外形反映了晶体的内部结构规整性。用 X 射线衍射法测定的 NaCl 的晶体结构,如图 6-1 所示。

晶胞 晶胞是晶体的一个基本结构单位,它的形状是一个平行六面体。图 6-1 给出了 NaCl 晶体的一个晶胞,无数的这种晶胞在空间规则地重复排列就形成 NaCl 晶体。

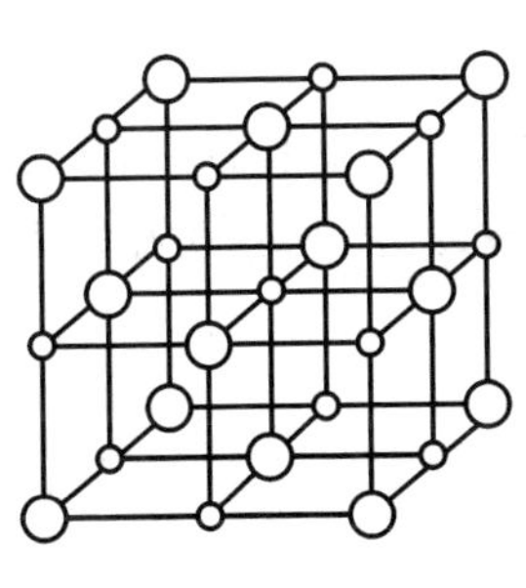

图 6-1 NaCl 的晶体结构

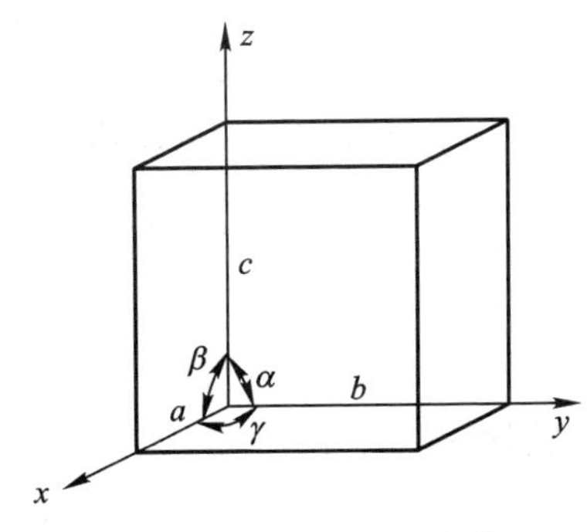

图 6-2 晶体的晶胞参数

要确定晶体的结构，首先要知道晶胞的大小和形状，其次要知道晶胞中原子的种类、数目和原子的坐标位置。

晶胞的大小和形状由**晶胞参数**规定。若把晶胞放在坐标系中，如图 6-2 所示，它的三条棱边 a,b,c 和三条棱边两两之间的夹角 α,β,γ 合称为晶胞参数。如 NaCl 晶体的晶胞参数为：$a=b=c=562.8$ pm，$\alpha=\beta=\gamma=90°$，这种晶胞称为**立方晶胞**。NaCl 晶体中 Na^+ 与 Cl^- 以离子键结合，所以 NaCl 晶体称为离子晶体。在 NaCl 晶体中，一个 Na^+ 周围配有 6 个 Cl^-（配位数为 6）。这 6 个配位 Cl^- 形成一个八面体，Na^+ 处于八面体的空隙中。同样地，以一个 Cl^- 为中心，周围也配有 6 个 Na^+，Cl^- 也处于 Na^+ 的八面体空隙中。由此可见，NaCl 只是个化学式，整块 NaCl 晶体是个巨大的分子，把 NaCl 看作一个分子（或分子式）是不确切的。

结构基元　晶体结构具有周期性特点。结构基元是指晶体中作周期性规律重复排列的那一部分内容。它是晶体中重复排列的基本单位，必须满足**化学组成相同、空间结构相同、排列取向相同和周围环境相同的条件**。晶胞中含一个结构基元的称为素晶胞，含 2 个和 2 个以上结构基元的称复晶胞。图6-1 的 NaCl 晶胞中含 4 个 Na—Cl 结构基元，是面心立方型式的复晶胞。图6-3给出了 CsCl 晶体和金属钨晶体的晶胞结构。CsCl 晶胞中只含 1 个结构基元（Cs—Cl），所以是素晶胞，它是立方晶胞，故称为简单立方。

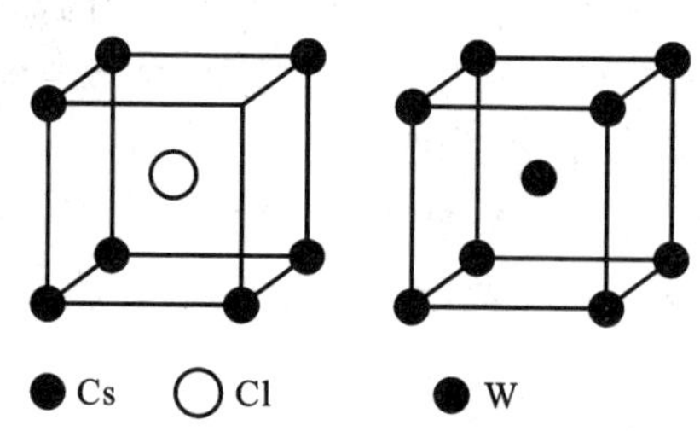

图 6-3　CsCl 和金属钨的晶胞结构

金属钨立方晶胞中有 2 个钨原子，一个钨原子为一个结构基元，所以是复晶胞，称为体心立方。立方晶胞共有三种形式：**简单立方**、**体心立方**和**面心立方**。

6.2　晶体的基本性质

晶体的基本性质由晶体的周期性结构决定的。晶体具有**均匀性**和**各向异**

性。均匀性如晶体的化学组成、密度等性质在晶体中各部分都是相同的，这是由于晶体周期性结构中的周期很小，宏观上分辨不出的缘故。然而晶体中沿不同方向，原子或分子排列的情况不同，因此在不同方向上呈现不同的性质，这称为各向异性。例如石墨晶体是层状结构，层内的电导率为 $2.5\times10^4 \sim 0.2\times10^4\ \Omega^{-1}\cdot cm^{-1}$，但垂直于层方向为 $5 \sim 1\ \Omega^{-1}\cdot cm^{-1}$，两者相差 5 000 倍。此外，像热膨胀系数、折光率、机械强度和力学性质等都存在各向异性。

晶体具有确定的熔点　如果把晶体加热，随着温度的升高，晶体中原子之间的化学键会发生断裂，晶体的周期性规则排列遭到破坏，晶态向液态转化，转化时的温度就是晶体的熔点。

晶体具有对称性　对称性是晶体的重要性质之一，晶体的外形和内部结构都具有特有的对称性，下面将做具体讨论。不论是天然晶体或人工培养的晶体，都呈现多面体外形。

晶体能使 X 射线产生衍射　当入射光的波长与光栅隙缝大小相当时，能产生光的衍射现象。X 射线的波长与晶体结构的周期大小相近，所以晶体是个理想的光栅，它能使 X 射线产生衍射。利用这种性质人们建立了测定晶体结构的重要实验方法。非晶态物质没有周期性结构，不能使 X 射线产生衍射，只有散射效应。

6.3　晶体的对称性与晶系

自然界不论是宏观物体还是微观粒子，普遍存在着对称性。晶莹的雪花、美丽的花朵、艳丽的蝴蝶都具有对称性，人体也具有对称性。地下的矿物，如水晶、钻石、闪锌矿……也都具有对称性①。微观粒子如水分子、苯分子以及所有分子都具有对称性。对称性显示出物体的匀称和完美，为人们所喜爱和追求，因而设计师设计的宏伟建筑如天安门、人民大会堂、长江大桥……都呈现出对称性。

本节主要介绍晶体的宏观对称性，包括旋转轴、对称面和对称中心等，以及晶体宏观对称性与晶系的关系。

6.3.1　晶体的宏观对称性

晶体宏观对称性有旋转轴（也称对称轴）、对称面（也称镜面）和对称中心，分别介绍如下。

---

①　唐有祺. 漫谈对称性. 大学化学，1987(1)：1

旋转轴　旋转轴是对称元素,绕旋转轴可做旋转操作。n 次旋转轴记为 n,$n=\frac{2\pi}{\alpha}$,α 称为基转角。例如 NaCl 晶体的外形是立方体,立方体对应面中心联线方向有 4 次旋转轴,绕此轴每旋转 90°后,晶体形状不变;立方体对角线联线方向有 3 次旋转轴,绕此轴每旋转 120°后,晶体形状不变;立方体对应棱边中心联线方向有 2 次旋转轴,绕此轴每旋转 180°,晶体形状不变。图 6-4 示出这 3 种旋转轴。可以证明在晶体宏观外形中存在的旋转轴有 1,2,3,4 和 6 次旋转轴 5 种,不存在 5 次轴和大于 6 次的旋转轴。

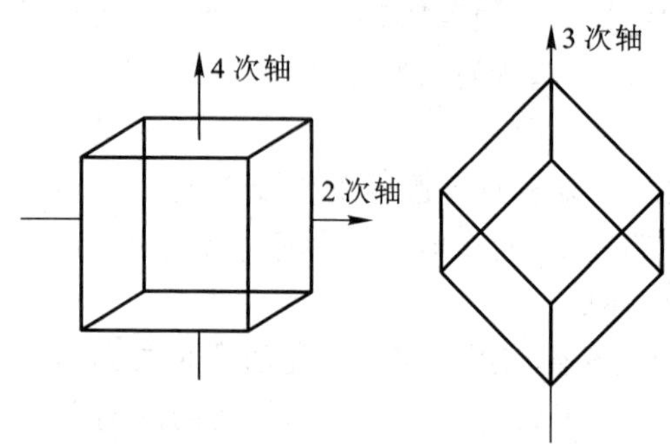

图 6-4　晶体中的 2,3,4 次轴

对称面　对称面是对称元素,对称面也称镜面,常用 m 表示。凭借对称面可以做反映操作,如同物体与镜子中的像是反映关系。人的双手手心相对,平行放置,左右手就互为镜像。许多晶体中存在对称面,NaCl 晶体有 9 个对称面。

对称中心　对称中心也是对称元素,常用 i 表示。通过对称中心可以做倒反操作。例如人的双手手心相对,逆平行放置,此时左右手构成倒反关系。图 6-1 所示的 NaCl 晶胞中,在体心位置存在对称中心。因此晶胞中任意一个原子与对称中心相连,在反方向等距离处必存在同样的原子。晶体有无对称中心对晶体的性质有较大的影响。

凭借上述三种对称元素所做的对称操作都是简单操作,如果连续做两个简单操作就成为复合操作。旋转倒反操作是复合操作,与它对应的对称元素称为反轴,记为$\bar{n}$。与旋转轴一样,反轴$\bar{n}$也只有$\bar{1}$,$\bar{2}$,$\bar{3}$,$\bar{4}$和$\bar{6}$五种,但唯有$\bar{4}$是独立存在的,它不能由其他对称元素组合得到。

综上所述,在晶体外形独立存在的宏观对称元素有 8 种:1,2,3,4,6,$\bar{4}$,m,i。这 8 种独立对称元素之间还可以组合,得到 32 种宏观对称类型,称为 32 种晶体学点群。

6.3.2　7 个晶系

自然界存在的晶体和人工培养的晶体有千万种,但按照晶体宏观对称性可将它们分为 7 类,称为 7 个晶系。每个晶体有多种对称元素,如 NaCl 晶体有 4 个 3 次轴、3 个 4 次轴、6 个 2 次轴、9 个对称面和 1 个对称中心。在众多的对称元素中,把对称性最高的叫做特征对称元素。晶系就是根据晶体的特征对称元素来划分的。凡晶体中有 4 个 3 次轴的归为立方晶系,立方晶系的对称性最高。其次是六方晶系,晶体中有一个 6 次轴是六方晶系的特征对称元素。表 6-2 列出七个晶系及其相应的特征对称元素。若要判断一个晶体属何种晶系,先要找出该晶体存在的全部对称元素,然后按照表 6-1 所示的顺序,根据特征对称元素就可找到归属。

表 6-1　7 个晶系及其特征对称元素

晶　系	特　征　对　称　元　素
立方晶系	4 个 3 次轴
六方晶系	1 个 6 次轴
四方晶系	1 个 4 次轴
三方晶系	1 个 3 次轴
正交晶系	3 个互相垂直 2 次轴,或 2 个互相垂直对称面
单斜晶系	1 个 2 次轴,或 1 个对称面
三斜晶系	无

6.4　晶体材料

晶体的对称性对晶体的性质有重大影响,如非中心对称的晶体可能有对映体、旋光性、热电效应、铁电效应、压电效应和非线性光学效应等,因此非中心对称的晶体成为这类晶体材料的主要来源。本节通过实例介绍几种有代表性的晶体材料。

6.4.1　石英晶体与压电材料

压电效应　把晶体切成薄片,薄片受压后在两个面上分别产生正电荷和负电荷,这就是晶体的压电效应。什么样的晶体才会产生压电效应呢?从实验事实可知,既然晶体薄片加压后两个面上带有相反的电荷,就说明这种晶体一定没有对称中心,没有对称中心的晶体叫做非中心对称晶体。只有非中心对称晶体可能有压电效应,因此利用压电效应可以帮助我们判断晶体的对称性。

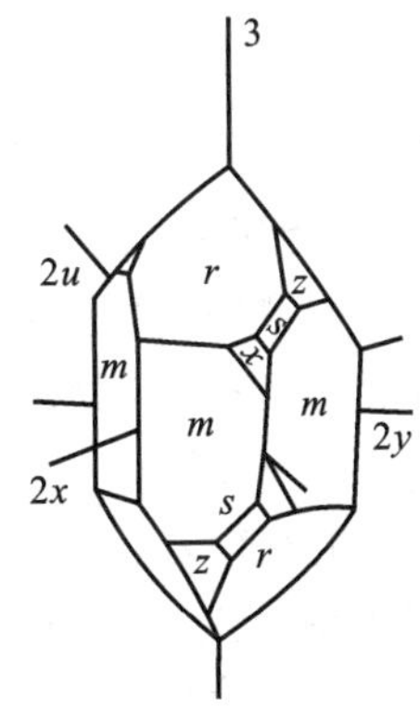

图 6-5　石英晶体

图 6-5 示出石英晶体的形状,并标出了石英晶体的对称元素。它有 1 个 3 次轴,有 3 个 2 次轴垂直 3 次轴,没有对称中心,所以石英是非中心对称晶体,是很好的压电材料。石英晶体具有压电效

应，把石英晶体切成薄片，石英片可以取代钟表中的摆和游丝。

6.4.2　钛酸钡晶体与非线性光学材料

非线性光学效应　在传统的线性光学范围内，一束光通过晶体后，光的频率不会改变。然而当光通过某种晶体后产生频率为入射光两倍的光，则将这种现象称为非线性光学效应。产生非线性光学效应的晶体叫非线性光学晶体。这种晶体必须是非中心对称晶体。

钛酸钡晶体　钛酸钡的化学式为 $BaTiO_3$，高温时它的晶体是立方晶系，图 6-6 示出 $BaTiO_3$ 立方晶体的一个晶胞。晶胞中只有一个分子，Ba 原子位于体心位置，Ti 原子处于顶角，O 原子处于棱边。从图中可看到，立方晶胞的顶角有 TiO_6 八面体基团。立方 $BaTiO_3$ 晶体有对称中心，因此没有非线性光学性能。当温度降低时，TiO_6 八面体基团发生畸变，基团中的 Ti 沿 4 次轴相对 O 原子移动 12 pm，Ba 也在同方向移动 6 pm，O 原子也偏离了正八面体。此时晶体转变为四方晶系，没有对称中心，四方 $BaTiO_3$ 是非线性光学晶体，它能对高强度的激光光源进行调频、调相等技术处理。四方 $BaTiO_3$ 还是优良的压电、铁电、电光等重要功能晶体材料。

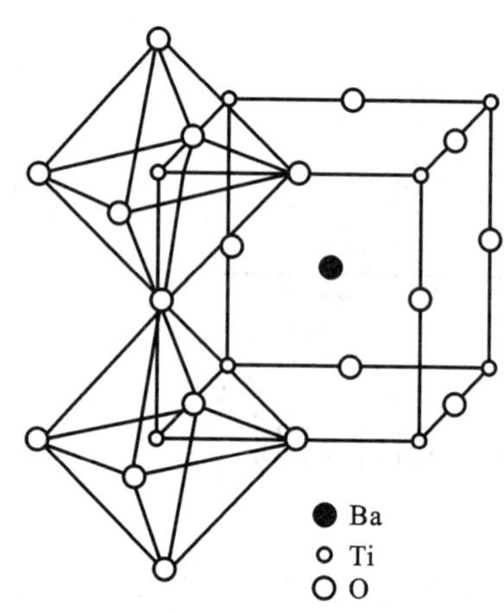

图 6-6　$BaTiO_3$ 晶体的结构

6.4.3　BGO 晶体材料

BGO 是化合物锗酸铋 $Bi_4Ge_3O_{12}$ 的简称。BGO① 晶体无色透明，在光和 X 射线辐照下，BGO 在室温下有很强的发光性质，是性能优异的新一代闪烁晶体材料，可用于探测 X 射线、γ 射线、正电子和带电粒子等，在高能物理、核物理、核医学、核工业和石油勘探等方面有广泛的应用。诺贝尔奖获得者、著名的实验高能物理学家丁肇中教授在西欧研究中心领导进行

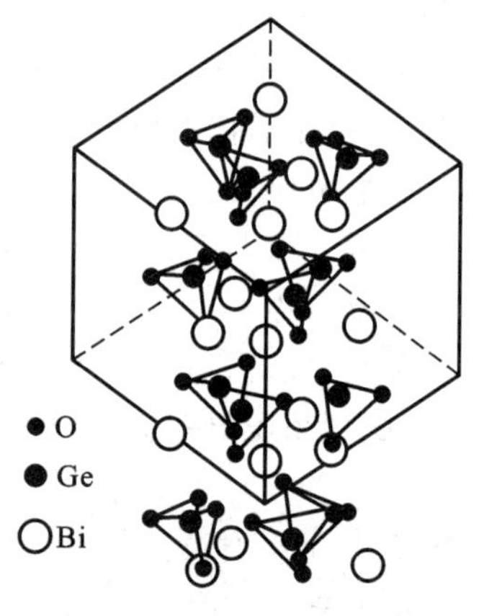

图 6-7　BGO 的晶体结构

① 范世𫐓. 高技术晶体材料——BGO. 大学化学，1988(2)：13

了一项大规模的科学实验，模拟宇宙初开时大爆炸过程，所需的 11 吨 BGO 晶体，就是中科院上海硅酸盐研究所提供的。

BGO 晶体属立方晶系，晶胞中有 4 个 $Bi_4Ge_3O_{12}$ 分子。Bi^{+3} 周围有 6 个 GeO_4 四面体，图 6-7 示出 BGO 的晶体结构。作为闪烁晶体材料，对 BGO 晶体的纯度要求极高。如果起始原料中包含高于千万分之几的杂质，如 Fe，Pb，Cr，Mn 等，BGO 晶体在光和 X 射线辐照下就会变成棕色，形成辐照损伤，它的探测性能就明显下降。因此，生长 BGO 晶体需要用高纯（99.999%）的 Bi_2O_3 和 GeO_2 作原料，并且要严格地按化学计量比（Bi_2O_3 ∶ GeO_2 = 2 ∶ 3）配料，还要长时间保持稳定的温度。上海硅酸盐研究所曾培养出长 25cm，质量为 5kg 的 BGO 大晶体。

6.5 晶体缺陷

所谓**理想晶体**是指晶体中的原子、分子完全按照严格的周期性重复排列得到的晶体，晶体中所有的晶胞都是等同的。而在实际晶体中或多或少总会存在空位、位错、杂质原子等缺陷，这些因素促使实际晶体偏离理想的周期性重复排列，人们称之为**晶体缺陷**。对晶体材料来说，晶体缺陷非常重要。上节介绍的 BGO 晶体，存在千万分之几的杂质原子就会对闪烁晶体材料的性能产生重大影响。又如半导体材料单晶硅和单晶锗，杂质含量要求小于 10^{-9}。因此人们千方百计设法克服晶体缺陷来满足要求。这两个例子似乎在说，晶体缺陷是件坏事，是需要克服消除的。其实不然，有的晶体材料需要克服晶体缺陷，更多的晶体材料需要人们有计划、有目的地制造晶体缺陷。因为晶体缺陷能影响晶体的性质，在晶体中有计划地制造种种缺陷，就可使晶体的性质产生各种各样的变化，以此造就各种性能的晶体材料来满足五彩缤纷的物质世界的需要。下面举例说明。

ZnS 晶体与蓝色荧光粉 蓝色荧光粉的主要原料是硫化锌（ZnS）晶体，它是白色的。如果往 ZnS 晶体中掺入大约 0.0001% 的氯化银（AgCl）时，Ag^+ 和 Cl^- 分别占据 ZnS 晶体中 Zn^{2+} 和 S^{2-} 的位置，造成晶体缺陷，破坏了 ZnS 晶体周期性结构，使得杂质原子周围的电子能级与 Zn^{2+} 和 S^{2-} 周围的不同。这种掺杂的 ZnS 晶体，在阴极射线激发下，放出波长为 450 nm 的荧光，可做彩色电视荧光屏中的蓝色荧光粉。

单晶硅、锗和信息材料 高纯的单晶硅、单晶锗都是很好的半导体材料，但如果掺杂后得到的掺杂半导体，其性能受掺杂的种类和数量控制，应用更为广泛。

（1）P 型半导体　单晶硅是金刚石型结构，每个 Si 原子的配位数为 4，形成 4 个 Si—Si 单键，所以每个 Si 原子的外层有 8 个电子。如果往单晶硅中掺杂质 Ga（镓），由于 Ga 原子价层只有 3 个价电子，当它取代了硅原子的位置后，Ga 原子外层只有 7 个电子，其中有一个 Ga—Si 键只有一个电子，即产生了一个空穴，如图 6-8(a)所示。相邻的 Si 原子价层上电子可移动到空穴，而又留下一个空穴，这相当于空穴在移动。这种由空穴迁移导电的称为 *P* 型半导体。

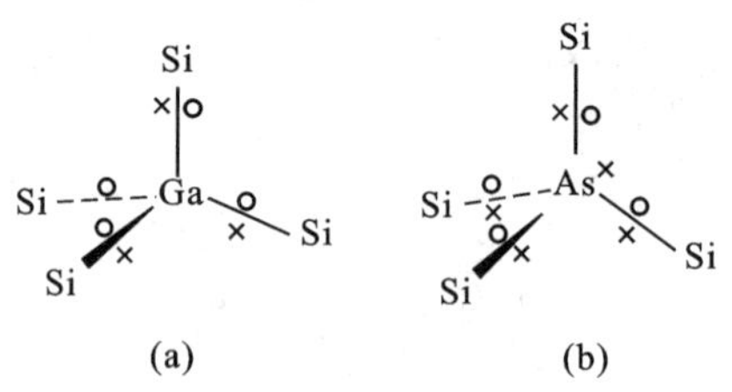

图 6-8　*P* 型和 *N* 型半导体示意图
（a）Ga 掺杂 Si 形成 *P* 型半导体
（b）As 掺杂 Si 形成 *N* 型半导体

（2）N 型半导体　若在单晶硅中掺杂质 As（砷），由于 As 原子外层有 5 个价电子，当它取代硅原子位置后，成键的 As 原子外层就有 9 个价电子，见图 6-8(b)，多出的一个电子可以激发到导带而导电。这类由电子移动导电的称为 *N* 型半导体。

（3）P-N 结　单晶硅和单晶锗都可通过掺杂形成 P 型和 N 型半导体。若将单晶硅的一端掺 Ga，而另一端掺 As，则掺 Ga 部分形成 P 型半导体，掺 As 部分形成 N 型半导体。N 型和 P 型半导体的结合处称为 P-N 结，它具有一种特殊的功能，使电流只能单向导通。所以 P-N 结就是一个整流器，它可将交流电转变为直流电，使电流从 P-N 结的 P 区流向 N 区。利用 P-N 结可以做成晶体管，P-N-P 或 N-P-N 晶体管都可以将光信号转变为电信号输出，并且还能把光电流放大。把许许多多的晶体管集成在硅芯片上，做成集成电路，它是现代计算机技术、通信技术、遥控技术、自动化技术的基础。

复　习　题

1. 写出 CsCl，NaCl 和金属 W 三种晶体的晶胞形式。
2. 晶体有哪些基本物性？
3. CsCl 和 NaCl 晶体中的配位数各是多少。
4. 晶体可分为几种晶系？写出它们的名称。

5. 写出 BGO 晶体的化学式，它属哪个晶系？有什么重要用途？

6. 举例说明什么是理想晶体和实际晶体？

第7章

无 机 材 料

无机材料包括金属材料和无机非金属材料(陶瓷材料)。本章先介绍一些材料科学发展概况,再具体介绍金属材料和陶瓷材料。

7.1 材料科学发展概况

材料发展的历史从生产力的侧面反映了人类社会发展的文明史,因此历史学家往往根据当时有代表性的材料将人类社会划分为**石器时代**、**青铜器时代**和**铁器时代**等。旧石器时代可追溯到公元前10万年左右。原始人采用天然的石、木、竹、骨等材料作为狩猎工具,但是生产效率非常低。公元前6000年,人类发明了火,掌握了钻木取火的技术。有了火,不仅可以熟食、取暖、照明和驱兽,还可以烧制陶器。陶瓷材料的发明和应用,创造了新石器时代的仰韶文化,后来在制陶技术的基础上又发明了瓷器。这是陶瓷材料发展的一次飞跃,瓷器(英译名为China)的出现已成为中华民族文化的象征之一,对世界文化产生过深远的影响。

人们在大量地烧制陶瓷的实践中,熟练地掌握了高温加工技术,利用这种技术来烧炼矿石,逐渐冶炼出铜及其合金青铜。可以说这是人类社会最早出现的金属材料,它使人类社会从新石器时代转入到青铜器时代。我国出土的大量古代青铜器表明,中国历史上曾有过灿烂的青铜文化,仅由1965年在湖北望山一号楚墓中出土的2500年前越王勾践的宝剑和青铜编钟来看,当时青铜器生产工艺已达到了很高的水平。

炼铜技术发展为炼铁应是顺理成章的事。用铁作为材料来制造农具,使农业生产力得到空前的提高,并促使奴隶社会解体和封建社会兴起。铁在农业上的广泛应用,推动了以农业为中心的科学技术日益进步。我国从公元前3世纪起,即秦汉时代起就进入农业经济发达社会,到了唐宋时代,经济繁荣,科学文化发达,社会安定,国泰民安,处于盛世,形成了我国封建社会的科学文化高峰。正如英国李约瑟博士所说的:“在3~13世纪,中国保持一个让西方人望尘莫及的科学知识水平”。

18 世纪发明了蒸汽机，爆发了产业革命，小作坊式的手工操作被工厂的机械操作所代替。工业迅猛发展，生产力空前提高，迫切要求发展铁路、航运，使生产出来的产品远销他国，占据国际市场。社会经济的发展推动和促进了以钢铁为中心的金属材料大规模发展，有力地摧毁了封建社会的生产方式，萌发了资本主义社会。

第二次世界大战后各国致力于恢复经济，发展工农业生产，对材料提出质量轻、强度高、价格低等一系列新的要求。具有优异性能的工程塑料部分地代替了金属材料，合成纤维、合成橡胶、涂料和胶粘剂等都得到相应的发展和应用。合成高分子材料的问世是材料发展中的重大突破，从此以金属材料、陶瓷材料和合成高分子材料为主体，建立了完整的材料体系，形成了材料科学。

进入 20 世纪 80 年代以来，在世界范围内高新技术迅猛发展，国际上展开激烈的竞争，各国都想在生物技术、信息技术、空间技术、能源技术、海洋技术等领域占有一席之地。发展高新技术的关键往往与材料有关，因此新型材料的开发本身就成为一种高新技术，可称为新材料技术，其标志技术是材料设计或分子设计，即根据需要来设计具有特定功能的新材料。材料的重要性已被人们充分地认识，能源、信息和材料已被公认为当今社会发展的三大支柱。

科学技术的发展对材料不断提出新的要求。以计算机技术为例，1946 年世界上第一台电子数字计算机 ENIAC 问世时，它是用 18 000 只电子管组装而成的，计算机总质量达 30 多吨，占地 150 m^2，耗电几百千瓦，但它所完成计算的速度还不如今天的一台微型计算器。因为那时用的是电子管，后来发展了半导体材料，并制成了晶体管。用半导体晶体管代替电子管，使计算机技术跨进了一大步。为了使计算机体积小、质量轻，人们把许多晶体管和连线集成在硅基片上，出现了所谓集成电路。集成电路不仅是计算机技术的基础，也是现代社会中通讯、电视、遥控等微电子技术的基础。

集成电路技术发展很快，标志集成电路水平的指标之一是集成度，它表明在硅基片（也称芯片）上容纳的晶体管的数目。现在最大规模的集成电路，每个芯片上的晶体管数目已达到 550 万个（Pentium PRO 1995），因而对单晶硅材料的纯度要求日益提高。集成电路的集成度规模直接影响计算机运算速度和内存容量，例如计算机内存容量为 64 K，则要求集成电路在 7 mm^2 大小的芯片上连接 10 万个晶体管，晶体管之间用线宽为 3 μm 的布线互相连接起来。在制作这么微小的电路时，即使有一粒尘埃落到芯片上，也可能引起断路，因此要求作为集成电路的硅芯片材料应是超高纯的，这就促使人们去研制超高纯半导体材料。没有超高纯半导体材料，大规模集成电路及相应的计算机技术难以实现。

目前人们正在探索实现三维集成电路的可能性，设想在硅芯片上的二维集成电路向空间发展，成为三维立体结构，期望集成度可能有新的突破，但对半导体材料的要求也越来越苛刻。

化学是材料发展的源泉　化学是在原子、分子水平上研究物质的组成、结构、性能、变化及应用的学科。经过数百年的努力，化学家开发出许多存在于自然界中的人工天然化合物和合成了大量自然界中不存在的合成化合物，两者的总和已超过一千万种，1991 年已达到 1 200 万种，而且还在以平均每天增加 7 000 多种的速度递增着。这 1 000 多万种天然和合成化合物构成了当今五彩缤纷物质世界的物质基础。人类的衣、食、住、行以及工业、农业、医药、卫生、环境等各行各业都需要化学物质的支持，因此人们称化学是一门中心科学，它与社会各方面的物质需要密切相关。

所谓材料是指人类利用化合物的某些功能来制作物件时用的化学物质。目前传统材料有几十万种，而新合成的材料每年大约以 5% 的速度在增加。因此可以毫不夸张地说，化学是材料发展的源泉，也可以说，材料科学的发展为化学研究开辟了一个新的领域。高分子化学与高分子材料的发展是最明显不过的例子。二次大战后高分子化学蓬勃发展为高分子材料的发展打下了基础，合成出各种工程塑料、合成纤维、合成橡胶、涂料和胶粘剂等。为了适应社会经济和高技术发展的需要，对研制具有特殊性能的功能高分子材料甚为迫切，这对高分子化学提出了新的要求，促进了高分子化学的发展。化学与材料科学保持着相互依存、相互促进的关系。

材料可按不同的方法分类。

若按用途分类，可将材料分为结构材料和功能材料两大类。**结构材料**主要是利用材料的力学和理、化性质，广泛应用于机械制造、工程建设、交通运输和能源等各个工业部门。**功能材料**则利用材料的热、光、电、磁等性能，用于电子、激光、通讯、能源和生物工程等许多高新技术领域。功能材料的最新发展是智能材料，它具有环境判断功能、自我修复功能和时间轴功能，人们称智能材料是 21 世纪的材料。

若按材料的成分和特性分类，可分为金属材料、陶瓷材料、高分子材料和复合材料。

金属材料又分为黑色金属材料和有色金属材料。黑色金属材料通常包括铁、锰、铬以及它们的合金，是应用最广的金属结构材料。除黑色金属以外的其他各种金属及其合金都称为有色金属。有色金属品种繁多，又可分为轻金属、重金属、高熔点金属、稀土金属、稀散金属和贵金属等。纯金属的强度较低，工业上用的金属材料大多是由两种或两种以上金属经高温熔融后冷却得到的合金。例如由铜和锡组成的青铜，铝、铜和镁组成的硬铝等都是合金。合金也可以由金属元素和非金属元素组成,如碳钢是由铁和碳组成的合金。合金的性能一般都优于纯金属。为了发展航空、火箭、宇航、舰艇、能源等新兴工业,需要研制具有特殊性能的金属结构材料,因此金属材料发展的重点是研制新型金属材料。

陶瓷材料是人类应用最早的材料。传统的陶瓷材料是以硅和铝的氧化物为主的硅酸盐材料,新近发展起来的特种陶瓷或称精细陶瓷,成分扩展到纯的氧化物、碳化物、氮化物和硅化物等,因此可称为无机非金属材料。

高分子材料是一类合成材料,主要有塑料、合成纤维和合成橡胶,此外还有涂料和胶粘剂等。这类材料有优异的性能,如较高的强度、优良的塑性、耐腐蚀、不导电等,发展速度较快,已部分地取代了金属材料。合成具有特殊性能的功能高分子材料是高分子材料的发展方向。

复合材料是由金属材料、陶瓷材料和高分子材料复合组成的。复合材料的强度、刚度和耐腐蚀等性能比单一材料更为优越,是一类具有广阔发展前景的新型材料。

也可把材料分为传统材料和新型材料,**传统材料**是指生产工艺已经成熟,并已投入工业生产的材料。**新型材料**是指新发展或正在发展的具有特殊功能的材料,如高温超导材料、工程陶瓷、功能高分子材料等。这些新型材料的特点是:

(1) 新型材料是根据社会的需要,在人们已经掌握了物质结构及其变化规律的基础上,进行设计、研究、试验、合成生产出来的合成材料。新型材料具有特殊的性能,能满足尖端技术和设备制造的需要。例如能在接近极限条件下使用的超高温、超高压、极低压、耐腐蚀、耐摩擦等材料。

(2) 新型材料的研制是多学科综合研究的成果。它要求以先进的科学技术为基础,往往涉及到物理、化学、冶金等多个学科。如果没有各种学科最新研究成果的支持,新型材料的设计和研制是不可能的。

(3) 新型材料从设计到生产,需要专门的、复杂的设备和技术,它自身形成了一个独特的领域,称为新材料技术。新材料技术在高新技术领域中占有特殊的地位,成为实现高技术的物质基础。

7.2 金属材料

金属材料的发展有悠久的历史,人类在很早以前就懂得使用铜和铜合金,后来发展到铁和铁合金。产业革命后钢铁的大规模发展和应用,使金属在材料中占了绝对优势。第二次世界大战后,随着合成高分子材料、无机非金属材料和各种复合材料的发展,部分取代了金属材料,极大地冲击了金属材料的主导地位。尽管如此,金属材料在一个国家的国民经济中仍占有举足轻重的位置,原因是金属材料的资源比较丰富,已积累有一整套相当成熟的生产技术,有组织大规模生产的经验,产品质量稳定,价格低廉、性能优异。例如金属材料的模量比高分子材料高,韧性比陶瓷材料高,还具有导电性和磁性等。此外,金属材料自身还在不断发展,传统的钢铁工业在冶炼、浇铸、加工和热处理等方面不断出现新工艺。新型的金属材料如高温合金、形状记忆合金、贮氢合金、永磁合金、非晶态合金等相继问世。因此在发展中国家,金属材料仍然占有材料工业的主导地位,如中国年产钢铁已超过 1 亿万吨。

7.2.1 金属键和纯金属的晶体结构

元素周期系中 80 多种金属元素。金属具有金属光泽、传热、导电性和延展性。延性是指金属能被拉伸成金属丝,展性是指金属能被捶打展成金属薄片。金属具有优异的机械性能,可被加工成各种材料,广泛应用于国民经济的各个部门。

金属的优异性能来源于金属内部的结构。金属内部结构是由金属原子作规整的周期性排列。由于金属原子的电离能和电负性都比较小,最外层的价电子容易脱离原子的束缚而在金属中自由地运动,这种电子被称为自由电子。金属原子失去了价电子后成为金属正离子,周期性排列的金属正离子在自由电子的氛围中,两者紧密地胶合在一起,形成金属晶体。

金属的一般性质与自由电子的存在密切相关。由于自由电子可以吸收各种波长的可见光,随即又发射出来,因而使金属具有光泽,不透明;自由电子可以在整块金属内自由运动,所以金属的导电性和传热性都非常好;金属键没有方向性和饱和性,金属原子以高配位的密堆积方式排列,密置层之间可以滑动,使金属有优异的延展性。

实际上整块金属可以看做一个巨大的分子,例如一块金属钠是由 N 个钠原子形成的巨大分子,N 数值很大(6.02×10^{23})。Na 原子的电子层结构为 $1s^22s^22p^63s^1$,N 个 Na 原子中能量相同的原子轨道通过线性组合,形成 N 个分子轨道,分子轨道的能级非常接近,能级间隙极小,所以 N 个分子轨道能级形成一个能带。金属 Na 中有 1s 能带、2s

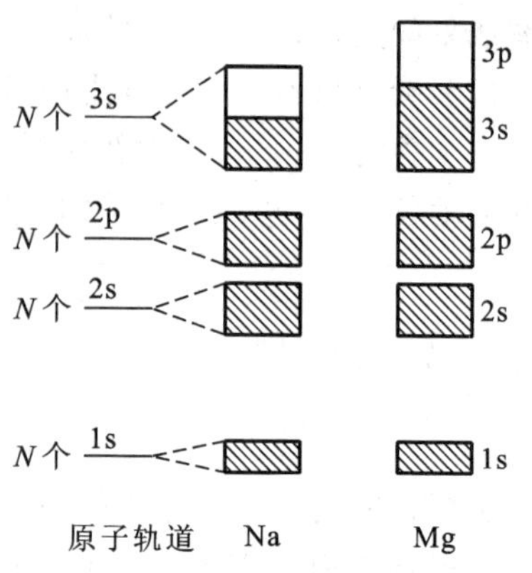

图 7-1 Na 和 Mg 的能带结构示意图

能带、2p 能带和 3s 能带。内层原子轨道形成较窄的能带，外层原子轨道形成的能带较宽。各个能带按能量高低排列起来，成为能带结构。图7-1为金属 Na 和 Mg 的能带结构示意图。已填满电子的能带叫**满带**，没有电子的能带叫**空带**，尚未填满电子的能带叫**导带**。金属 Na 中 1s,2s,2p 能带是满带，3s 能带是导带。具有导带的金属能导电。金属 Mg 的 3s 能带是满带，似乎不能导电，但从图 7-1 中看到，金属 Mg 的 3s 能带与 3p 能带有交叠，所以还是可以导电。

绝缘体的能带结构有满带和空带，满带和空带之间的能量间隙 $E_g \geq$ 5 eV，故不能导电。半导体的能带结构与绝缘体类似，也只有满带和空带，但能量间隙 E_g<3 eV，电子容易从满带被激发到空带，此时，空带得到了电子变为导带，满带失去了部分电子，产生了空穴，也成了导带，所以可以导电。例如 Si 的能量间隙（也称禁带宽度）为 1.1 eV，Ge 为 0.72 eV，GaAs 为 1.4 eV。图 7-2为导体、绝缘体和半导体的能带结构特点示意图。

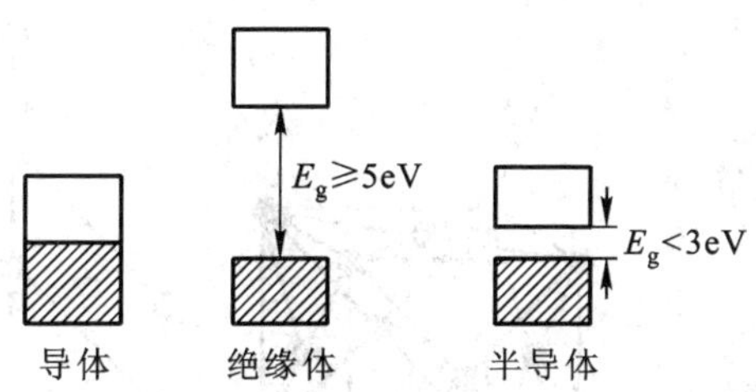

图 7-2　导体、绝缘体和半导体的能带结构特点

研究纯金属的结构，最简单的是用球密堆积的模型。设想金属原子都是刚性圆球，则在一个平面上，等径圆球最紧密的排列只有一种方式，即每个圆球的周围与 6 个圆球相邻接，并出现 6 个三角形空隙，这样的一层称为密置层，如图 7-3(a)所示，而 7-3(b)则为非密置层。

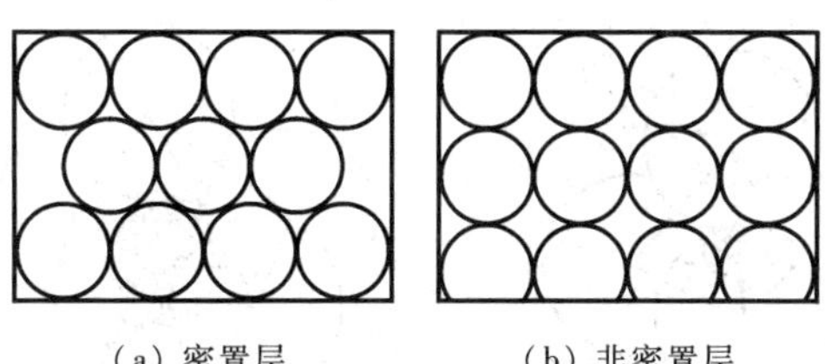

(a) 密置层　　(b) 非密置层

图 7-3　金属原子堆积模型

六方最密堆积　有两个密置层，分别记为 A 和 B。A 和 B 怎样堆积才是最紧密呢？把 B 层的圆球放在 A 层的空隙上，则 A,B 两层的相对位置错开了 60 度。然后按 AB|AB|…

重复堆积。这种堆积称为六方最密堆积，见图7-4，从这种最密堆积中可取出一个六方晶胞。六方最密堆积也称为A3型堆积。

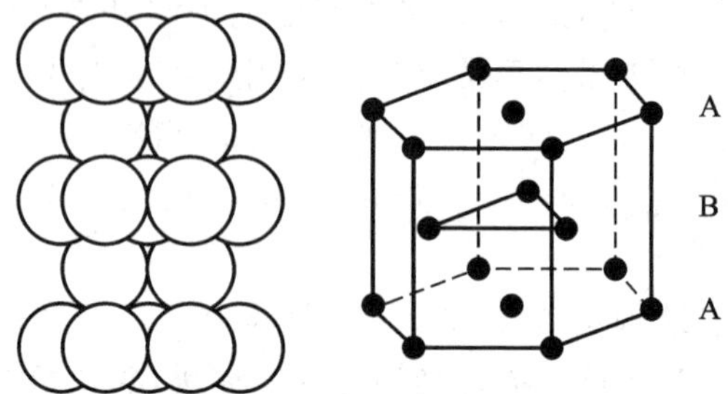

图7-4　六方最密堆积

立方最密堆积　有3个密置层，分别记为A，B，C。A，B两层按上述方式堆积好以后，C层位置既不同于A，也不同于B，构成ABC|ABC|…重复堆积。这种堆积称为立方最密堆积，可从中取出一个面心立方晶胞，也称A1型堆积。图7-5为立方最密堆积示意图。

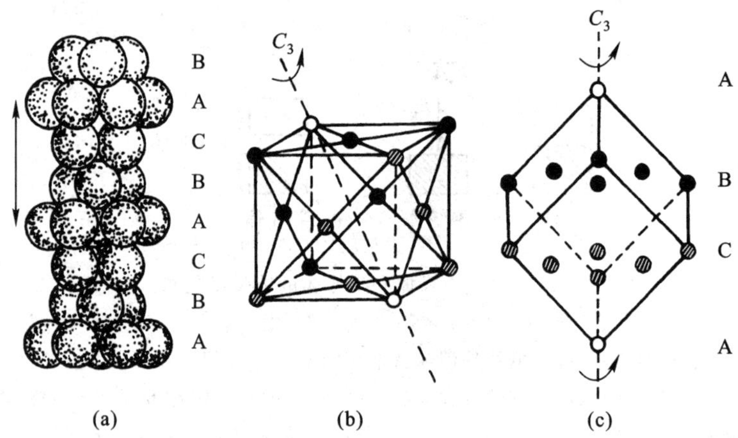

图7-5　立方最密堆积

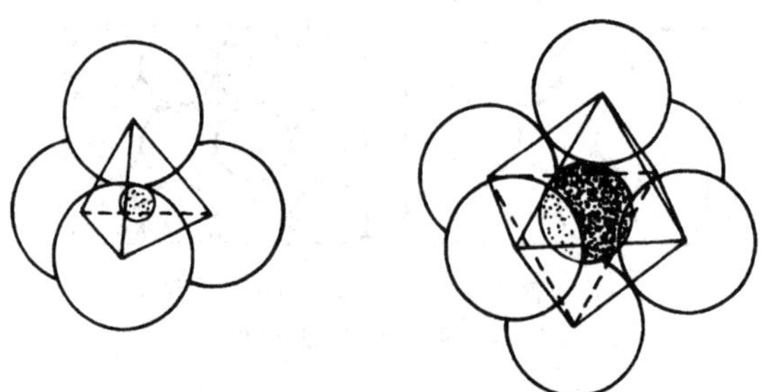

图7-6　四面体和八面体空隙

在一个密置层中只有三角形空隙，当两个密置层堆积起来后，原来的三角形空隙变为四面体空隙或八面体空隙，如图 7-6 所示。

A1 和 A3 型堆积是等径圆球堆积得最紧密的两种形式，它们的堆积密度均为 74.05%，配位数 12，这是两种最重要的堆积方式。

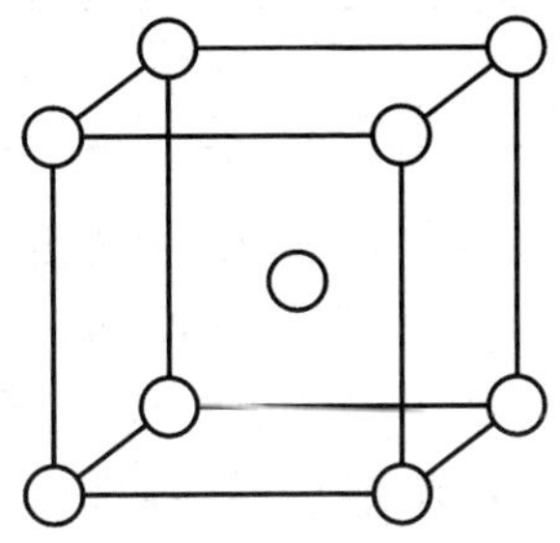

图 7-7 体心立方堆积

体心立方堆积 图 7-7 示出体心立方堆积，记为 A2 型堆积，它不是密置层的堆积，堆积密度比 A1，A3 型低，只有 68.02%。

自然界中有 80 多种金属元素，经实验测定它们的单质结构大多数为 A1，A2 和 A3 三种结构形式，因为这三种结构是密堆积，所以是稳定结构。表 7-1 示出金属单质的结构。

表 7-1 金属单质的结构形式和金属原子半径（单位：pm）

Li	**Be**														
A2	A3														
152.0	111.2														
Na	**Mg**											**Al**			
A2	A3											A1			
185.8	159.9											143.2			
K	**Ca**	**Sc**	**Ti**	**V**	**Cr**	**Mn**	**Fe**	**Co**	**Ni**	**Cu**	**Zn**	**Ga**	**Ge**		
A2	A1	A3	A3	A2	A2	A12	A2	A3	A1	A1	A3	A11	A4		
227.2	197.4	162.8	144.8	131.1	124.9	136.6	124.1	125.3	124.6	127.8	133.3	123.3	122.5		
Rb	**Sr**	**Y**	**Zr**	**Nb**	**Mo**	**Tc**	**Ru**	**Rh**	**Pd**	**Ag**	**Cd**	**In**	**Sn**	**Sb**	
A2	A1	A3	A3	A2	A2	A3	A3	A1	A1	A1	A3	A6	A4	A7	
247.5	215.2	179.8	158.3	142.9	136.3	135.2	132.5	134.5	137.6	144.5	149.0	162.6	140.5	145.0	
Cs	**Ba**	**La**	**Hf**	**Ta**	**W**	**Re**	**Os**	**Ir**	**Pt**	**Au**	**Hg**	**Tl**	**Pb**	**Bi**	**Po**
A2	A2	A3*	A3	A2	A2	A3	A3	A1	A1	A1	A10	A3	A1	A7	C-1
266.2	217.4	187.3	156.4	143	137.1	137.1	133.8	135.7	138.8	144.2	150	170.4	175.0	154.8	167.3
	Ce	**Pr**	**Nd**	**Pm**	**Sm**	**Eu**	**Gd**	**Tb**	**Dy**	**Ho**	**Er**	**Tm**	**Yb**	**Lu**	
	A1	A3*	A3*	A3*	A3*	A2	A3	A3	A3	A3	A3	A3	A1	A3	
	182.5	182.5	181.4	181	179.4	199.5	178.6	176.3	175.2	174.3	173.4	172.4	194.0	172.7	
	Ac	**Th**	**Pa**	**U**	**Np**	**Pu**	**Am**	**Cm**	**Bk**	**Ra**					
	A1	A1	A6	O-4	O-8	M-16	A3*	A3*	A3*	A2					
	187.8	179.8	160.6	138.5	131	151.3	173	155	170.3	222.9					

7.2.2 钢铁

地壳中部分元素的含量（也称丰度）按质量分数表示如下页表。铁排列第 4，说明地壳中铁的资源是比较丰富的。地壳中铁主要以氧化物、硫化物和碳酸盐形式存在。重要的矿石有赤铁矿（Fe_2O_3）、磁铁矿（$FeO \cdot Fe_2O_3$）、褐铁矿（$Fe_2O_3 \cdot 2Fe(OH)_3$）、菱铁矿（$FeCO_3$）和黄铁矿（FeS_2）等。

元素	O	Si	Al	Fe	Ca	Na	Mg	K
质量分数/%	46.4	28.15	8.23	5.63	4.15	2.36	2.33	2.09
元素	Ti	H	P	Mn	Cr	Ni	Cu	
质量分数/%	0.57	0.14	0.10	0.095	0.010	0.0075	0.0055	

欲将铁矿石中的铁提炼出来，可置铁矿石于高炉中冶炼，冶炼过程实为还原反应，以焦炭为还原剂，再加一些石灰石和二氧化硅等作助熔剂。冶炼时先将处于高炉下层的焦炭点燃，使其生成 CO_2，CO_2 与灼热的焦炭起反应生成 CO，反应可表示如下：

$$C + O_2 \longrightarrow CO_2$$

$$CO_2 + C \longrightarrow 2CO$$

一氧化碳气体能将铁矿石中的铁还原出来

$$Fe_2O_3 + 3CO \longrightarrow 2Fe + 3CO_2$$

由于炉中温度很高，还原出来的铁被熔化为铁水，铁水可从高炉中放出。因为在炉中铁水和碳接触，铁水中含碳量较高，约有 3% ~4%，这种铁称为**生铁**。生铁性脆，一般只能浇铸成型，又称铸铁。生铁中还含硫、磷、硅、镁等其他杂质。处于熔融状态的铁水，其中碳以 Fe_3C 的形式存在，待铁水慢慢冷却，Fe_3C 则分解为铁和石墨，此时的铁其断口呈灰色，故称**灰口铁**。若将熔融的铁水快速冷却，Fe_3C 来不及分解而保留下来，此时铁的断口呈白色，称**白口铁**。白口铁质硬且脆，不宜加工，一般用来炼钢。灰口铁柔软，有韧性，可以切削加工或浇铸零件。若在铁水中加入 0.05% 镁，使生铁中的碳变成球状，得到的是**球墨铸铁**。球墨铸铁可使灰口铁的强度提高一倍，塑性提高 20 倍，它具有高的强度、塑性、韧性和热加工性能，又保留了灰口铁易切削加工等优点。由于球墨铸铁的综合性能好，在工业上得到广泛应用。

从高炉冶炼得到的生铁，含铁约 95% 左右，要得到纯铁（含铁 99.9% 以上）可采用电解还原铁盐的方法。纯铁是银白色且有金属光泽，性软，有延展性，熔点为 1 535℃，沸点为 3 000℃。纯铁除了作为分析试剂外，其他用途很少。纯铁在室温下是体心立方结构，称为 α-Fe 。将纯铁加热，当温度到达 910℃时，由 α-Fe 转变为 γ-Fe，γ-Fe 是面心立方结构。继续升高温度，到达 1 390℃时，γ-Fe 转变为 δ-Fe，它的结构与 α-Fe 一样，是体心立方结构。纯铁随着温度增加，由一种结构转变为另一种结构，这种现象称为**相变**。发生结构转变时的温度称为相变温度。图7-8示出 Fe 的体心立方和面心立方两种结构。

钢铁是铁和碳的合金体系总称。其特点是强度高、价格便宜、应用广泛，钢铁约占金属材料产量的 90%，是世界上产量最大的金属材料。钢铁中含碳量大于 2.0% 的叫生铁，小于 0.02% 的叫纯铁，在这两者之间的称为钢。钢中含碳量小于 0.25% 的称低碳钢，介于 0.25% ~ 0.60% 的称中碳钢，大于 0.60% 的称高碳钢。

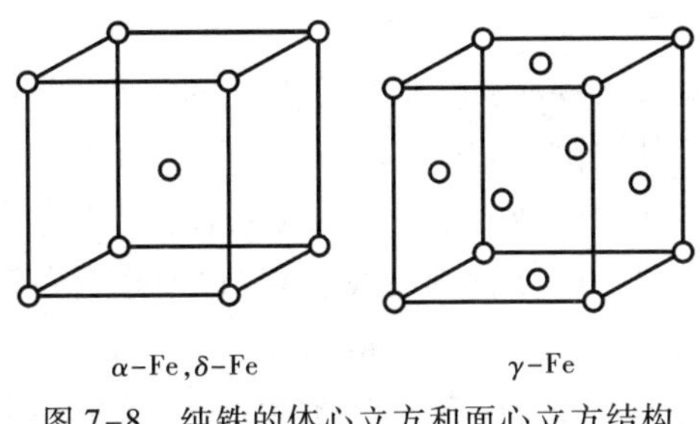

图 7-8　纯铁的体心立方和面心立方结构

所谓炼钢，其实质是控制生铁中的含碳量达到钢的要求，同时除去危害钢的性能的一些杂质，如 S，P 等。若想得到特殊性能的合金钢，当然还要加入一些其他金属。

金属间隙结构　金属单质结构大都采取 A1，A2 和 A3 三种结构形式，在这些结构中存在许多四面体和八面体空隙，使半径较小的非金属原子如硼、碳、氮、氢等可填入空隙中，形成金属间隙化合物或金属间隙固溶体，通称为金属间隙结构。在具有这类结构的物质中同时存在金属键和共价键，原子间结合得特别牢固，因此它们往往具有高强度、高熔点和高硬度等优异性能。

钢中铁和碳形成金属间隙结构。铁有 α-Fe，γ-Fe 和 δ-Fe 三种同素异构体，小的碳原子可填入它们的空隙中形成下列四种物相。

奥氏体　它是碳在 γ-Fe 中的间隙固溶体，碳原子占据八面体空隙，如图 7-9(a)所示。

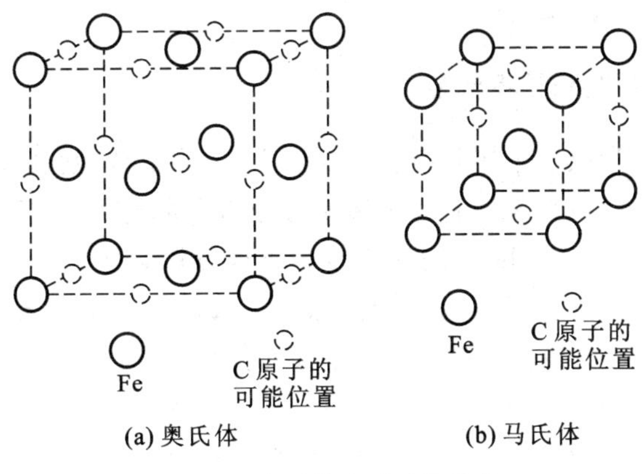

图 7-9　奥氏体和马氏体结构

铁素体 它是碳在 α-Fe 中的间隙固溶体，由于铁素体含碳量极微，与纯铁甚为相近。

渗碳体 它是铁和碳形成的化合物，化学式为 Fe_3C，含碳量 6.67%。渗碳体是硬而脆的化合物。

马氏体 它是碳在 α-Fe 中过饱和间隙固溶体，铁原子按体心四方分布，碳原子填入变形八面体空隙中，如图 7-9(b)所示。

钢铁的性能既与化学组成有关，也与钢中上述四种物相的相组成和分布有关。在炼钢过程中通过改变化学组成、调节和控制钢中的相组成及分布，可以获得人们所需要的钢材。

金属间隙结构不但对钢铁有意义，对其他金属也显得愈来愈重要。表 7-2列出了一些金属碳化物和氮化物，它们有很高的熔点和硬度，可以做很好的耐高温材料、高级磨料和切削刀具材料等。

表 7-2 一些金属间隙固溶体的性能

金属间隙固溶体	熔点/K	硬度
TiC	3 410	8 ~ 9
W_2C	3 130	9 ~ 10
NbC	3 770	9
TiN	3 220	8 ~ 9
ZrN	3 255	8

合金钢 根据人们的需要可以制备不同性能的合金钢，合金钢品种繁多，性能各异。如不锈钢，钢中加入一定量的铬，可提高钢的抗腐蚀性，不生锈；加入锰特别硬，称为锰钢。

7.2.3 铝合金和铝锂合金

金属材料分为黑色金属和有色金属两大类，除了铁、锰、铬之外，周期表中其他金属都归于有色金属。有色金属又可分为**轻金属**如 Li, Be, Mg, Al, Ti; **重金属**如 Cu, Zn, Cd, Hg, Pb; **高熔点金属或难熔金属**如 W, Mo, Zr, V; **稀土金属**如 La, Ce, Pr, Nd 等; **稀散金属**如 Ga, In, Ge; **贵金属**如 Au, Ag, Pt, Pd 等。但作为结构材料的有色金属，主要有铝合金、镁合金、铜合金、钛合金、镍合金和锌合金等。这方面的内容很多，本节主要介绍铝合金。

铝是自然界含量最多的金属元素，在地壳中以复硅酸盐形式存在。主要的矿石有铝土矿（$Al_2O_3 \cdot nH_2O$）、黏土［$H_2Al_2(SiO_4)_2H_2O$］、长石

($KAlSi_3O_8$)、云母[$H_2KAl_3(SiO_4)_3$]、冰晶石(Na_3AlF_6)等。

制备金属铝常用电解法。在矿石中铝和氧结合形成 Al_2O_3,它是非常稳定的化合物。在高温下对熔融的氧化铝进行电解,氧化铝被还原为金属铝并在阴极上析出,其反应如下:

$$2Al_2O_3 \xrightarrow{\text{电解}} 4Al+3O_2$$

熔融的金属铝冷却后成为铝锭。

铝是银白色金属,熔点为 659.8℃,沸点为 2 270℃,密度为 2.702 g·cm^{-3},仅为铁的三分之一。铝的导电、导热性好,可代替铜做导线。在大气中金属铝表面与氧作用形成一层致密的氧化膜保护层,所以有很好的抗蚀性。金属铝中铝原子是面心立方堆积,层与层之间可以滑动,因此铝有优良的延展性,可拉伸抽成丝,也可捶打成铝箔。铝的主要用途是做铝合金,大量用于航空工业、汽车工业及建筑业。

铝合金 金属铝的强度和弹性模量较低,硬度和耐磨性较差,不适宜制造承受大载荷及强烈磨损的构件。为了提高铝的强度,常加入一些其他元素,如镁、铜、锌、锰、硅等。这些元素与铝形成铝合金后,不但提高了强度,而且还具有良好的塑性和压力加工性能,如铝镁合金、铝锰合金。常见的铝铜镁合金称为硬铝,铝锌镁铜合金称为超硬铝。铝合金强度高、相对密度小、易成型,广泛用于飞机制造业。

铝锂合金 若把锂掺入铝中,就可生成铝锂合金。由于锂的密度比铝还低(0.535 g·cm^{-3}),如果加入 1% 锂,可使合金密度下降 3%,弹性模量提高 6%。近年来发展了一种铝锂合金,含锂 2% ~3%,这种铝锂合金比一般铝合金强度提高 20% ~24%,刚度提高 19% ~30%,相对密度降低到 2.5 ~2.6。因此用铝锂合金制造飞机,可使飞机质量减轻 15% ~20%,并能降低油耗和提高飞机性能。铝锂合金是很有发展前途的合金。

7.2.4 新型金属材料

新型金属材料种类繁多,它们都属合金。

形状记忆合金 形状记忆合金是一种新的功能金属材料,用这种合金做成的金属丝,即使将它揉成一团,但只要达到某个温度,它便能在瞬间恢复原来的形状。形状记忆合金为什么能具有这种不可思议的“记忆力”呢?目前的解释是因这类合金具有马氏体相变。凡是具有马氏体相变的合金,将它加热到相变温度时,就能从马氏体结构转变为奥氏体结构,完全恢复原来的形状。

最早研究成功的形状记忆合金是 Ni-Ti 合金,称为镍钛脑(Nitanon)。它的优点是可靠性强、功能好,但价格高。铜基形状记忆合金如 Cu-Zn-Al 和

Cu-Al-Ni,价格只有 Ni-Ti 合金的 10%,但可靠性差。铁基形状记忆合金刚性好,强度高,易加工,价格低,很有开发前途。表 7-3 列出一些形状记忆合金及其相变温度。

表 7-3　一些形状记忆合金及其相变温度

合　金　系	相变温度/℃	合　金　系	相变温度/℃
Ni-Ti	-50 ~ 80	Cu-Sn	-120 ~ -30
Ni-Al	-180 ~ 100	Cu-Zn	-180 ~ -10
Cu-Al-Ni	-140 ~ 100	Ag-Cd	-190 ~ -50
Cu-Al-Zn	-180 ~ 100	Au-Cd	30 ~ 100
Cu-Au-Zn	-190 ~ 40	In-Ti	60 ~ 100

形状记忆合金由于具有特殊的形状记忆功能,所以被广泛地用于卫星、航空、生物工程、医药、能源和自动化等方面。

形状记忆合金问世以来,引起人们极大的兴趣和关注,近年来发现在高分子材料、铁磁材料和超导材料中也存在形状记忆效应。对这类形状记忆材料的研究和开发,将促进机械、电子、自动控制、仪器仪表和机器人等相关学科的发展。

高温合金　涡轮叶片是飞机和航天飞机涡轮喷气发动机的关键部件,它在非常严酷的环境下运转。涡轮喷气发动机工作时,从大气中吸入空气,经压缩后在燃烧室与燃料混合燃烧,然后被压向涡轮。涡轮叶片和涡轮盘以每分钟上万转的速度高速旋转,燃气被喷向尾部并由喷筒喷出,从而产生强大的推力。在组成涡轮的零件中,叶片的工作温度最高,受力最复杂,也最容易损坏。因此极需新型高温合金材料来制造叶片。一般选用镍基和钴基高温合金作材料制造叶片,随着加工工艺和技术的不断进步,取得愈来愈好的效果。较早时采取多晶铸造工艺,让熔融的合金在铸型中逐渐冷却凝固,一开始就产生无数的晶粒,随着温度降低,晶粒不断长大,最后充满整个叶片。由于合金冷却时散热的方向未加控制,晶粒的长大是随意的,因此得到的晶粒形状接近球形,称为等轴晶,如图 7-10(a)所示。晶粒之间的界面称为晶界,通常晶界上容易出现杂质和缺陷,因此晶界是叶片中最薄弱的易破坏区,必须采取相应的技术措施净化晶界,提高晶界的结合强度。

(1) 柱晶合金　柱晶合金是采用定向凝固工艺来铸造涡轮叶片。当合金在铸型内冷却时,控制散热方向,使晶粒按预定的方向生长,这样得到的不是等轴晶,而是长条形的柱晶,如图 7-10(b)所示。柱晶涡轮叶片的最大特点是不存在横向晶界,当涡轮叶片高速旋转时,最大的离心应力与柱晶中的晶界平行,减少了晶界断裂的机会,从而提高了强度,使叶片的工作温度提高了约

50℃,喷气发动机的寿命提高了1倍。

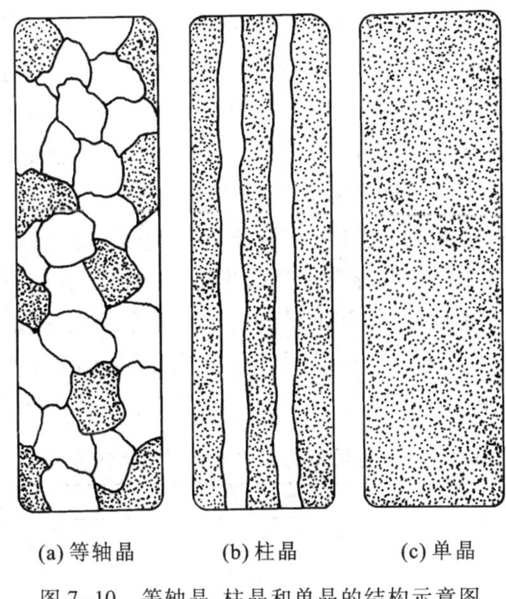

图 7-10 等轴晶、柱晶和单晶的结构示意图

(2) 单晶合金 柱晶合金仍存在晶界,只有单晶合金才能完全消除晶界的影响。单晶涡轮叶片铸造工艺是在定向凝固柱晶叶片铸造的基础上发展起来的。常用种晶法,即预先在铸型的底部植入一粒籽晶,当铸型内的熔融合金凝固时,控制散热方向,只允许籽晶长大,直到完全占有整个铸型空间。这当然要求合金有很高的纯度,铸型是非常洁净的,不能引进杂质,否则杂质可能成为晶核,造成多晶。用同一种高温合金材料,由于采用新工艺,单晶涡轮叶片使工作温度又提高了100℃以上,喷气发动机的寿命延长了4倍。

贮氢合金 氢是21世纪要开发的新能源之一。氢能源的优点是发热值高、没有污染和资源丰富。氢气燃烧将放出大量热能,其反应如下:

$$H_2+\frac{1}{2}O_2 \longrightarrow H_2O(l)+286\ kJ$$

每千克氢气燃烧产生的热能是煤的4倍以上。燃烧产物是水,没有任何污染气体产生。氢来源于水的分解,可以利用光能或电能分解水,而水是取之不尽的。

$$H_2O(l) \xrightarrow[\text{或电解}]{\text{光解}} H_2+\frac{1}{2}O_2$$

氢若作为常规能源必须解决氢的贮存和输送问题。传统上氢采用气态或液态贮存，前者在高压下把氢气压入钢瓶，后者在-253℃低温下将氢气液化，然后灌入钢瓶，但运送笨重的钢瓶很不方便。

贮氢合金是利用金属或合金与氢形成氢化物而把氢贮存起来。金属都是密堆积的结构，结构中存在许多四面体和八面体空隙，可以容纳半径较小的氢原子。在贮氢合金中，一个金属原子能与 2 个、3 个甚至更多的氢原子结合，生成金属氢化物。但不是每一种贮氢合金都能作为贮氢材料，具有实用价值的贮氢材料要求贮氢量大，金属氢化物既容易形成，稍稍加热又容易分解，室温下吸、放氢的速度快，使用寿命长和成本低。目前正在研究开发的贮氢合金主要有三大系列：镁系贮氢合金如 MgH_2，Mg_2Ni 等；稀土系贮氢合金如 $LaNi_5$，为了降低成本，用混合稀土 Mm 代替 La，推出了 MmNiMn，MmNiAl 等贮氢合金；钛系贮氢合金如 TiH_2，$TiMn_{1.5}$。表 7-4 列出了一些贮氢合金。

表 7-4　一些贮氢合金的含氢率及其分解温度

金属氢化物	含氢率/%	分解温度/℃
LiH	12.6	855
CaH_2	4.7	790
MgH_2	7.6	284
$MgNiH_4$	3.6	253
TiH_2	4.0	650
$TiFeH_{1.8}$	1.8	18
$TiCoH_{1.5}$	1.4	110
$TiMn_{1.5}H_{2.14}$	1.6	20
$TiCr_2H_{3.6}$	3.4	90
$LaNi_5H_6$	1.3	15

贮氢合金用于氢动力汽车的试验已获得成功。随着石油资源逐渐枯竭，氢能源终将代替汽油、柴油驱动汽车，并一劳永逸消除燃烧汽油、柴油产生的污染。贮氢合金的用途不限于氢的贮存和运输，它在氢的回收、分离、净化及氢的同位素的吸收和分离等其他方面也有具体的应用。

非晶态合金　非晶态也称玻璃态。非晶态物质中原子没有周期性重复排列，因而没有确定的熔点。与 X 射线作用只产生散射，没有衍射，表明非晶态物质中原子排列是长程无序的，但短程可以有序。图 7-11 为物质的晶态和非晶态示意图。

熔融状态的合金缓慢冷却得到的是晶态合金，因为从熔融的液态到晶态需要时间使原子排列有序化。如果将熔融状态的合金以极高的速度骤冷，不给原子有序化排列的时间，把原子瞬间冻结在像液态一样的无序排列状态，得到的是非晶态合金。这种结构与玻璃的结构极为相似，所以常把非晶态合金称为金属玻璃。非晶态合金是从熔融液态急冷凝固得到的，合金整体呈现均

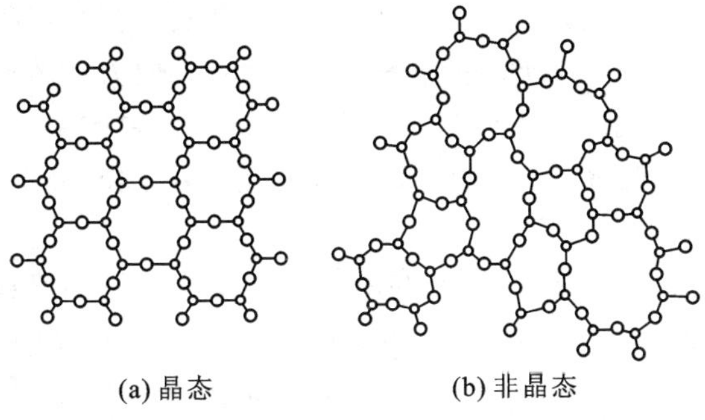

(a) 晶态　　(b) 非晶态

图 7-11 晶态和非晶态的结构示意图

匀性和各向同性，因而具有优良的力学性能，如拉伸强度大，强度、硬度都比一般晶态合金高。由于非晶态合金中原子是无序排列，没有晶界，不存在晶体滑移、位错、层错等缺陷，使合金具有高电阻率、高导磁率、高抗腐蚀性等优异性能。非晶态合金的电阻率一般要比晶态合金高 2 ~ 3 倍，这可以大大减少涡流损失，故特别适合做变压器和电动机的铁芯材料。采用非晶态合金做铁芯，效率为 97%，比用硅钢高出 10% 左右，所以得到推广应用。此外，非晶态合金在脉冲变压器、磁放大器、电源变压器、漏电开关、光磁记录材料、高速磁泡头存储器、磁头和超大规模集成电路基板等方面均获得应用。

7.3 无机非金属材料

无机非金属材料又称陶瓷材料，它包括的范围非常广泛。陶瓷材料可分为传统陶瓷材料和精细陶瓷材料，前者主要成分是各种氧化物；后者的成分除了氧化物外，还有氮化物、碳化物、硅化物和硼化物等。传统陶瓷产品如陶瓷器、玻璃、水泥、耐火材料、建筑材料和搪瓷等，主要是烧结体，而精细陶瓷产品可以是烧结体，还可以做成单晶、纤维、薄膜和粉末，具有强度高、耐高温、耐腐蚀，并可有声、电、光、热、磁等多方面的特殊功能，是新一代的特种陶瓷，所以它们的用途极为广泛，遍及现代科技的各个领域。

7.3.1 传统陶瓷

陶瓷在我国有悠久的历史，是中华民族古老文明的象征。从西安地区出土的秦始皇陵中大批陶兵马俑，气势宏伟，形象逼真，被认为是世界文化奇迹，人类的文明宝库。唐代的唐三彩，明清景德镇的瓷器均久负盛名。

传统陶瓷材料的主要成分是硅酸盐，自然界存在大量天然的硅酸盐，如岩石、砂子、黏土、土壤等，还有许多矿物如云母、滑石、石棉、高岭石、锆英石、绿柱石、石英等，它们都属于天然的硅酸盐。此外，人们为了满足生产和生活的需要，生产了大量人造硅酸盐，主要有玻璃、水泥、各种陶瓷、砖瓦、耐火砖、水玻璃以及某些分子筛等。硅酸盐制品性质稳定，熔点较高，难溶于水，有很广泛的用途。

硅酸盐制品一般都是以黏土（高岭土）、石英和长石为原料。黏土的化学组成为 $Al_2O_3 \cdot 2SiO_2 \cdot 2H_2O$，石英为 SiO_2，长石为 $K_2O \cdot Al_2O_3 \cdot 6SiO_2$（钾长石）或 $Na_2O \cdot Al_2O_3 \cdot 6SiO_2$（钠长石）。这些原料中都含有 SiO_2，因此在硅酸盐晶体结构中，硅与氧的结合是最重要的。

硅氧四面体[SiO_4] 硅酸盐材料是一种多相结构物质，其中含有晶态部分和非晶态部分，但以晶态为主。硅酸盐晶体中硅氧四面体[SiO_4]是硅酸盐结构的基本单元。在硅氧四面体中，硅原子以 sp^3 杂化轨道与氧原子成键，Si—O 键键长为 162 pm，比起 Si^{4+} 和 O^{2-} 的离子半径之和有所缩短，故 Si—O 键的结合是比较强的。

[SiO_4]四面体的每个顶点上的 O^{2-} 只能为两个[SiO_4]四面体所公用，按照[SiO_4]四面体公用顶点的不同，可将硅酸盐分为四大类：分立型、链型、层型和骨架型，列于表 7-5 中。图 7-12 示出了一些分立型、链型（单链和双链）、层型和骨架型的硅酸盐骨架。

表 7-5 硅酸盐中硅氧骨架的结构形式

分类	四面体排列	组成基元	实例
分立型	孤立四面体	[SiO_4]	$Mg_2[SiO_4]$ 橄榄石
	双四面体	[Si_2O_7]	$Zn_4[Si_2O_7](OH)_2H_2O$ 异极矿
	三环	[Si_3O_9]	$BaTi[Si_3O_9]$ 硅酸钡钛矿
	四环	[Si_4O_{12}]	$Ca_2Al_2(Fe, Mn)BO_3[Si_4O_{12}](OH)$ 斧石
	六环	[Si_6O_{18}]	$Be_3Al_2[Si_6O_{18}]$ 绿柱石
	双六环	[$Si_{12}O_{30}$]	$KCa_2(AlBe_2)[Si_{12}O_{30}]1/2H_2O$ 整柱石
链型	单链	$[SiO_3]_n$	$CaMg[SiO_3]_2$ 透辉石
	双链	$[Si_4O_{11}]_n$	$Ca_2Mg_5[Si_4O_{11}]_2(OH)_2$ 透闪石
		$[Si_6O_{17}]_n$	$Ca_6[Si_6O_{17}](OH)_2$ 硬硅钙石
		$[AlSiO_5]_n$	$Al[AlSiO_5]$ 硅线石
层型	六元环层	$[AlSi_3O_{10}]_n$	$KAl_2[AlSi_3O_{10}](OH)_2$ 白云母
	四元环层	$[Si_4O_{10}]_n$	$KCa_4F[Si_4O_{10}]_2 \cdot 8H_2O$ 鱼眼石
	过渡型层	$[AlSi_3O_{10}]_n$	$Ca_2Al[AlSi_3O_{10}](OH)_2$ 葡萄石
骨架型	硅石	$[SiO_2]_n$	SiO_2 石英
	长石	$[AlSi_3O_8]_n$	$KAlSi_3O_8$ 正长石
	沸石	$[Al_pSi_qO_{2(p+q)}]_n$	$Na[AlSi_2O_6] \cdot 4H_2O$ 八面沸石

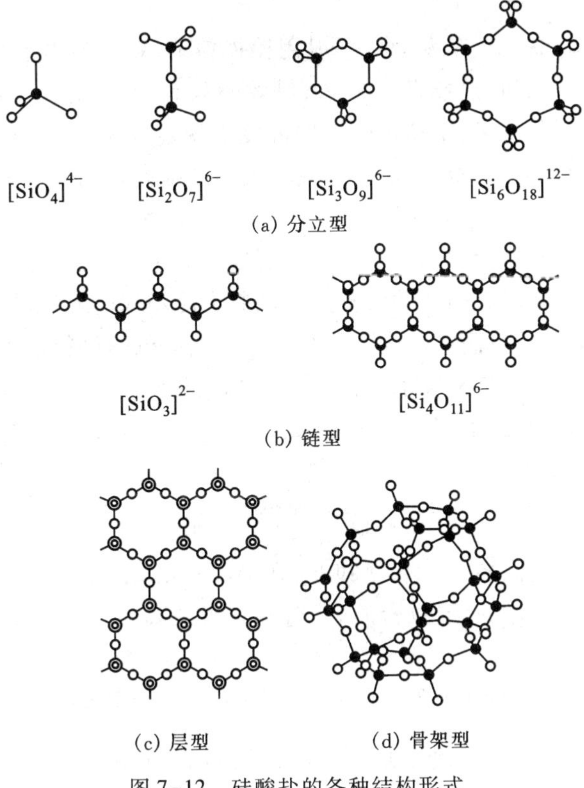

图 7-12 硅酸盐的各种结构形式

硅酸盐中除了 SiO_2 外,还含有 Al_2O_3。由于 Al^{3+} 的半径与 Si^{4+} 相近,所以 Al^{3+} 可以置换硅氧四面体中的 Si^{4+},形成铝氧四面体[AlO_4]。由于铝是+3价的,因此置换后必然要引进其他阳离子以保持电荷平衡。

硅酸盐都需要高温烧结。黏土在高温下先脱水,然后转化为莫来石($3Al_2O_3 \cdot 2SiO_2$),耐火材料基本上由石英、莫来石和玻璃构成。

7.3.2 精细陶瓷

精细陶瓷的化学组成已远远超出了硅酸盐的范围。例如透明的氧化铝陶瓷、耐高温的二氧化锆(ZrO_2)陶瓷、高熔点的氮化硅(Si_3N_4)和碳化硅(SiC)陶瓷等,它们都是无机非金属材料,是传统陶瓷材料的发展。精细陶瓷是适应社会经济和科学技术发展而发展起来的,信息科学、能源技术、宇航技术、生物工程、超导技术、海洋技术等现代科学技术需要大量特殊性能的新材料,促使人们研制精细陶瓷,并在超硬陶瓷、高温结构陶瓷、电子陶瓷、磁性陶瓷、光学陶瓷、超导陶瓷和生物陶瓷等各方面取得了很好的进展,下面选择一些实例做简要的介绍。

高温结构陶瓷　汽车发动机一般用铸铁铸造，耐热性能有一定限度。由于需要用冷却水冷却，热能散失严重，热效率只有30%左右。如果用高温结构陶瓷制造陶瓷发动机，发动机的工作温度能稳定在1 300℃左右，由于燃料充分燃烧而又不需要水冷系统，使热效率大幅度提高。用陶瓷材料做发动机，还可减轻汽车的质量，这对航天航空事业更具吸引力，用高温陶瓷取代高温合金来制造飞机上的涡轮发动机其效果会更好。

目前已有多个国家的大的汽车公司试制无冷却式陶瓷发动机汽车。我国也在1990年装配了一辆并完成了试车。陶瓷发动机的材料选用氮化硅，它的机械强度高、硬度高、热膨胀系数低、导热性好、化学稳定性高，是很好的高温陶瓷材料。氮化硅可用多种方法合成，工业上普遍采用高纯硅与纯氮在1 300℃反应后获得

$$3Si + 2N_2 \xrightarrow{1\ 300℃} Si_3N_4$$

也可用化学气相沉积法，使 $SiCl_4$ 和 N_2 在 H_2 气氛保护下反应，产物 Si_3N_4 沉积在石墨基体上，形成一层致密的 Si_3N_4 层。此法得到的氮化硅纯度较高，其反应如下：

$$3SiCl_4 + 2N_2 + 6H_2 \longrightarrow Si_3N_4 + 12HCl$$

高温结构陶瓷除了氮化硅外，还有碳化硅（SiC）、二氧化锆（ZrO_2）、氧化铝等。

透明陶瓷　一般陶瓷是不透明的，但光学陶瓷像玻璃一样透明，故称透明陶瓷。一般陶瓷不透明的原因是其内部存在有杂质和气孔，前者能吸收光，后者令光产生散射，所以就不透明了。因此如果选用高纯原料，并通过工艺手段排除气孔就可能获得透明陶瓷。早期就是采用这样的办法得到透明的氧化铝陶瓷，后来陆续研究出如烧结白刚玉、氧化镁、氧化铍、氧化钇、氧化钇-二氧化锆等多种氧化物系列透明陶瓷。近期又研制出非氧化物透明陶瓷，如砷化镓（GaAs）、硫化锌（ZnS）、硒化锌（ZnSe）、氟化镁（MgF_2）、氟化钙（CaF_2）等。

这些透明陶瓷不仅有优异的光学性能，而且耐高温，一般它们的熔点都在2 000℃以上。如氧化钍-氧化钇透明陶瓷的熔点高达3100℃，比普通硼酸盐玻璃高1 500℃。透明陶瓷的重要用途是制造高压钠灯，它的发光效率比高压汞灯提高一倍，使用寿命达2万小时，是使用寿命最长的高效电光源。高压钠灯的工作温度高达1 200℃，压力大、腐蚀性强，选用氧化铝透明陶瓷为材料成功地制造出高压钠灯。透明陶瓷的透明度、强度、硬度都高于普通玻璃，它们耐磨损、耐划伤，用透明陶瓷可以制造防弹汽车的窗、坦克的观察窗、轰炸机的轰炸瞄准器和高级防护眼镜等。

光导纤维　从高纯度的二氧化硅或称石英玻璃熔融体中，拉出直径约

100μm 的细丝，称为石英玻璃纤维。玻璃可以透光，但在传输过程中光损耗很大，用石英玻璃纤维光损耗大为降低，故这种纤维称为光导纤维，是精细陶瓷中的一种。

利用光导纤维可进行光纤通讯。激光的方向性强、频率高，是进行光纤通讯的理想光源。光纤通讯与电波通讯相比，光纤通讯能提供更多的通讯通路，可满足大容量通讯系统的需要。

光导纤维一般由两层组成，里面一层称为内芯，直径几十微米，但折射率较高；外面一层称包层，折射率较低。从光导纤维一端入射的光线，经内芯反复折射而传到末端，由于两层折射率的差别，使进入内芯的光始终保持在内芯中传输着。光的传输距离与光导纤维的光损耗大小有关，光损耗小，传输距离就长，否则就需要用中继器把衰减的信号放大。如果光导纤维的光损耗为 $0.15\,dB\cdot km^{-1}$，传输距离可达 500 km；如降到 $10^{-4}\ dB\cdot km^{-1}$ 时，则可传输 2 500km。用最新的氟玻璃制成的光导纤维，可以把光信号传输到太平洋彼岸而不需任何中继站。

在实际使用时，常把千百根光导纤维组合在一起并加以增强处理，制成像电缆一样的光缆，这样既提高了光导纤维的强度，又大大增加了通讯容量。

用光缆代替通讯电缆，可以节省大量有色金属，每公里可节省铜 1.1 吨、铅 2～3 吨。光缆有质量轻、体积小、结构紧凑、绝缘性能好、寿命长、输送距离长、保密性好、成本低等优点。光纤通讯与数字技术及计算机结合起来，可以用于传送电话、图像、数据、控制电子设备和智能终端等，起到部分取代通讯卫星的作用。

光损耗大的光导纤维可在短距离使用，特别适合制作各种人体内窥镜，如胃镜、膀胱镜、直肠镜、子宫镜等，对诊断医治各种疾病极为有利。

生物陶瓷 人体器官和组织由于种种原因需要修复或再造时，选用的材料要求生物相容性好，对肌体无免疫排异反应；血液相容性好，无溶血、凝血反应；不会引起代谢作用异常现象；对人体无毒，不会致癌。目前已发展起来的生物合金、生物高分子和生物陶瓷基本上能满足这些要求。利用这些材料制造了许多人工器官，在临床上得到广泛的应用。但是这类人工器官一旦植入体内，要经受体内复杂的生理环境的长期考验。例如不锈钢在常温下是非常稳定的材料，但把它做成人工关节植入体内，三五年后便会出现腐蚀斑，并且还会有微量金属离子析出，这是生物合金的缺点。有机高分子材料做成的人工器官容易老化，相比之下，生物陶瓷是惰性材料，耐腐蚀，更适合植入体内。

氧化铝陶瓷做成的假牙与天然齿十分接近，它还可以做人工关节用于很多部位，如膝关节、肘关节、肩关节、指关节、髋关节等。ZrO_2 陶瓷的强度、断裂韧性和耐磨性比氧化铝陶瓷好，也可用以制造牙根、骨和股关节等。羟基磷灰石[$Ca_{10}(PO_4)_6(OH)_2$]是骨组织的主要成分，人工合成的与骨的生物相容性非常好，可用于颌骨、耳听骨修复和人工牙种植等。目前发现用熔融法制得的生物玻璃，如 $CaO-Na_2O-SiO_2-P_2O_5$，具有与骨骼键合的能力。生物玻璃在和骨结合时，先在植入体表面形成富硅凝胶，然后转化成磷灰石晶体，这时在结合面形成有机和无机的复合层，保持很高的结合强度。

陶瓷材料最大的弱点是性脆，韧性不足，这就严重影响了它作为人工人体器官的推广应用。陶瓷材料要在生物工程中占有地位，必须考虑解决其性脆问题。

超导陶瓷　1911 年荷兰物理学家 Onnes 发现汞（水银）在 4.2 K 附近电阻突然下降为零，他把这种零电阻现象称为**超导电性**。图 7-13 示出了汞的电阻随温度变化的关系。汞的电阻突然消失时的温度称为转变温度或临界温度，常用 T_c 表示。

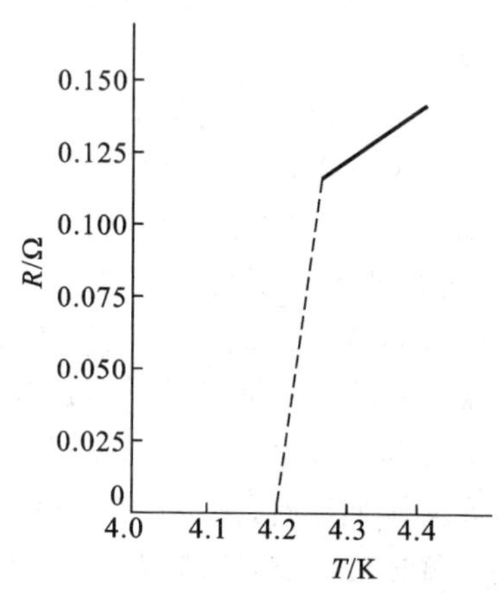

图 7-13　汞的电阻与温度关系

在一定温度下具有超导电性的物体称为**超导体**。金属汞是超导体。进一步研究发现元素周期表中共有 26 种金属具有超导电性，它们的转变温度 T_c 列于表 7-6。从表中可以看到，单个金属的超导转变温度都很低，没有应用价值。因此，人们逐渐转向研究金属合金的超导电性。表 7-7 列出一些超导合金的转变温度，其中 Nb_3Ge 的转变温度为 23.2 K，这在 70 年代算是最高转变温度的超导体了。当超导体显示出超导电性时，表示它处于超导态，否则它处于正常态。金属及其合金作为超导材料都是在极低温下才能进入超导态，假如没有低温技术发展作为后盾，就发现不了超导电性，无法设想超导材料。这里又一次看到材料发展与科学技术互相促进的关系。

表 7-6　26 种超导金属的转变温度

元素	T_c/K	元素	T_c/K	元素	T_c/K
Ti	0.4	Re	1.7	In	3.41
Zr	0.54	Ru	0.49	Tl	2.38
Hf	0.16	Os	0.65	Sn	3.72
V	5.03	Ir	0.14	Pb	7.2
Nb	9.2	Zn	0.86	La	4.9
Ta	4.4	Cd	0.52	Th	0.37
Mo	0.92	Hg	4.15	Pa	1.4
W	0.01	Al	1.19	U	2
Tc	8.2	Ga	1.09		

表 7-7　一些超导合金的转变温度

合金	T_c/K	合金	T_c/K	合金	T_c/K
V_3Si	17.0	Nb_3Al	18.8	$Nb_3(Al_{0.75}Ge_{0.25})$	21.0
V_3Ga	16.8	Nb_3Sn	18.1	Nb_3Ge	23.2

低温超导材料要用液氦做制冷剂才能呈现超导态,因此在应用上受到很大的限制。人们迫切希望找到**高温超导体**,在徘徊了几十年后,终于在 1986 年有了突破。瑞士 Bednorz 和 Müller 发现他们研制的 La-Ba-CuO 混合金属氧化物具有超导电性,转变温度为 35 K。这是超导材料研究上的一次重大突破,打开了混合金属氧化物超导体的研究方向。接着中、美科学家发现 Y-Ba-CuO混合金属氧化物在 90 K 具有超导电性,这类超导氧化物的转变温度已高于液氮温度(77 K),高温超导材料研究获得重大进展。一连串激动人心的发现在世界上掀起了"超导热"。目前新的超导氧化物系列不断涌现,如 Bi-Sr-Ca-CuO,Tl-Ba-Ca-CuO 等,它们的超导转变温度超过了 120 K。高温超导体的研究方兴未艾,人们殷切地期待着室温超导材料的出现。

关于 C_{60}前面已做了简单的介绍。它是碳的第三种单质结构形式。人们发现 C_{60}与碱金属作用能形成 A_xC_{60}(A 代表钾、铷、铯等),它们都是超导体,超导转变温度列于表 7-8。从表中数据看到,大多数 A_xC_{60}超导体的转变温度比金属合金超导体高。金属氧化物超导体是无机超导体,它们都是层状结构,属二维超导。而 A_xC_{60}则是有机超导体,它们是球状结构,属三维超导。因此 A_xC_{60}这类超导体是很有发展前途的超导材料。

表 7-8　A_xC_{60}的超导转变温度

超导体	T_c/K	超导体	T_c/K
K_3C_{60}	19	Rb_2CsC_{60}	30
Rb_3C_{60}	28	$RbCs_2C_{60}$	33
Cs_3C_{60}	30		

超导研究引起各国的重视,一旦室温超导体达到实用化、工业化,将对现代文明社会中的科学技术产生深刻的影响。下面简单介绍超导体的一些应用。

(1) 用超导材料输电　发电站通过漫长的输电线向用户送电。由于电线存在电阻,使电流通过输电线时电能被消耗一部分,如果用超导材料做成超导电缆用于输电,那么在输电线路上的损耗将降为零。

(2) 超导发电机　制造大容量发电机,关键部件是线圈和磁体。由于导线存在电阻,造成线圈严重发热,如何使线圈冷却成为难题。如果用超导材料制造超导发电机,线圈是由无电阻的超导材料绕制的,根本不会发热,冷却难题迎刃而解,而且功率损失可减少 50%。

(3) 磁力悬浮高速列车 要使列车速度达到 500 km · h^{-1},普通列车是绝对办不到的。如果把超导磁体装在列车内,在地面轨道上敷设铝环,利用它们之间发生相对运动,使铝环中产生感应电流,从而产生磁排斥作用,把列车托起离地面约 10 cm,使列车能悬浮在地面上而高速前进。

(4) 可控热核聚变 核聚变时能释放出大量的能量。为了使核聚变反应持续不断,必须在 10^8 ℃下将等离子约束起来,这就需要一个强大的磁场,而超导磁体能产生约束等离子所需要的磁场。人类只有掌握了超导技术,才有可能把可控热核聚变变为现实,为人类提供无穷的能源。

7.3.3 纳米陶瓷

从陶瓷材料发展的历史来看,经历了三次飞跃。由陶器进入瓷器这是第一次飞跃;由传统陶瓷发展到精细陶瓷是第二次飞跃,在这个期间,不论是原材料,还是制备工艺、产品性能和应用等许多方面都有长足的进展和提高,然而对于陶瓷材料的致命弱点——脆性问题——没有得到根本的解决。精细陶瓷粉体的颗粒较大,属微米级(10^{-6} m),有人用新的制备方法把陶瓷粉体的颗粒加工到纳米级(10^{-9} m),用这种所谓超细微粉体粒子来制造陶瓷材料,得到新一代纳米陶瓷,这是陶瓷材料的第三次飞跃。纳米陶瓷具有延性,有的甚至出现超塑性。如室温下合成的 TiO_2 陶瓷,它可以弯曲,其塑性变形高达 100%,韧性极好。因此人们寄希望于发展纳米技术去解决陶瓷材料的脆性问题。纳米陶瓷被称为是 21 世纪陶瓷。

纳米陶瓷是纳米材料中的一种,纳米材料是当今材料科学研究中的热点之一。什么是纳米材料呢?材料绝大多数是固体物质,它的颗粒大小一般在微米级,一个颗粒包含着无数原子和分子,这时材料显示的是大量分子的宏观性质。后来人们发现,若用特殊的方法把颗粒加工到纳米级大小,这时一个纳米级颗粒所含的分子数大为减少,用它做成的材料称为纳米材料。纳米材料具有奇特的光、电、磁、热、力和化学等性质,和宏观材料迥然不同。究竟是什么原因使纳米材料具有如此独特的性质,目前还研究得不深入。总的来说,纳米材料的粒子是超细微的,粒子数多,表面积大,而且处于粒子界面上的原子比例甚高,一般可达总原子数一半左右。这就使纳米材料具有不寻常的表面效应、界面效应和量子效应等,因此而呈现出一系列独特的性质。例如金的熔点是1 063℃,而纳米金只有 330℃,熔点降低近 700℃;银的熔点由金属银的 960.8℃降为纳米银的 100℃。纳米金属熔点的降低不仅使低温烧结制备合金成为现实,还可使不互溶的金属冶炼成合金。又如纳米铂黑催化剂,由于表面积大,表面活性高,可使乙烯氢化反应的温度从600℃降至室温;纳米铁的抗断裂应力比普通铁高12倍,等等。纳米材料的问世促使纳米技术的诞生。所谓纳米技术是指用单个原子或分子作材料建造物体的技术。1个纳米是10亿分之1米,在这么一个数量级上制造出来的物体都是微型的,纳米技术真可谓巧夺天工了。例如可以制造微型飞机、微型宇宙飞船、微型机器人等。利用微型机器人可做血管吻接手术,让它进入人的血管,清除血管壁上的胆固醇,防止脑血栓。

复 习 题

1. 纯金属的结构有哪几种基本形式?
2. 什么是灰口铁、白口铁和球墨铸铁?
3. 生铁和钢的含碳量有何不同?把铁炼成钢主要除去什么物质?
4. 什么是金属间隙结构?它对金属的性质有何影响?
5. 举例说明什么叫相变?形状记忆合金为什么能"记忆"?
6. 硅酸盐中基本结构单元是什么?它们之间是如何连接起来的?
7. 氮化硅可作高温结构陶瓷,请回答氮化硅如何制备,写出反应方程式。
8. 陶瓷材料最大的弱点是性脆,韧性不足,现有什么方法可能克服这种弱点?

第 8 章

合成高分子材料

人们常用的棉花、蚕丝、羊毛、毛皮等是天然材料。从橡胶树中取得的胶乳经加工可得到橡胶,天然橡胶也是天然材料。天然材料受到自然条件和资源等限制,如橡胶树只能生长在热带和亚热带地区,棉花生长在较寒冷的温带等。随着社会经济发展和科学技术进步,天然材料无论在数量、质量、品种、性能和用途等各方面都无法满足人类对材料日益增长的需求,发展合成材料成为大势所趋。

合成材料是人们运用化学方法人工合成出自然界中不存在的材料,大致可分为无机合成材料和有机合成材料。无机合成材料前章已有介绍,本章介绍的合成高分子材料属于有机合成材料。

8.1 高分子的结构和特性

8.1.1 高分子

由几个或几十个原子通过化学键结合形成的分子,分子量在几十到几百,这种分子称为小分子。如醋酸分子(CH_3COOH)、乙醇分子(CH_3CH_2OH)、甘氨酸分子(NH_2CH_2COOH)等都是小分子化合物。然而有的分子由一千个以上原子通过共价键结合形成,分子量可达几万至几百万,这类分子称为高分子,或称高分子化合物。存在于自然界中的高分子化合物称为天然高分子,如淀粉、纤维素、棉、麻、丝、毛都是天然高分子,人体中的蛋白质、糖类、核酸等也是天然高分子。

用化学方法合成的高分子称为合成高分子,如聚乙烯、聚氯乙烯、聚丙烯腈、聚酰胺(尼龙)等都是常用的合成高分子材料。

聚乙烯 从石油裂化可得到乙烯,由 n 个乙烯分子在一定的反应条件下经聚合可得到聚乙烯分子,反应可表示如下:

$$nCH_2{=\!=}CH_2 \longrightarrow \text{-}\!\!\!\left[CH_2{-}CH_2\right]\!\!\!\text{-}_n$$

乙烯分子是平面分子,分子中所有原子处于同一平面,碳原子之间以双键结合,如图 8-1 所示。当乙烯分子在催化剂的作用下,双键被打开,$\text{-}\!\!\left[CH_2{-}CH_2\right]\!\!\text{-}$两端的单键可与邻近的乙烯分子连接,发生聚合反应,生成线型(长链状)的聚乙烯分子。通常把乙烯分子称为单体,单体经聚合后得到的聚乙烯分子称为聚合物,或称高聚物。聚乙烯分子中有一个重复的结构单元$\text{-}\!\!\left[CH_2{-}CH_2\right]\!\!\text{-}$,称为链节,$n$ 称为聚合度,也就是聚乙烯分子中所含链节的数目。

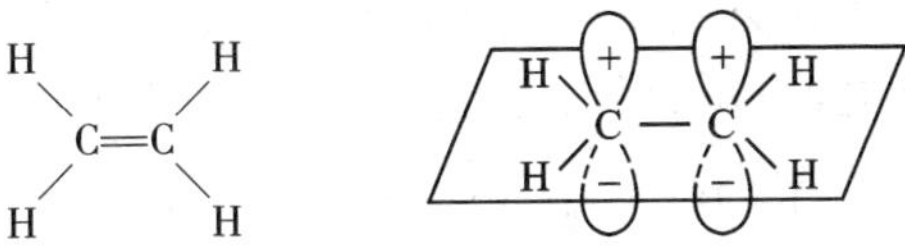

图 8-1 乙烯分子的结构

8.1.2 高分子的原料和合成方法

制备合成高分子的原料资源很广泛而且也很丰富。从本世纪合成高分子工业发展来看,早期以农业和林业的副产品为主要原料,大致可分为三类:淀粉类如薯类、植物种子、橡子等,可从中得到乙醇、丁醇、丙酮;纤维素类如木屑、稻草、花生壳、玉米芯、麦秆、甘蔗渣、椰子壳、芦苇等,可从中得到木粉、纤维素、糖醛等;非食用油脂类如蓖麻油、桐油、蚕蛹油和松节油,可从中得到对苯二甲酸、癸二酸、癸二胺等。以农林副产品为原料生产合成高分子,工艺流程长,处理量大,相继为煤和石油所代替。第 2 章介绍过煤和石油中包含着一系列有用的化工原料,将煤干馏后从煤焦油中得到很多化合物可以作为合成高分子的原料。到了 50 年代,石油化工兴起,煤又被石油和天然气取代成为合成高分子工业原料的主要来源。煤之所以会被石油取代,主要原因是用石油炼制时原料成本低,如从石油得到乙炔比从煤得到乙炔成本约降低一半。另外,石油中有用成分高。对最重要的乙烯来说,从 1 吨焦煤中只能得 5 kg 乙烯,而 1 吨石油中可得到 200 多千克。

从上述农、林副产品、煤或石油中得到的有机小分子化合物作为单体,通过聚合反应可以合成高分子。具体的合成方法有**加成聚合**、**缩合聚合**和**共聚合**等。

加成聚合反应 含有重键的单体分子,如乙烯(C_2H_4)、氯乙烯(C_2H_3Cl)、丙烯(C_3H_6)、苯乙烯等,它们是通过加成聚合反应得到聚合物的。加聚反应后除了生成聚合物外,再没有任何其他产物生成,聚合物中包含了单体中全部原子,如聚乙烯、聚氯乙烯。

$$n\,CH_2{=}CH_2 \longrightarrow \lbrack CH_2-CH_2 \rbrack_n$$

$$n\,CH_2{=}CHCl \longrightarrow \lbrack CH_2-CHCl \rbrack_n$$

C_2H_4 是平面对称分子，当一个 Cl 原子取代了 C_2H_4 分子中的一个 H 原子后，对称性被破坏了。C_2H_3Cl 分子中若将带氯原子的碳原子看成是头，则不带氯的碳原子就是尾了。氯乙烯分子进行加成聚合反应时，可能产生三种情况：头-头、尾-尾连接；头-尾连接；混乱无序连接，如图 8-2 所示。从图中看到，第一种连接方式，相邻碳原子上有氯原子；第二种连接方式，碳原子上的氯原子是间隔开的；第三种连接方式是上述两种连接的混合。连接方式不同，所形成的聚氯乙烯分子的结构不同，反映在性质上也就有差异。

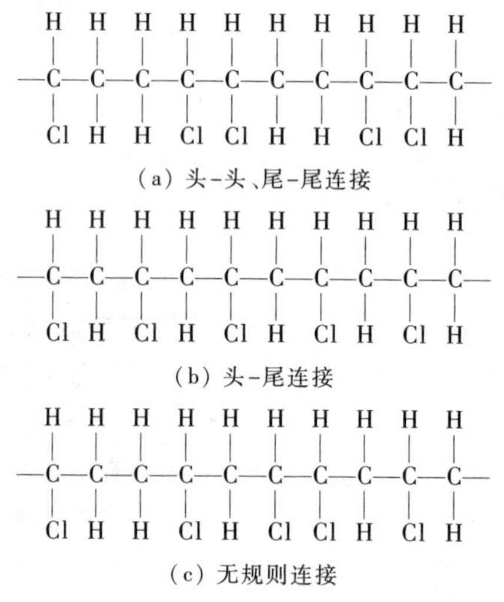

(a) 头-头、尾-尾连接

(b) 头-尾连接

(c) 无规则连接

图 8-2　聚氯乙烯分子中的三种连接方式

在工业上利用加成聚合反应生产的合成高分子约占合成高分子总量的 80%，最重要的有聚乙烯、聚氯乙烯、聚丙烯和聚苯乙烯等。

缩合聚合反应　含有双官能团或多官能团的单体分子，通过分子间官能团的缩合反应把单体分子聚合起来，同时生成水、醇、氨等小分子化合物，称为缩合聚合反应，简称缩聚反应。如尼龙-66 又称聚酰胺。用己二胺和己二酸作为单体，这两种单体分子之间通过脱水缩合，形成肽键（$-\overset{\overset{\displaystyle O}{\|}}{C}-\overset{\overset{\displaystyle H}{|}}{N}-$），两端的氨基和羧基具有活性，可继续与单体分子缩合，最终形成长链状大分子聚合物，即聚酰胺。它的商品名称叫尼龙-66 或锦纶-66，数字表示两种单体中碳原子的数目。把黏稠的尼龙-66 液体从抽丝机的小孔里挤出来，得到性能优异的尼龙-66 合成纤维。日常生活中我们熟悉的“的确良”是对苯二甲酸和乙二醇脱水缩合聚合而成的聚酯纤维高分子，商品名称也叫涤纶，它有挺括不

皱、易洗易干等特点。

$$n\ H_2N—(CH_2)_6—NH_2 + n\ HOOC—(CH_2)_4—COOH$$

己二胺　　　己二酸

$$\longrightarrow H\!\left[NH—(CH_2)_6—\overset{H}{\underset{|}{N}}—\overset{O}{\overset{\|}{C}}—(CH_2)_4—\overset{O}{\overset{\|}{C}}\right]_n OH + (2n-1)H_2O$$

尼龙-66(聚酰胺)

$$n\ HO—\overset{O}{\overset{\|}{C}}—C_6H_4—\overset{O}{\overset{\|}{C}}—OH + n\ HO—CH_2CH_2—OH$$

对苯二甲酸　　　乙二醇

$$\longrightarrow HO\!\left[\overset{O}{\overset{\|}{C}}—C_6H_4—\overset{O}{\overset{\|}{C}}—O—CH_2CH_2—O\right]_n H + (2n-1)H_2O$$

的确良(聚酯)

缩合聚合反应在合成高分子工业上的重要性仅次于加聚反应,常见的聚酰胺(尼龙)、聚酯(涤纶)、环氧树脂、酚醛树脂、有机硅树脂、聚碳酸酯等,都是通过缩聚反应生产的。

共聚合反应 将两种或两种以上不同的单体进行聚合,得到的聚合物中含有两种或两种以上单体单元,这种聚合物叫做共聚物。合成共聚物的聚合反应称为共聚合反应。按照共聚物中单体分布的不同,可分为交替共聚、嵌段共聚、无规共聚和接枝共聚等。图 8-3 给出了四种共聚物的结构示意图。共聚合反应常用来改进合成高分子的性能,这种改进叫做结构改性。共聚物中

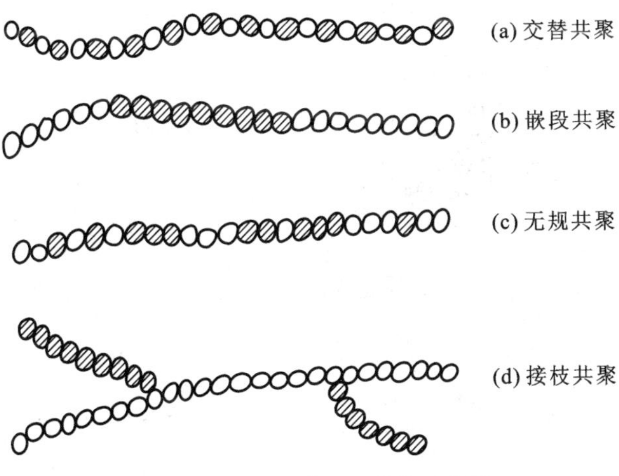

图 8-3 四种共聚物的结构示意图

单体单元的结构、数量和排列方式会影响共聚物的物理性能。例如聚丙烯腈(腈纶)性如羊毛,但着色性差,若用 1% 的丙烯基磺酸钠与之共聚合后,腈纶纤维就可染成各种颜色。又如将丙烯腈(A)、丁二烯(B)和苯乙烯(S)进行共聚合制得的 ABS 树脂,是一种综合性能极好的三元共聚物。

8.1.3　合成高分子的结构、特性和命名

由单体分子经加聚或缩聚反应得到的高分子聚合物都是线型长链状化合物,如聚乙烯、聚氯乙烯、尼龙-66、涤纶等。表8-1列出一些常见的线型高

表 8-1　一些常见的线型高分子

名　称	英文缩写	单　体	化学式	商品名
聚乙烯	PE	$CH_2=CH_2$	$\text{-}[CH_2-CH_2]_n\text{-}$	乙纶
聚丙烯	PP	$CH_3CH_2=CH_2$	$\text{-}[CH(CH_3)-CH_2]_n\text{-}$	丙纶
聚氯乙烯	PVC	$CH_2=CHCl$	$\text{-}[CH_2-CH(Cl)]_n\text{-}$	氯纶
聚苯乙烯	PS	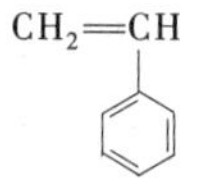 $CH_2=CH-C_6H_5$	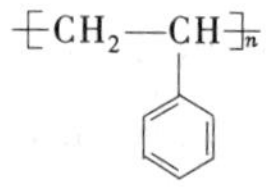 $\text{-}[CH_2-CH(C_6H_5)]_n\text{-}$	
聚四氟乙烯	PTFE	$CF_2=CF_2$	$\text{-}[CF_2-CF_2]_n\text{-}$	氟纶
聚异戊二烯	PIP	$CH_2=C(CH_3)-CH=CH_2$	$\text{-}[CH_2C(CH_3)=CHCH_2]_n\text{-}$	
聚酰胺	PA	$NH_2(CH_2)_6NH_2$ $HOOC(CH_2)_4COOH$	$\text{-}[\overset{O}{\overset{\Vert}{C}}(CH_2)_4\overset{O}{\overset{\Vert}{C}}NH-(CH_2)_6NH]_n\text{-}$	尼龙-66 锦纶-66
		$NH(CH_2)_5C=O$ (环状)	$\text{-}[NH(CH_2)_5\overset{O}{\overset{\Vert}{C}}]_n\text{-}$	尼龙-6 锦纶-6
聚甲基丙烯酸甲酯	PMMA	$CH_2=C(CH_3)-COOCH_3$	$\text{-}[CH_2-C(CH_3)(COOCH_3)]_n\text{-}$	有机玻璃
聚环氧乙烷	PE	CH_2-CH_2 (环氧, O)	$\text{-}[O-CH_2-CH_2]_n\text{-}$	环氧树脂
聚丙烯腈	PAN	$CH_2=CH(CN)$	$\text{-}[CH(CN)-CH_2]_n\text{-}$	腈纶

分子。有的线型高分子在长链上可带有支链,例如表中聚甲基丙烯酸甲酯长链上带有支链。当长链状高分子还带有其他官能团时,分子链之间可以通过官能团发生化学反应,形成化学键使分子链交联起来,构成体型网状高分子。因此合成高分子的结构大体有三种:**线型长链状不带支链**的、**带支链**的和**体型网状**的。图 8-4 是高分子的三种结构。线型高分子可呈蜷曲、弯折或呈螺旋状,加热可熔化,也可溶于有机溶剂,易于结晶,合成纤维和大多数塑料都是线型高分子。支链高分子在很多性能上与线型高分子相似,但支链的存在使高分子的密度减小,结晶能力降低。体型高分子具有不熔不溶、耐热性高和刚性好的特点,适用作工程和结构材料。

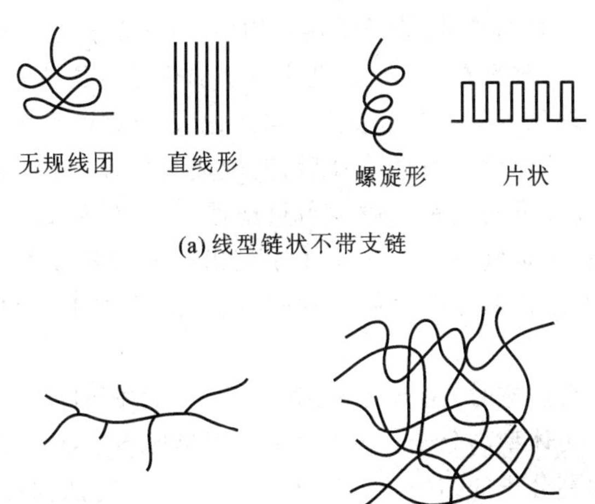

图 8-4 高分子的三种结构

合成高分子的主链主要是由碳原子以共价键结合起来的碳链,由于单键可以自由旋转,使线型长链高分子在旋转的影响下,整个分子保持直线状态的机率甚微。事实上线型长链高分子处于**自然蜷曲**的状态,分子纠缠在一起,因而具有可柔性。当有外力作用在分子上,蜷曲的分子可以被拉直,但外力一除去,分子又恢复到原来的蜷曲状态,因此合成高分子都有一定的弹性。

由于合成高分子都是长链大分子,又处于自然的蜷曲状态,所以不容易排列整齐成为周期性的晶态结构。与小分子不同,合成高分子不容易形成完整的晶体。然而在局部范围内,分子链有可能排列整齐,形成结晶态,即所谓**短程有序**。因此在高分子晶体中往往含有晶态部分和非晶态部分,故常用结晶度来衡量整个高分子中晶态部分所占的比例。晶态高分子的耐热性和机械强度一般要比非晶态高分子高，而且还有一定的熔点，所以要提高高分子的这些性质，就要设法提高高分子的结晶度。

高分子结构具有不均一性，或称多分散性，这一点与小分子结构是截然不同的。小分子的结构是确定的，分子量也是确定的。但对合成高分子来说，每个独立的高分子只要聚合度 n 确定了，分子量也就确定了。但在聚合反应中，得到的聚合物不是均一的，而是不同聚合度的高分子的混合物，因此在这种情况下无法确定高分子的分子量。实验测定高分子的分子量，只是试样中聚合度大小不一的高分子分子量的**统计平均**结果而已。

合成高分子的上述结构特点，使其具有热塑性、热固性、耐磨性、绝缘性、相对密度小、比强度高等特殊的性能。

长链型高分子被加热时，分子受热不均匀，有的部分已受热，有的部分受热少，甚至还有一部分没有受热。因此高分子加热后不是马上熔化变成液体，而是先经历一个软化过程再变为液体。当然，这是外因的作用，分子内部不均匀，也是一个重要的原因。液体冷却后，变硬成为固体，再次加热，它又能软化、流动。线型高分子的这种性质称为**热塑性**，它不但使高分子材料便于加工，而且还可以多次重复操作。表 8-1 中列出的线型高分子都具有热塑性，加热软化后可以加工成为各种形状的塑料制品，也可制成纤维，加工非常方便。

单体进行聚合反应时，先形成线型高分子，在某种条件下分子链之间发生交联由线型转变为体型高分子。体型高分子加热后不会熔化、流动，当加热到一定温度时体型高分子的结构遭到破坏，这种性质称为**热固性**。因此体型高分子一旦加工成型后，不能通过加热重新回到原来的状态。

合成高分子中主要含 C，H，O，N，S 及卤素等元素，因此比金属材料轻得多。一般高分子相对密度在 1 ~ 2 之间，最轻的聚丙烯塑料，相对密度只有 0.91；泡沫塑料的相对密度只有 0.01，比水轻 100 倍，是非常好的救生材料。高分子材料相对密度小，但强度高，有的工程塑料的强度超过钢铁和其他金属材料。例如玻璃钢的强度比合金钢大 1.7 倍，比铝大 1.5 倍，比钛钢大 1 倍。由于质轻、强度高、耐腐蚀、价廉，所以高分子材料在不少场合已逐步取代金属材料的位置，全塑汽车的问世就是典型的例子。高分子材料为什么有这样高的强度呢？高分子的分子量大，分子中原子数目多，且分子链彼此缠绕在一起，因此分子链之间原子的接触点非常多，相互间的作用力很大。这种作用力称为分子间作用力，或称范德华力。如果具备形成氢键的条件，分子链之间还可形成氢键。高分子中存在强大的分子间作用力是高分子材料具有高强度的主要原因。

高分子的分子链缠绕在一起，许多分子链上的基团被包在里面，当有试剂分子加入时,只有露在外面的基团容易与试剂分子作用,而被包在里面的基团不易反应,所以高分子化合物的化学反应性能较差,对化学试剂显得比较稳定。高分子具有耐酸、耐腐蚀等特性,著名的"塑料王"聚四氟乙烯,即使把它放在王水中煮也不会变质,其耐酸程度远超过金。聚四氟乙烯是优异的耐酸、耐腐蚀材料。

高分子中的分子链是原子以共价键结合起来的,分子既不能电离,也不能在结构中传递电子,所以高分子具有绝缘性,电线的包皮、电插座等都是用塑料制成。此外,高分子对多种射线如 α,β,γ 和 X 射线有抵抗能力,可以抗辐射。

合成高分子的命名,一种是在单体前加"聚"字,如聚乙烯、聚氯乙烯等;另一种是在简化的单体名称后面加"树脂"二字,如酚醛树脂,它是由甲醛和苯酚缩聚得到的,又如脲醛树脂、环氧树脂等。商业上喜欢用商品名称,比较方便。表 8-2 列出一些合成高分子的商品名称。

表 8-2 一些合成高分子的商品名称

聚合物	商品名称	聚合物	商品名称
聚氯乙烯	氯纶	聚甲基丙烯酸甲酯	有机玻璃
聚乙酸乙烯酯	维尼纶	聚对苯二甲酸乙二酯	的确良,涤纶
聚丙烯	丙纶	聚乙烯	乙纶
聚丙烯腈	腈纶	聚四氟乙烯	氟纶
聚己内酰胺	尼龙-6	酚醛树脂	电木
聚酰胺-66	尼龙-66	脲醛树脂	电玉

8.2 合成高分子材料

1907 年世界上第一个合成高分子材料——酚醛塑料——诞生,30~40 年代又合成了许多高分子材料,包括塑料、合成纤维和合成橡胶,此后合成高分子工业发展迅速。表 8-3 列出了世界合成高分子的消费量。

据统计,1976 年合成高分子材料的世界产量按体积计算已超过金属材料的世界产量。预计到 2000 年时,按质量计算也将赶上或超过金属材料。下面简单介绍三类主要的合成高分子材料:塑料、合成纤维和合成橡胶。

表 8-3　世界合成高分子的消费量(单位:百万吨)

品名 \ 年代	1950 年	1960 年	1970 年	1978 年	1986 年	1988 年
塑料(树脂)	1.0	6.0	25.0	42.0	58.5	73.0
合成纤维	1.5	1.5	5.0	12.0	11.4	15.3
合成橡胶	1.0	3.0	5.0	4.0	5.4	10.1
总量	3.5	10.5	35.0	58.0	75.3	98.4

8.2.1　塑料

塑料是在一定的温度和压力下可塑制成型的合成高分子材料。合成高分子具有热塑性和热固性,因而塑料可分为热塑性塑料和热固性塑料。热塑性塑料大都是线型高分子,热固性塑料为体型高分子。

若将塑料按性能和用途来分类,可分为通用塑料、工程塑料、特种塑料和增强塑料。

通用塑料产量大、用途广、价格低,其中聚乙烯、聚氯乙烯、聚丙烯和聚苯乙烯约占全部塑料产量的80%,尤以聚乙烯的产量最大。

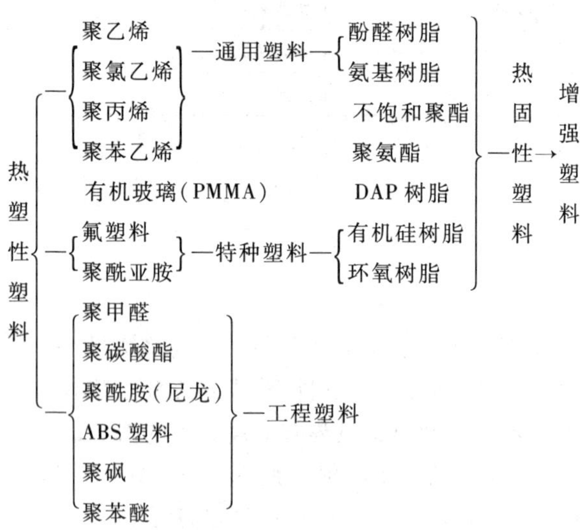

聚乙烯　乙烯单体在不同的反应条件下进行加成聚合反应可得到不同性能的聚乙烯。若选择 0.2 ~ 1.5 MPa 低压聚合,用 Ziegler-Natta 催化剂,得到的产品为低压聚乙烯。低压聚乙烯是线型高分子,排列比较规整、紧密,易于结晶,因此结晶度、强度、刚性、熔点都比较高,适合做强度、硬度较高的塑料制品,如桶、瓶、管、棒等。若在150 MPa高压下用自由基引发加成聚合反应,得到的是高压聚乙烯,它是支链化程度较高的合成高分子,使分子排列的规整性和紧密程度受到影响,因此结晶度、密度降低,所以高压聚乙烯又称低密度聚乙烯。低密度聚乙烯性软,熔点也低,适合做食品包装袋、奶瓶等软塑料制品。

工程塑料 是可作为工程材料和代替金属用的塑料。要求有优良的机械性能、耐热性和尺寸稳定性。主要有聚甲醛、聚酰胺、聚碳酸酯、ABS塑料等。如聚甲醛的力学、机械性能与铜、锌相似,用它做汽车上的轴承,使用寿命比金属的长一倍,它还可做其他零配件。又如聚碳酸酯,它不但可代替某些金属,还可代替玻璃、木材和合金等,做各种仪器的外壳、自行车车架、飞机的挡风玻璃和高级家具等。

特种塑料 是指在高温、高腐蚀或高辐射等特殊条件下使用的塑料,它们主要用在尖端技术设备上。例如聚四氟乙烯具有优异的绝缘性能,抗腐蚀性特别好,能耐高温和低温,可在-200~250℃范围内长期使用,在宇航、冷冻、化工、电器、医疗器械等工业部门都有广泛的应用。

8.2.2 合成纤维

纤维分为天然纤维和化学纤维两大类。棉、麻、丝、毛属天然纤维。化学纤维又可分为人造纤维和合成纤维。人造纤维是以天然高分子纤维素或蛋白质为原料,经过化学改性而制成的,如粘胶纤维(人造棉)、醋酸纤维(人造丝)、再生蛋白质纤维等。

合成纤维是由合成高分子为原料,通过拉丝工艺获得纤维。合成纤维的品种很多,最重要的品种是聚酯(涤纶)、聚酰胺(尼龙、锦纶)、聚丙烯腈(腈纶),它们占世界合成纤维总产量的90%以上。此外还有聚乙烯醇缩甲醛(维纶)、聚丙烯(丙纶)、聚氯乙烯(氯纶)等。

聚酯纤维 商品名涤纶,又叫的确良。主要用于织衣料,也可做运输带、轮胎帘子线、过滤布、缆绳、渔网等。涤纶织物牢固、易洗、易干,做成的衣服外形挺括,抗皱性特别好。涤纶的分子链结构中含有酯基($\overset{\displaystyle O}{\overset{\|}{—C}}—O—R$),这类刚性基团的存在,使分子排列规整、紧密,结晶度较高,不易变形,受力形变后也易恢复,这是涤纶抗皱性好的原因。

聚酰胺纤维 商品名尼龙,也叫锦纶;最常见的是尼龙-6和尼龙-66。尼龙主要用于制做渔网、降落伞、宇航飞行服、丝袜及针织内衣等。尼龙织物的特点是强度大,弹性好,耐磨性好。这些优越的性能是由结构决定的。聚酰胺

分子链中存在酰胺基($-\overset{\displaystyle O}{\overset{\|}{C}}-NH_2$),分子链之间各酰胺基可以通过氢键的作用,使分子链之间的作用力大为加强,保证了织物的强度。表 8-4 列出一些合成纤维的性能。

表 8-4　一些合成纤维的性能

名称	化学组成	相对密度	耐晒性	耐酸性	耐碱性	耐蛀性	耐霉性
涤纶	聚对苯二甲酸二乙酯	1.38	优	优	优	优	优
尼龙	聚酰胺	1.14	差	良	优	优	优
腈纶	聚丙烯腈	1.14 ~ 1.17	优	优	优	优	优
维纶	聚乙烯醇	1.26 ~ 1.3	良	良	优	良	良
氯纶	聚氯乙烯	1.39	良	优	优	优	优
丙纶	聚丙烯	0.91	差	优	优	优	优

8.2.3　合成橡胶

橡胶分天然橡胶和合成橡胶。天然橡胶来自热带和亚热带的橡胶树。由于橡胶在工业、农业、国防领域中有重要作用,因此它是重要的战略物资,这促使缺乏橡胶资源的国家率先研究开发合成橡胶。

通过对天然橡胶的化学成分进行剖析,发现它的基本组成是异戊二烯。于是启发人们用异戊二烯作为单体进行聚合反应,得到了合成橡胶,称为异戊橡胶。异戊橡胶的结构与性能基本上与天然橡胶相同。由于当时异戊二烯只能从松节油中获得,原料来源受到限制,而丁二烯则来源丰富,因此以丁二烯为基础开发了一系列合成橡胶。如顺丁橡胶、丁苯橡胶、丁腈橡胶和氯丁橡胶等。

$$n\,CH_2{=}CH{-}\underset{\displaystyle CH_3}{\underset{|}{C}}{=}CH_2 \longrightarrow {+}CH_2{-}CH{=}\underset{\displaystyle CH_3}{\underset{|}{C}}{-}CH_2{+}_n$$

异戊二烯　　　　异戊橡胶

$$n\,CH_2{=}CH{-}CH{=}CH_2 \longrightarrow {+}CH_2{-}CH{=}CH{-}CH_2{+}_n$$

丁二烯　　　　顺丁橡胶

$$n\,CH_2=CH-CH=CH_2 + n\,C_6H_5CH=CH_2 \longrightarrow \left[CH_2-CH=CH-CH_2-CH(C_6H_5)-CH_2\right]_n$$

丁二烯　　苯乙烯　　丁苯橡胶

随着石油化学工业的发展,从油田气、炼厂气经过高温裂解和分离提纯,可以得到乙烯、丙烯、丁烯、异丁烯、丁烷、戊烯、异戊烯等各种气体,它们是制造合成橡胶的好原料。

世界橡胶产量中,天然橡胶仅占 15% 左右,其余都是合成橡胶。合成橡胶品种很多,性能各异,在许多场合可以代替、甚至超过天然橡胶。合成橡胶可分为**通用橡胶**和**特种橡胶**。通用橡胶用量较大,例如丁苯橡胶占合成橡胶产量的 60%;其次是顺丁橡胶,占 15%;此外还有异戊橡胶、氯丁橡胶、丁钠橡胶、乙丙橡胶、丁基橡胶等,它们都属通用橡胶。表 8-5 列出一些合成橡胶的化学组成和用途。

表 8-5　一些合成橡胶的组成和用途

名 称	单　体	化 学 组 成	特 点、用 途
天然橡胶		$\left[CH_2-CH=C(CH_3)-CH_2\right]_n$	弹性好,做轮胎,胶管,胶鞋,胶粘剂等
顺丁橡胶	$CH_2=CH-CH=CH_2$	$\left[CH_2-CH=CH-CH_2\right]_n$	弹性很好,耐磨,做飞机轮胎
丁苯橡胶	$CH_2=CH-CH=CH_2$ $C_6H_5-CH=CH_2$	$\left[CH_2CH=CHCH_2CH(C_6H_5)CH_2\right]_n$	耐磨,价格低,产量大,做外胎,地板,鞋等
氯丁橡胶	$CH_2=CH-C(Cl)=CH_2$	$\left[CH_2-CH=C(Cl)-CH_2\right]_n$	耐油,不燃,耐老化,可制耐油制品、运输带,胶粘剂
丁腈橡胶	$CH_2=CH-CH=CH_2$ $CH_2=CH(CN)$	$\left[CH_2CH=CHCH_2-CH(CH)-CH_2\right]_n$	耐油,耐酸碱,做油封垫圈,胶管,印刷辊等

特种橡胶是在特殊条件下使用的橡胶,它们有特殊的性质,如耐高温、耐低温、耐油、耐化学腐蚀和具有高弹性等。硅橡胶是以硅氧原子取代主链中的碳原子形成的一种特种橡胶,它柔软、光滑,适宜做医用制品,能耐高温,可承受高温消毒而不变形。若将氟原子引入硅橡胶中,则可制得氟硅橡胶,它是一

种高弹性材料。硅硫橡胶耐高、低温，丁腈橡胶和聚硫橡胶耐油性好。

许多合成橡胶是线型高分子，具有可塑性，但强度低，回弹力差，容易产生永久变形。因此如何克服合成橡胶的这些缺点，是人们关注的问题。研究表明，若加入硫磺与橡胶分子作用，可使橡胶硫化。反应如下：

$$\begin{array}{c}\cdots-CH_2-CH=CH-CH_2-\cdots\\ \\ \cdots-CH_2-CH=CH-CH_2-\cdots\end{array}\xrightarrow{+S_n}\begin{array}{c}\cdots-CH_2-\overset{|}{C}H-CH-CH_2-\cdots\\ |\\ S\\ |\\ S\\ |\\ \cdots-CH_2-CH-\underset{|}{C}H-CH_2-\cdots\end{array}$$

硫的作用是使线型橡胶分子之间形成硫桥而交联起来，转变为体型结构，使橡胶失去塑性，同时获得高弹性。硫是橡胶的硫化剂，凡能使橡胶由线型结构转变为体型结构、并获得弹性的物质都可称为橡胶的硫化剂。

8.3　新型高分子材料

在合成高分子的主链或支链上接上带有显示某种功能的官能团，使高分子具有特殊的功能，满足光、电、磁、化学、生物、医学等方面的功能要求，这类高分子通称为**功能高分子**。功能高分子材料发展已有 20 多年历史，它可以制成各种质轻柔顺的纤维或薄膜，在许多领域中得到成功的应用，它将成为合成高分子材料中很有发展前途的一个分支。已知的功能高分子的品种和分类如下。

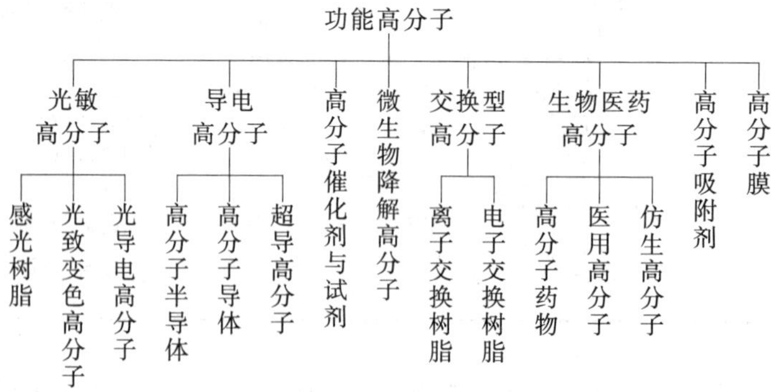

导电高分子　高分子具有绝缘性，这是由它的结构所决定的，在前面已经讨论过。70 年代人们合成了聚乙炔，发现它有导电性能。乙炔分子中碳与碳以三键结合，单体经加聚聚合后得到聚乙炔，这是一种双键、单键间隔连接的线型高分子,分子中存在共轭 π 键体系,π 电子可以在整个共轭体系中自由流动,因此可以导电。若将碘掺杂到聚乙炔中,导电率会大幅度提高。随聚乙炔后,又发现聚吡咯、聚噻吩、聚噻唑、聚苯硫醚等都具有导电性,导电高分子材料引起人们的重视。用导电塑料做成的塑料电池已进入市场,硬币大小的电池,一个电极是金属锂,另一个电极是聚苯胺导电塑料,电池可多次重复充电使用,工作寿命长。

医用高分子 高分子材料应用于医学上已有40多年历史。由于某些合成高分子与人体器官组织的天然高分子有着极其相似的化学结构和物理性能,因此用高分子材料做成的人工器官具有很好的生物相容性,不会因与人体接触而产生排斥和其他作用。目前已知可用于制做人造器官的合成高分子材料有:尼龙、环氧树脂、聚乙烯、聚乙烯醇、聚甲醛、聚甲基丙烯酸甲酯、聚四氟乙烯、聚醋酸乙烯酯、硅橡胶、聚氨酯、聚碳酸酯等。表8-6列出了部分可用高分子材料制造的人造器官,除了脑、胃和部分内分泌器官外,人体中几乎所有器官都可用高分子材料制造。

表8-6 医用高分子材料及用途

人造器官	医用高分子材料
人造心脏	硅橡胶,聚氨酯橡胶
人造血管	聚氨酯橡胶,聚对苯二甲酸乙二酯
人造气管	有机硅橡胶,聚乙烯
人造肾	醋酸纤维素,聚酯纤维
人造鼻	聚乙烯,有机硅橡胶
人造肺	聚四氟乙烯,聚碳酸酯,聚丙烯
人造骨	聚甲基丙烯酸甲酯,酚醛树脂
人造肌肉	硅橡胶和涤纶织物
人造皮肤	硅橡胶,聚多肽

可降解高分子 塑料制品已进入千家万户,垃圾中废弃的塑料也愈来愈多。由于这类合成高分子非常稳定,耐酸耐碱,不蛀不霉,把它们埋入地下,上百年也不会腐烂。因此废弃的塑料已经成为严重的公害,人们大声疾呼要消除“白色污染”。如果包装食品的塑料袋和泡沫塑料饭盒用可降解高分子材料来做,那末废弃的塑料将在一定条件下自行分解成为粉末。

合成高分子的主链结合得十分牢固,要降解必须设法破坏、削弱主链的结合。目前已提出生物降解、化学降解和光照降解等三种方法,并合成了生物降解塑料、化学降解塑料和光照降解塑料,这类可降解高分子将在解决环境污染方面起到重要的作用。

高吸水性高分子 号称“尿不湿”的纸尿片已进入市场,婴儿用上它整夜不必换尿片。这种用高吸水性高分子做成的纸尿片，即使吸入 1 000 mL 水，依然滴水不漏，干爽通气。有的高吸水性高分子可吸收超过自重几百倍甚至上千倍的水，体积虽然膨胀，但加压却挤不出水来。这类奇特的高分子材料可用淀粉、纤维素等天然高分子与丙烯酸、苯乙烯磺酸进行接枝共聚得到，或用聚乙烯醇与聚丙烯酸盐交联得到。高吸水性高分子的吸水机制尚不清楚，可能与高分子交联后结构中立体网络扩充有关。高吸水性高分子是一种很好的保鲜包装材料，也适宜做人造皮肤的材料。有人建议利用高吸水性高分子来防止土地沙漠化。

8.4 复合材料

前面介绍的合成高分子材料、金属材料和无机非金属材料各有其长处和短处，如果将这三类不同的材料通过复合工艺组合成为新的复合材料，它既能保持原来材料的长处，又能弥补短处。例如金属材料易腐蚀，合成高分子材料易老化、不耐高温，陶瓷材料易碎裂等缺点，都可以通过复合的方法予以改善和克服。因此复合材料是在三大材料基础上发展起来的新材料。

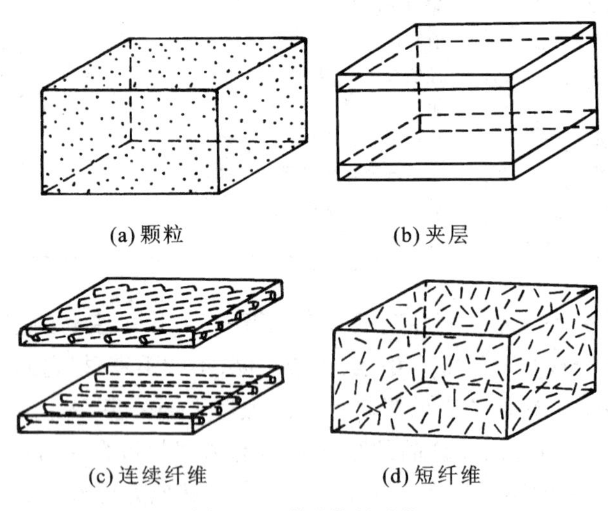

图 8-5 增强体的形状

复合材料的历史可追溯到很久以前。人们打泥砖，往泥中掺入禾秸，晒干后的泥砖可以称为复合材料。为什么要掺禾秸呢？人们从实践中懂得这样可以提高泥砖的强度。砂子、砾石与水泥加在一起也是复合材料，它比单纯水泥的强度大得多。钢筋水泥是复合材料。将增强体与基体结合在一起,形成一种能发挥两者各自优点的材料,称为复合材料。高分子(塑料、树脂)、金属、陶瓷等材料都可以作为基体,掺入增强体后便成为复合材料。若按增强体的形状分类,复合材料可分为:颗粒增强复合材料、夹层增强复合材料和纤维增强复合材料,如图8-5所示。目前发展较快、应用较广的是纤维增强复合材料,若按基体分类,也可分为三类:树脂基复合材料、金属基复合材料和陶瓷基复合材料。

8.4.1 纤维增强树脂基复合材料

玻璃钢 它是由玻璃纤维与聚酯类树脂复合而成的材料。玻璃是非常易碎的脆性材料,但如果将玻璃熔化并以极快的速度拉成细丝,这种玻璃纤维异常柔软,可以纺织。玻璃纤维的强度很高,比天然纤维或化学纤维高出5~30倍。在制造玻璃钢时,可将直径为5~10 μm的玻璃纤维制成纱、带材或织物加到树脂中,也可以把玻璃纤维切成短纤维加入基体。玻璃钢具有优良的性能,它的强度高、质量轻、耐腐蚀、抗冲击、绝缘性好。增强体除了用普通玻璃外,还可以根据具体用途调整玻璃成分,制取耐化学腐蚀、耐高温、高强度和高模量的玻璃纤维。玻璃钢已经广泛用于飞机、汽车、船舶、建筑和家具等行业。

除了用聚酯类作为玻璃纤维增强树脂基体外,还可用尼龙、聚乙烯、聚丙烯、环氧、酚醛和有机硅树脂等作为玻璃纤维增强树脂基体。

碳纤维增强塑料 碳纤维的发明可以追溯到爱迪生时代,他在发明电灯过程中选用多种材料做灯丝都失败了,后来他将竹子烘烤后制成碳丝,终于使电灯亮了。碳丝可以说是当今碳纤维的前身。目前制备碳纤维的方法是将聚丙烯腈合成纤维在200~300℃的空气中加热使其氧化,然后在1 000~1 500℃的惰性气体中碳化,即可得到强度很高的碳纤维。用沥青为原料也可制成碳纤维,成本比用聚丙烯腈降低约50%。碳纤维原料来源广、成本低、性能好,是很有发展前途的增强材料。

碳纤维增强塑料可以根据使用温度的不同选择不同的树脂基体。如环氧树脂使用温度为150~200℃;聚双马来酰亚胺为200~250℃;而聚酰亚胺在300℃以上。这类热固性树脂的碳纤维复合材料较多应用于制造航天飞行器外壳或火箭喷管的耐烧蚀材料中。新一代的运动器材如羽毛球拍、网球拍、高尔夫球杆、滑雪杖、滑雪板、撑杆、弓箭等都采用碳纤维增强塑料来做,为运动员创造世界记录做出了贡献。

除了玻璃纤维、碳纤维外,作为纤维增强材料还有硼纤维、碳化硅纤维、氧化铝纤维和芳纶纤维等。

8.4.2 纤维增强金属基复合材料

树脂基复合材料的耐热性低，一般不超过 300℃，且不导电，导热性也较差，这就限制了它们在某些条件下的使用。而金属基复合材料恰好在这些方面具有优势，成为各国竞相发展的新材料。

金属基复合材料一般都在高温下成形，因此要求作为增强材料的耐热性要高。在纤维增强金属中不能选用耐热性低的玻璃纤维和有机纤维，而主要使用硼纤维、碳纤维、碳化硅纤维和氧化铝纤维。基体金属用得较多的是铝、镁、钛及某些合金。

碳纤维是金属基复合材料中应用最广泛的增强材料。碳纤维增强铝具有耐高温、耐热疲劳、耐紫外线和耐潮湿等性能，适合于在航空、航天领域中做飞机的结构材料。硼纤维增强铝也用于空间技术和军事方面。

碳化硅纤维增强铝比铝轻 10%，强度高 10%，刚性高一倍，具有更好的化学稳定性、耐热性和高温抗氧化性。它们主要用于汽车工业和飞机制造业。用碳化硅纤维增强钛做成的板材和管材已用来制造飞机垂尾、导弹壳体和空间部件。

8.4.3 纤维增强陶瓷基复合材料

随着对高温高强材料的要求愈来愈高，人们转向研制陶瓷基复合材料。基体陶瓷大体有 Al_2O_3，$MgO \cdot Al_2O_3$，SiO_2，$Al_2O_3 \cdot ZrO_2$，Si_3N_4，SiC 等。增强材料有碳纤维、碳化硅纤维和碳化硅晶须。所谓晶须就是由晶体生长形成的针状短纤维。

纤维增强陶瓷可以增加陶瓷的韧性，这是解决陶瓷脆性的途径之一。由纤维增强陶瓷做成的陶瓷瓦片，用粘接剂贴在航天飞机机身上，使航天飞机能安全地穿越大气层回到地球上。

复 习 题

1. 举例说明什么是天然材料和合成材料。
2. 请写出聚苯乙烯和尼龙-66 两个聚合物的单体和结构单元。
3. 举例说明什么是加成聚合反应和缩合聚合反应。
4. 为什么说所有蛋白质分子都是聚酰胺？
5. 什么叫共聚合？有哪几种共聚物？
6. 试解释合成高分子化合物为什么没有确定的分子量？
7. 何谓热塑性和热固性？请各举出三种热塑性塑料和热固性塑料。
8. 高分子一般都是绝缘性物质，什么样的高分子才能够导电？

9. 下列聚合物的商品名叫什么？

聚乙酸乙烯酯，聚丙烯腈，聚甲基丙烯酸甲酯，聚酰胺，聚对苯二甲酸二乙酯

10. 什么是硫化剂？橡胶为什么需要硫化？

第9章

生命现象与化学

自然界可以分为有机界(生命的)和无机界(无生命的)。而生命的本质正是生命学科研究的核心。生物体系以生命物质为基础构成,生命过程本身就是无数化学变化的综合表现。一个活的机体必须有储存和传递信息、繁衍后代、对内调节和对外适应、合理而有效地利用环境的物质与能量等等功能。从分子水平看,这些功能正是许多有生物活性分子之间的有组织的化学反应的表现。在这些反应中,一种反应的产物成了另一种反应的起点。生命是以一套在细胞内外发生的为整体生物所调控的动态化学过程为基础,当这些过程停止时,生命就停止。生命的停止不意味着一切化学反应的终结,而是生物体的分解降解全部变成无机物的另一套过程的开始。在研究生物体的物质基础和生命活动基本规律的领域里,化学不仅提供方法和材料,而且在提供理论、观点、技术等方面发挥着重要作用。

生命科学以生物体的生命过程为研究对象,是生物学、化学、物理学、数学、医学、环境科学等学科之间相渗透形成的交叉学科,而生命科学的研究在解决粮食、能源、人体健康等人类社会主要问题中有重要作用。不少人认为,21世纪是生命科学的世纪。因此对生命科学,特别是对构成生命的糖类、蛋白质、核酸等基本物质以及与生命现象有关的化学有一个粗略的了解,是十分必要的。

9.1 生命体中的重要有机化合物

9.1.1 糖类

糖是自然界存在的一大类具有生物功能的有机化合物。它主要是由绿色植物光合作用形成的。这类物质主要由C,H和O所组成,其化学式通常以$C_n(H_2O)_n$表示,其中C,H,O的原子比恰好可以看作由碳和水复合而成,所以有碳水化合物之称,其实糖类物质是多羟基醛类或酮以及以它们为构筑单元所形成的聚合物。作为构筑单元的糖称为**单糖**,它的聚合物称为**多糖**。常见的葡萄糖和果糖都是单糖类,它们的链状结构是

```
      CHO                 CH2OH
       |                    |
   H—C—OH                 C=O
       |                    |
  HO—C—H              HO—C—H
       |                    |
   H—C—OH              H—C—OH
       |                    |
   H—C—OH              H—C—OH
       |                    |
      CH2OH               CH2OH
```

葡萄糖　　　　果糖

由上述结构式可见,葡萄糖含有一个醛基($—C(=O)H$),六个碳原子,称己醛糖;而果糖则含有一个酮基($—C(=O)—$),六个碳原子,称己酮糖。此外,植物体内的淀粉、纤维素,动物体内的糖原、甲壳素等则属于多糖类。糖类物质的主要生物学功能是通过生物氧化而提供能量,以满足生命活动的能量需要。

单糖不仅有多羟基醛酮链状结构,还可以通过羰基与分子内的羟基结合成环状结构:

```
      OH                       CH2OH
      |                          |
   H—C————————┐             HO—C————————┐
      |         |                |         |
  (CHOH)n-1     O            (CHOH)n-1     O
      |         |                |         |
   H—C————————┘                 CH2————————┘
      |
     CH2OH
```

环状醛糖　　　　环状酮糖

多糖能水解为很多个单糖分子。多糖广泛存在于自然界,是一类天然的高分子化合物。多糖在性质上与单糖、低聚糖有很大的区别,它没有甜味,一般不溶于水。与生物体关系最密切的多糖是淀粉、糖原和纤维素。

淀粉是葡萄糖的高聚体,水解到二糖阶段为麦芽糖,完全水解后得到葡萄糖。淀粉有直链淀粉和支链淀粉两类。直链淀粉含几百个葡萄糖单元,支链淀粉含几千个葡萄糖单元。在天然淀粉中直链的约占22%~26%,它是可溶

性的，其余的则为支链淀粉。当用碘溶液进行检测时，直链淀粉液呈显蓝色，而支链淀粉与碘接触时则变为红棕色。图 9-1 和图 9-2 分别为直链淀粉和支链淀粉结构示意图。支链淀粉是多分子的特征。

图 9-1　直链淀粉结构示意图

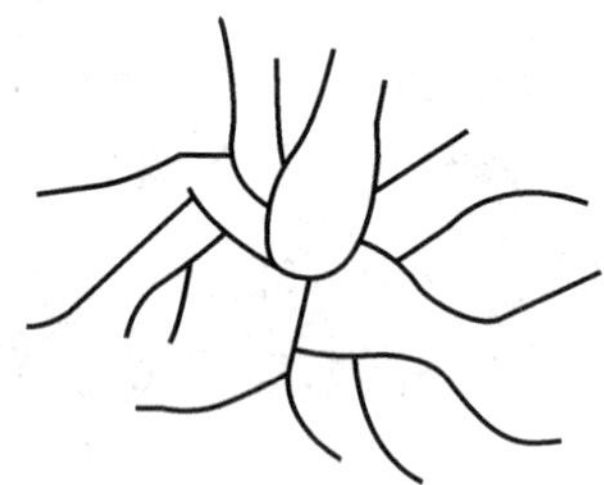

图 9-2　支链淀粉结构示意图

淀粉是植物体中贮存的养分，存在于种子和块茎中，各类植物中的淀粉含量都较高，大米中含淀粉 62% ~86%，麦子中含淀粉 57% ~75%，玉蜀黍中含淀粉 65% ~72%，马铃薯中则含淀粉 12% ~14%。淀粉是食物的重要组成部分，咀嚼米饭等时感到有些甜味，这是因为唾液中的淀粉酶将淀粉水解成了单糖。食物进入胃肠后，还能被胰脏分泌出来的淀粉酶水解，形成的葡萄糖被小肠壁吸收，成为人体组织的营养物。支链淀粉部分水解可产生称为糊精的混合物。糊精主要用作食品添加剂、胶水、糨糊，并用于纸张和纺织品的制造(精整)等。

糖原又称动物淀粉，是动物的糖贮存库，也可看做体内能源库。糖原的结构与支链淀粉有基本相同的结构(葡萄糖单位的分支链)，只是糖原的分支更多。糖原呈无定形无色粉末，较易溶于热水，形成胶体溶液。糖在动物的肝脏和肌肉中含量最大，当动物血液中葡萄糖含量较高时，就会结合成糖原储存于肝脏中，当葡萄糖含量降低时，糖原就可分解成葡萄糖而供给机体能量。

纤维素是自然界中最丰富的多糖。它是没有分支的链状分子，与直链淀粉一样，是由 D-葡萄糖单位组成。纤维素结构与直链淀粉结构间的差别在于 D-葡萄糖单位之间的连接方式不同。由于分子间氢键的作用，使这些分子链平行排列、紧密结合，形成了纤维束，每一束有 100 ~200 条纤维系分子链。这些纤维束拧在一起形成绳状结构，绳状结构再排列起来就形成了纤维素，如图

9-3 所示。纤维素的机械性能和化学稳定性与这种结构有关。

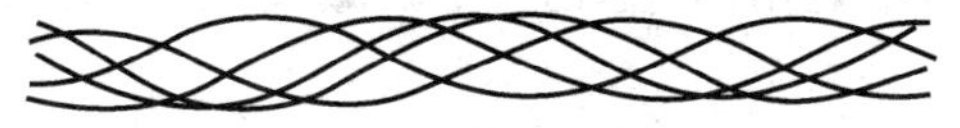

图 9-3 扭在一起的纤维素链

淀粉与纤维素仅仅是结构单体在构型上的不同,却使它们有不同的性质。淀粉在水中会变成糊状,而纤维素不仅不溶于水,甚至不溶于强酸或碱。人体中由于缺乏具有分解纤维素结构所必需的酶(生物催化剂),因此纤维素不能为人体所利用,就不能作为人类的主要食品。但纤维素能促进肠的蠕动而有助于消化,适当食用是有益的。牛、马等动物的胃里含有能使纤维素水解的酶,因此可食用含大量纤维素的饲料。纤维素是植物支撑组织的基础,棉花中纤维素含量高达 98%,亚麻和木材中含纤维素分别为 80% 和 50% 左右。纤维素是制造人造丝、人造棉、玻璃纸、火棉胶等的主要原料。

多糖水解不是一步成为单糖的。如淀粉水解成糊精,再水解成为麦芽糖,最终成为葡萄糖。这些由少数(2~6 个)单糖分子构成的糖称为**寡糖**(又称低聚糖),其中以双糖存在最为广泛,人们食用的蔗糖(来自甘蔗和甜菜)就是由葡萄糖和果糖形成的双糖,甜度较差的麦芽糖(来自淀粉)可用做营养基和培养基,来自乳汁的乳糖甜度适中,用于食品工业和医药工业,它们也都是双糖。

生物界对能量的需要和利用均离不开糖类。生物界对太阳能的利用归根到底始于植物的光合作用和 CO_2 的固定,与这两种现象密切相关的都是糖类的合成。光合作用是自然界将光能转变为化学能的主要途径。

光合作用是一个很复杂的过程,其总反应为 CO_2 和 H_2O 在叶绿素的作用下吸收太阳能转化为多糖类,把能量转化为化学能贮存起来。

$$6CO_2+6H_2O+\text{能量(太阳光)}\xrightarrow{\text{叶绿素}}C_6H_{12}O_6+6O_2$$

在光合作用中,CO_2 被还原为糖,H_2O 中的氧被氧化成 O_2:

$$6CO_2+24H^++24e^-\longrightarrow C_6H_{12}O_6+6H_2O$$

$$12H_2O\longrightarrow 6O_2+24H^++24e^-$$

叶绿素是含镁的配合物,具有复杂的结构,它能吸收可见光。当叶绿素吸收光子后,能量就被称为叶绿体的植物细胞中的亚细胞组分所摄取,通过一系列的步骤以化学势能的形式将能量贮存起来,上述的光合作用常称为光反应(在光照射下才发生的反应),能在黑暗中进行的反应称为暗反应。在绿色植物细胞中发生的光反应和暗反应组成了光合作用的全过程。植物能通过光合作用而制造糖类,动物不能发生光合作用,但可通过摄取植物而得到。动植物体内发生代谢作用时,碳水化合物氧化成 CO_2 和 H_2O(光合作用的逆反应),同时释放出能量,转移给通用的“生化能量贮藏室”三磷酸腺苷(ATP),以供生命活动的需要。

光合作用是自然界的基本反应之一,说不清它发生了几亿年,认识光合作用的机理是近年的科技成果,德国科学家 Deisenhofer J, Huber R 和 Micher H 因阐明光合作用机理而获诺贝尔化学奖。

糖类不仅是生物体的能量来源,而且在生物体内发挥其他作用,因为糖类可以与其他分子形成复合物,即复合糖类。例如糖类与蛋白质可组成糖蛋白和蛋白聚糖,糖类可以与脂类形成糖脂和多脂多糖等。复合糖类在生物体内的种类和结构的多样性及功能的复杂性,更是超过了简单糖。糖类在生物界的重要性还在于它对各类生物体的结构支持和保护作用。很多软体动物的体外有一层硬壳,组成这层硬壳的物质包括被称为基质的甲壳素。甲壳素的主要成分是乙酰氨基葡萄糖为结构单元的多糖。甲壳素的分子结构因此也和纤维素很相似,具有高度的刚性,能忍受极端的化学处理。在动物细胞表面没有细胞壁,但细胞膜上有许多糖蛋白,而且细胞间存在着细胞间质,其主要组分是结构糖蛋白和多种蛋白聚糖构成,另外,还有含糖的胶原蛋白,胶原蛋白也是骨的基质。这些复合糖类对动物细胞也有支持和保护作用。

糖类还能通过很多途径影响生物体的生命过程,其中有些是有益于健康的,有些是有害的。在生物体内有很多水溶性差的有机化合物,有的来自食物(有的是体内的代谢产物),它们长期储存在体内是有害的。生物体内有一些酶能催化葡萄糖醛酯和许多水溶性差的化合物相连接,使后者能溶于水中,进而被排出体外,这时糖类起到了解毒的作用。

9.1.2　蛋白质、氨基酸、肽键

蛋白质是细胞结构里最复杂多变的一类大分子,它存在于一切活细胞中。1839 年德国化学家 Mulder G T 给这类化合物起名叫做蛋白质(protein),意思是“头等重要的”。所有的蛋白质都含 C,N,O,H 元素,大多数蛋白质还含 S 或 P,也有些含其他元素如 Fe,Cu,Zn 等。多数蛋白质的分子量范围在 1.2 万至 100 万间。蛋白质是氨基酸聚合物,水解时产生的单体叫氨基酸。蛋白质的种类繁多,功能迥异,各种特殊功能是由蛋白质分子里氨基酸组合和顺序决定的。

构成蛋白质的氨基酸是 α-氨基酸,为方便起见,简称**氨基酸**。它们是 α-碳[羧基(—COOH)旁边的碳]上有一个氨基(—NH_2)的有机酸。事实上,同时有氨基和羧基的化合物,都叫氨基酸。α-氨基酸的结构通式如下:

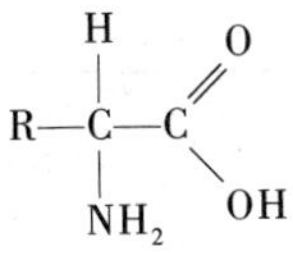

$R-CH(NH_2)-COOH$

α-氨基酸的通式

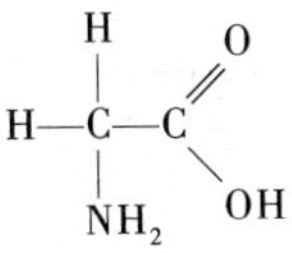

$H-CH(NH_2)-COOH$

甘氨酸

氨基酸中的 R 基侧链是各种氨基酸的特征基团。最简单的氨基酸是甘氨酸,其中的 R 是一个 H 原子。

人体内的主要蛋白质大约由 20 种氨基酸组成,它们的 R 基团如表 9-1 所示。

表 9-1 20 种氨基酸

名称	R 基	符号
甘氨酸	H—	Gly
丝氨酸	$HO-CH_2-$	Ser
苏氨酸	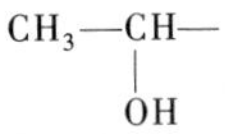 $CH_3-CH(OH)-$	Thr
半胱氨酸	$HS-CH_2-$	Cys
酪氨酸	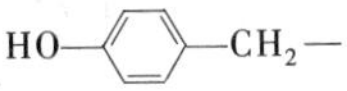 $HO-C_6H_4-CH_2-$	Tyr
天冬酰胺	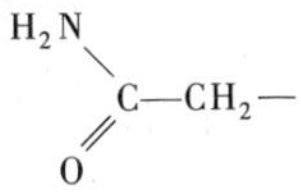 $H_2N-C(=O)-CH_2-$	Asn
谷氨酰胺	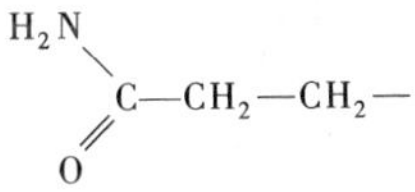 $H_2N-C(=O)-CH_2-CH_2-$	Gln
冬氨酸	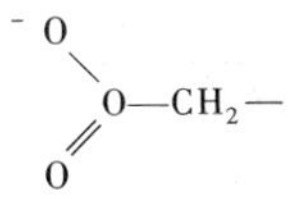 $^{-}O-O(=O)-CH_2-$	Asp
谷氨酸	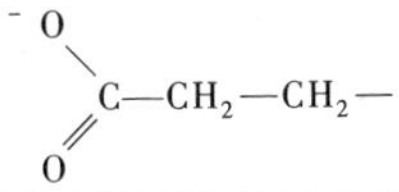 $^{-}O-C(=O)-CH_2-CH_2-$	Glu
丙氨酸	CH_3-	Ala
* 缬氨酸	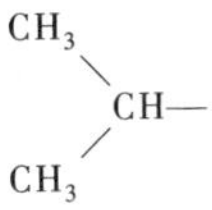 $(CH_3)_2CH-$	Val

续表

名称	R 基	符号
* 亮氨酸	$(CH_3)_2CH—CH_2—$	Leu
* 异亮氨酸	$CH_3—CH_2—CH(CH_3)—$	Ile
脯氨酸	$H_2C—CH_2—CH_2—NH$（环状，H_2C、H_2C、H_2C、N—H）	Pro
* 苯丙氨酸	$C_6H_5—CH_2—$	Phe
* 色氨酸	吲哚基$—CH_2—$（N—H）	Trp
* 甲硫氨酸(蛋氨酸)	$CH_3—S—CH_2—CH_2—$	Met
* 赖氨酸	$H_3\overset{+}{N}—CH_2—CH_2—CH_2—CH_2—$	Lys
* 精氨酸	$H_2N—C(=\overset{+}{N}H_2)—NH—CH_2—CH_2—CH_2—$	Arg
* 组氨酸	$HC=C—CH_2—$（咪唑环：HC=C、HN、NH、$\overset{+}{=}$CH）	His

* 代表必需氨基酸；精氨酸和组氨酸对儿童为必需氨基酸，但对成人却不是必需氨基酸。

蛋白质中的氨基酸是 L-构型。（氨基酸有 L-构型和 D-构型，它们彼此类似但构型不同，将它们重叠时，它们并非等同，而是互为镜像，不能重叠，这两种构型分别为 L-型和 D-型。单糖也有 D-，L-两种异构体，与人类关系密切的是 D-葡萄糖和D-果糖。）

人体需要 L-氨基酸而不能利用 D-氨基酸。L-和 D-构型的 α-氨基酸如下所示

$$\begin{array}{c} COOH \\ | \\ H_2N-C-H \\ | \\ R \end{array} \qquad\qquad \begin{array}{c} COOH \\ | \\ H-C-NH_2 \\ | \\ R \end{array}$$

L-氨基酸 D-氨基酸

蛋白质分子中氨基酸连接的基本方式是一分子氨基酸的羧基与另一分子氨基酸的氨基，通过脱水（缩合反应），形成一个酰胺键 $\overset{O}{\overset{\|}{-C}}-NH-$，新生成的化合物称为肽。肽分子中的酰胺键亦称**肽键**。

最简单的肽由两个氨基酸组成，称为二肽。例如两个甘氨酸分子缩合成二肽，甘氨酰甘氨酸（符号为 Gly-Gly）：

$$H-\underset{H}{\underset{|}{N}}-\underset{H}{\underset{|}{\overset{H}{\overset{|}{C}}}}-\overset{O}{\overset{\|}{C}}-OH + H-\underset{H}{\underset{|}{N}}-\underset{H}{\underset{|}{\overset{H}{\overset{|}{C}}}}-\overset{O}{\overset{\|}{C}}-OH \longrightarrow H-\underset{H}{\underset{|}{N}}-\underset{H}{\underset{|}{\overset{H}{\overset{|}{C}}}}-\overset{O}{\overset{\|}{C}}-\underset{H}{\underset{|}{N}}-\underset{H}{\underset{|}{\overset{H}{\overset{|}{C}}}}-\overset{O}{\overset{\|}{C}}-OH + HOH$$

甘氨酸 甘氨酸 甘氨酰甘氨酸（肽键）

肽键中的氨基酸由于参与肽键的形成已经不是原来完整的分子，因此称为氨基酸残基。含有三个、四个、五个等氨基酸残基的肽分别称为三肽、四肽、五肽等。肽的命名是根据参与其组成的氨基酸残基来确定的，通常从肽键的 NH_2 末端氨基酸残基开始，称为某氨基酰某氨基酰……某氨基酸。具有下列化学结构的五肽命名为丝氨酰甘氨酰酪氨酰丙氨酰亮氨酸，可用符号 Ser-Gly-Tyr-Ala-Leu 表示。

Ser Gly Tyr Ala Leu

$$(NH_2\text{末端})H_3N^+-\underset{\underset{OH}{|}}{\underset{CH_2}{\underset{|}{\overset{H}{\overset{|}{C}}}}}-\overset{O}{\overset{\|}{C}}-\overset{H}{\overset{|}{N}}-\underset{H}{\underset{|}{\overset{H}{\overset{|}{C}}}}-\overset{O}{\overset{\|}{C}}-\overset{H}{\overset{|}{N}}-\underset{CH_2C_6H_4OH}{\underset{|}{\overset{H}{\overset{|}{C}}}}-\overset{O}{\overset{\|}{C}}-\overset{H}{\overset{|}{N}}-\underset{CH_3}{\underset{|}{\overset{H}{\overset{|}{C}}}}-\overset{O}{\overset{\|}{C}}-\overset{H}{\overset{|}{N}}-\underset{CH_2CH(CH_3)_2}{\underset{|}{\overset{H}{\overset{|}{C}}}}-COO^-(COOH\text{末端})$$

↑肽键

若由两种不同的氨基酸如甘氨酸和丙氨酸来进行缩合，则可能形成两种不同的二肽：

```
            ↙肽键
  H   H   O       H   O
  |   |   ‖       |   ‖
H—N—C—C—N—C—C—OH
      |       |   |
      H       H   CH3
```

甘氨酰丙氨酸(Gly-Ala)

```
    肽键  ↘
  H   H   O   H   O
  |   |   ‖   |   ‖
H—N—C—C—N—C—C—OH
      |       |   |
      CH3     H   H
```

丙氨酰甘氨酸(Ala-Gly)

多个氨基酸失水形成的肽称多肽,多肽一般是链状化合物。若 4 种氨基酸(例如甘氨酸 Gly,丙氨酸 Ala,丝氨酸 Ser 和胱氨酸 Cy①)排列组合,可能的连结方式则有 24 种:

Gly_Ala_Ser_Cy	Ala_Gly_Ser_Cy	Ser_Ala_Gly_Cy	Cy_Ala_Gly_Ser
Gly_Ala_Cy_Ser	Ala_Gly_Cy_Ser	Ser_Ala_Cy_Gly	Cy_Ala_Ser_Gly
Gly_Ser_Ala_Cy	Ala_Ser_Gly_Cy	Ser_Gly_Ala_Cy	Cy_Gly_Ala_Ser
Gly_Ser_Cy_Ala	Ala_Ser_Cy_Gly	Ser_Gly_Cy_Ala	Cy_Gly_Ser_Ala
Gly_Cy_Ser_Ala	Ala_Cy_Gly_Ser	Ser_Cy_Ala_Gly	Cy_Ser_Ala_Gly
Gly_Cy_Ala_Ser	Ala_Cy_Ser_Gly	Ser_Cy_Gly_Ala	Cy_Ser_Gly_Ala

17 种不同的氨基酸组合的不同方式可达到 3.56×10^{14}种。但目前在自然界中已发现的蛋白质种类比起这个数目来还差得很远。同样,由一组氨基酸按不同顺序组成的蛋白质种类的理论数目和实际存在于细胞中的种类数也相差甚远。这个现象说明只有某些氨基酸并按某几种顺序组合而成的蛋白质才与生命或生理活性有关。

蛋白质分子是由一条或多条多肽链构成的生物大分子。蛋白质的种类很多,以前认为蛋白质都是天然的,但现在差不多任何顺序的肽链都能合成,包括自然界里没有的。所以种类是无限的,其中有的已知有生物功能和活性。按分子形状来分有球蛋白和纤维蛋白。球蛋白溶于水、易破裂,具有活性功能,而纤维状蛋白不溶于水,坚韧,具有结构或保护方面的功能,头发和指甲里的角蛋白就属纤维状蛋白。按化学组成来分有简单蛋白和复合蛋白,简单蛋白只由多肽链组成,复合蛋白由多肽链和辅基组成,辅基包括核苷酸、糖、脂、色素(动植物组织中的有色物质)和金属配离子等。

为了表示蛋白质结构的不同层次,经常使用一级结构、二级结构、三级结构和四级结构这样一些专门术语。一级结构就是共价主链的氨基酸顺序,二、三和四级结构又称空间结构(即三维构象)或高级结构。

① 半胱氨酸(Cys)在蛋白质中经常以其氧化型的胱氨酸(Cy)存在。

一级结构决定了蛋白质的功能，对它的生理活性也很重要，顺序中只要有一个氨基酸发生变化，整个蛋白质分子会被破坏。催产素（促进子宫肌肉收缩）、加压素（增加血压）、舒缓激肽（调节血压）和牛胰岛素的化学结构即一级结构，如图 9-4 所示。

Cys－Tyr－Ile－Gln－Asn－Cys－Pro－Leu－Gly
└──────S－S──────┘　　　　　　　|
　　　　　　　　　　　　　　　　　　NH_2

牛催产素

Cys－Tyr－Phe－Gln－Asn－Cys－Pro－Arg－Gly
└──────S－S──────┘　　　　　　　|
　　　　　　　　　　　　　　　　　　NH_2

牛加压素

Arg–Pro–Pro–Gly–Phe–Ser–Pro–Phe–Arg

舒缓激肽

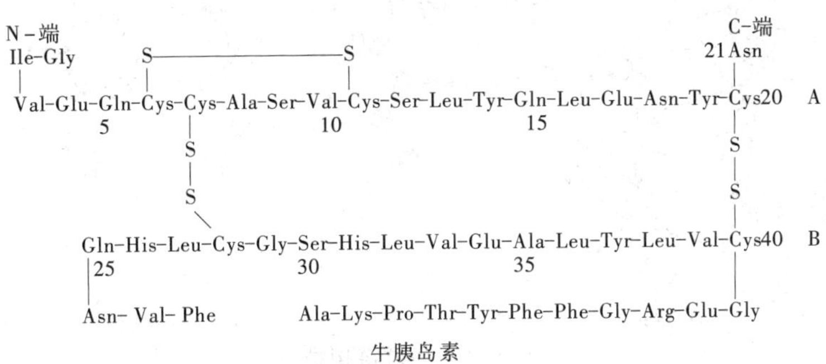

牛胰岛素

图 9-4　牛催产素、加压素、胰岛素、舒缓激肽的化学结构

蛋白质的二级结构是指蛋白质分子中多肽链本身的折叠方式。例如角蛋白中的多肽链，排列成卷曲形，称为 α-螺旋。在这种结构里，氨基酸形成螺旋圈，肽键中与氮原子相联的氢，与附在沿链更远处的肽键中和碳原子相连的氧以氢键相结合。而丝的纤维蛋白具有不同的二级结构。在丝里，几种走向不同的肽链互相紧靠，使蛋白成为“之”字形，所以有折叠结构之称，也称 β 构型。链是由氢链联结的，R 基团向上或向下延伸。α 螺旋和折叠结构分别如图 9-5(a)，(b)所示。

蛋白质的三级结构是指二级结构折叠卷曲形成的结构。一般讲，球蛋白是一个折叠得非常紧密的球形，如图 9-6 所示。蛋白质的四级结构是指几个蛋白质分子（称为亚基）聚集成的高级结构。高级结构不再进一步讨论。

蛋白质广泛而又多变的功能决定了它们在生理上的重要性。蛋白质的生物学功能是多种多样的。例如有的作为催化剂（酶），有的起运输、调节或防御作用。这些作用都与蛋白质复杂的结构紧密相关。

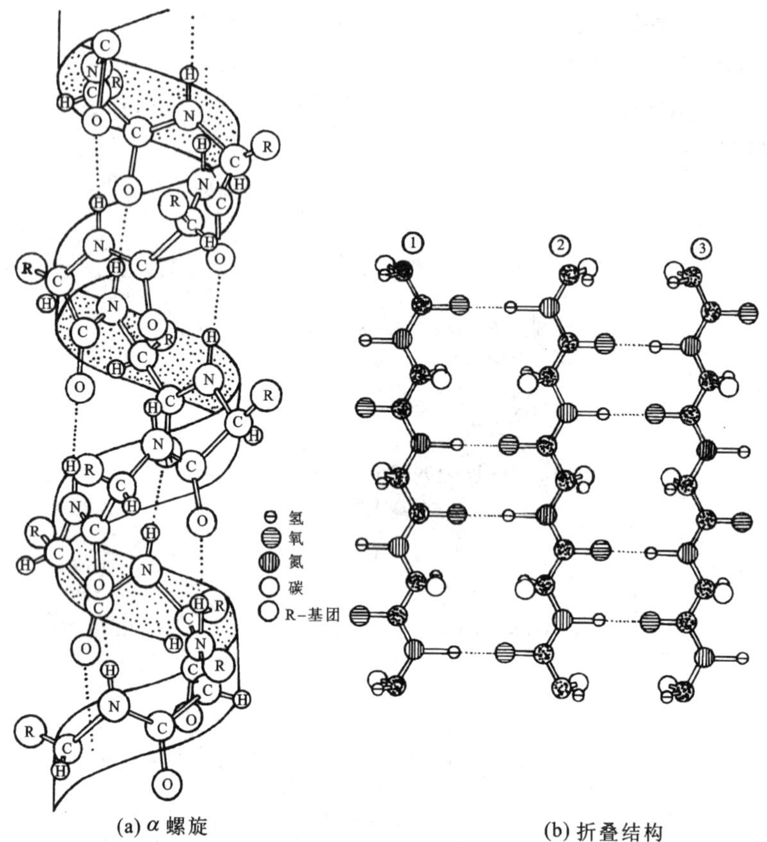

(a) α 螺旋　　(b) 折叠结构

图 9-5　多肽链构型

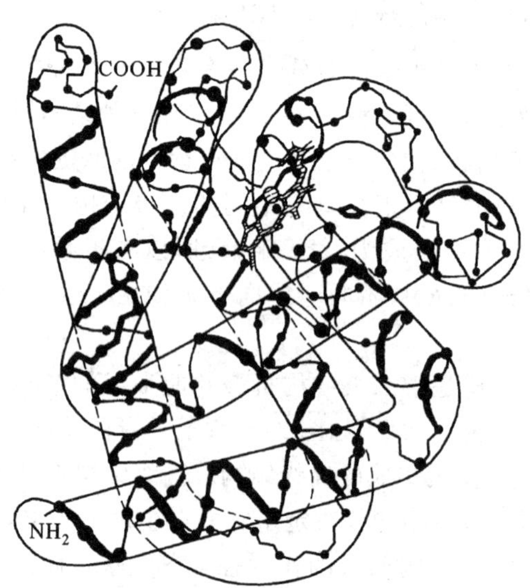

图 9-6　肌红蛋白的三级结构(根据 2 Å 分辨率的资料分析所得的结构)

9.1.3 酶

人类从发明酿酒、造醋、制酱、发面时起,就对生物催化作用有了初步的认识,不过当时并不知道有酶这类生物催化剂。进入 19 世纪后期,人们已积累了不少关于酶的知识,认识到酶来自生物细胞。进入 20 世纪,不仅发现了很多酶,而且酶的提取、分离、提纯等技术有了很大的发展,并注意到有不少酶在作用中需要低分子量的物质(辅酶)参与,对酶的本质进行了深入的研究。1926 年第一次成功地从刀豆中提取了脲酶的结晶,并证明每种结晶具有蛋白质的化学本质,它能催化尿素分解为 NH_3 和 CO_2。尔后,相继分离出许多酶(如胃蛋白酶、胰蛋白酶等)的晶体。科学实验证明了酶的化学组成同蛋白质一样,也是由氨基酸组成的,它们都具有蛋白质的化学本性。至今,人们已鉴定出 2 000 种以上的酶,其中有 200 多种已得到了结晶。**酶是一类由生物细胞产生的、以蛋白质为主要成分的、具有催化活性的生物催化剂。**

酶催化作用,有其很多特点,最主要的如下。

(1) 酶是由生物细胞在基因指导下合成的,其主要成分是蛋白质。

(2) 酶催化反应都是在比较温和的条件下进行的。例如在人体中的各种酶促反应,一般是在体温(37℃)和血液 pH 约为 7 的情况下进行的,这与它的特定结构有关。因此酶对周围环境的变化比较敏感,若遇到高温、强酸、强碱、重金属离子、配位体或紫外线照射等因素的影响时,易失去它的催化活性。

(3) 酶具有高度的专一性,即某一种酶仅对某一类物质甚至只对某一种物质的给定反应起催化作用,生成一定的产物。如脲酶只能催化尿素水解生成 NH_3 和 CO_2,而对尿素的衍生物和其他物质都不具有催化水解的作用,也不能使尿素发生其他反应。酶的这种专一性通常可用酶分子的几何构象给予解释。如麦芽糖酶是一种只能催化麦芽糖水解为两分子葡萄糖的催化剂,这是由于麦芽糖酶的活性部位(即反应发生的位置)能准确地结合一个麦芽糖分子,当两者相遇时,使两个单糖单位相连接的链合变弱,其结果是水分子的进入并发生水解反应。麦芽糖酶不能使蔗糖水解,使蔗糖水解的是蔗糖酶。早年提出"一把钥匙开一把锁"的酶催化锁钥模型如图 9-7 所示。

近年来的研究结果表明,把酶和底物看成刚性分子是不完善的,实际上它们的柔性使二者可以相互识别相互适应而结合。

(4) 酶促反应所需要的活化能低,而且催化效率非常高。例如,H_2O_2 分解为 H_2O 和 O_2 所需的活化能是 75.3 $kJ \cdot mol^{-1}$;用胶态铂作催化剂活化能降为 49 $kJ \cdot mol^{-1}$;当用过氧化氢酶催化时的活化能仅需 8 $kJ \cdot mol^{-1}$左右,并且 H_2O_2 分解的效率可提高 10^9 倍!

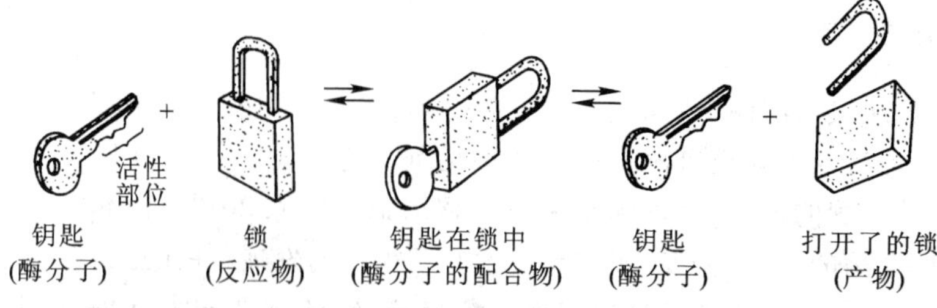

图 9-7　酶催化作用的锁-钥理论

这是一个过于简单化的比喻，但它说明了一个重要的问题，通过减少开始这项工作所需要的能量，酶使得这项困难的工作变容易了。就像钥匙只能适合于特殊钥匙孔的形状一样，酶在活性部位具有只允许对某些分子起作用的特殊的结构

从酶的化学组成来看，可分成单纯酶和结合酶两大类。单纯酶的分子组成全为蛋白质，不含非蛋白质的小分子物质。如脲酶、蛋白酶、淀粉酶、脂肪酶、核糖核酸酶等都属单纯酶。结合酶的分子组成除蛋白质外，还含有对热稳定的非蛋白质的小分子物质，这种非蛋白质部分叫做辅助因子。酶蛋白与辅助因子结合后所形成的复合物或配合物叫做全酶。辅助因子是这类酶起催化作用的必要条件，缺少了它们，酶的催化作用即行消失，酶蛋白、辅助因子各自单独存在时都无催化作用。酶的辅助因子可以是金属离子[如 Cu(Ⅱ)，Zn(Ⅱ)，Fe(Ⅲ)，Mg(Ⅱ)，Mn(Ⅱ)等]的配合物(如血红素、叶绿素等)，也可以是复杂有机化合物。

人体对食物的消化、吸收，通过食物获取能量，以及生物体内复杂的代谢过程都包含许多化学反应，必须有各种不同的酶参与作用。这些专一性的酶组成一系列酶的催化体系，维持生物体内各种代谢过程有规律的进行。

新陈代谢简称**代谢**。代谢包含物质代谢与能量代谢两部分，实际上两者不可分。物质代谢是泛指生物体与外界不断交换物质的过程，包括从体外吸取养料和物质在体内的变化。狭义的代谢是指物质在细胞中的合成和分解过程，一般称中间代谢。合成代谢一般是将简单物质变成复杂物质，而分解代谢则是将复杂物质变为简单物质。代谢过程是生命现象的基本特征。糖、脂肪和蛋白质的合成途径各有不同，但它们的分解途径的共同点是，氧化成 CO_2 和 H_2O。

生物体是通过物质的氧化获得能量的，但物质氧化时所产生的能量一般不能直接被利用。机体利用能量的方式是将生物氧化系统释放的能量，以高能键的形式先贮存在生物体内的 ATP 中(ATP 是核苷酸-三磷酸腺苷英文名称的缩写，其分子是由一分子腺嘌呤，一分子核糖和三分子磷酸连接而成)，当需要时再释放出来供各种生理活动和生化反应需用。所以在物质代谢同时也有能量代谢。

生物氧化过程,即是由各种有机物(食物来源)在酶的作用下,氧化生成 CO_2 和 H_2O,并释放出能量的过程。

$$\text{有机物} + O_2 \xrightarrow{\text{酶}} CO_2 + H_2O + \text{能量}$$

由于酶的催化作用,生物氧化得以在比较温和的条件下及有水的环境中进行,并且能量主要是以自由能形式逐步释放直接供给需要能量的过程。

通过食物氧化得到的能量主要用于合成 ATP。然后在适当的催化剂存在时,ATP 将经历三步水解,其提供的能量可用来引起其他化学反应。各种生物活动,如核酸、蛋白质的生物的合成、糖、脂肪、药物等物质的代谢,以及细胞内外物质的转运等等,都有 ATP 参与。ATP 被称为生物体内的能量使者。

对于大多数细胞代谢过程的酶已经有了较多的了解。目前酶学研究中的新领域包括:酶合成的遗传控制与遗传病、许多酶系统的自我调节性质、生长发育及分化中酶的作用与肿瘤及衰老的关系、细胞相互识别过程中酶的作用等等。

9.1.4 核酸

核酸是一类多聚核苷酸,它的基本结构单位是核苷酸。采用不同的降解法可以将核酸降解成核苷酸,核苷酸还可进一步分解成核苷和磷酸,核苷再进一步分解生成碱基(含 N 的杂环化合物)和戊糖。也就是说核酸是由核苷酸组成的,而核苷酸又由碱基、戊糖与磷酸组成。

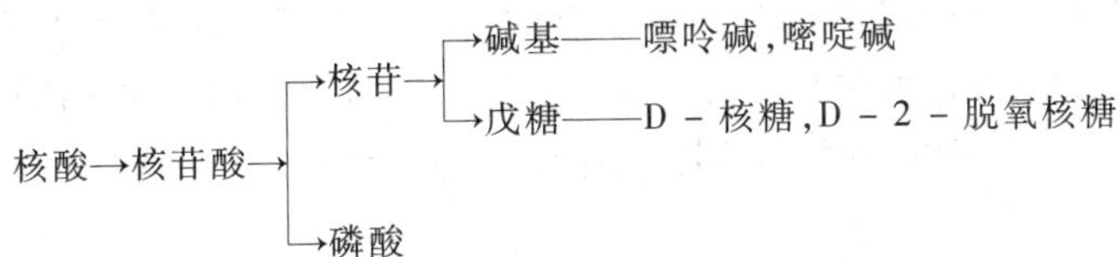

核酸中的碱基分两大类:嘌呤碱与嘧啶碱。核酸中的戊糖有两类:D-核糖和 D-2-脱氧核糖。核酸的分类就是根据核酸中所含戊糖种类不同而分为核糖核酸(RNA)和脱氧核糖核酸(DNA)两大类。

RNA 中的碱基主要有四种:腺嘌呤、鸟嘌呤、胞嘧啶、尿嘧啶。DNA 中的碱基主要也是四种,三种与 RNA 中的相同,只是胸腺嘧啶代替了尿嘧啶。两类核酸的基本化学组成见表 9-2。

DNA 的一级结构是由数量极其庞大的四种脱氧核糖核苷酸即:脱氧腺嘌呤核苷酸、脱氧鸟嘌呤核苷酸、脱氧胞嘧啶核苷酸和脱氧胸腺嘧啶核苷酸所组成。这四种核苷酸的排列顺序(序列)正是分子生物学家多年来要解决的问题。因为生物的遗传信息贮存于 DNA 的核苷酸序列中，生物界物种的多样性即寓于 DNA 分子四种核苷酸千变万化的不同排列之中。

表 9-2　两类核酸的基本化学组成

	DNA	RNA
嘌呤碱	腺嘌呤 鸟嘌呤	腺嘌呤 鸟嘌呤
嘧啶碱	胞嘧啶 胸腺嘧啶	胞嘧啶 尿嘧啶
戊糖	D-2-脱氧核糖	D-核糖
酸	磷酸	磷酸

核酸是遗传信息的携带者与传递者。核酸有着几乎多得无限的可能结构，而生物体的遗传特征就反映在 DNA 分子的结构上，即 DNA 的结构携带着遗传的全部信息，就是通常所说的 DNA 携带着遗传的密码。生物体的遗传信息以密码的形式编码在 DNA 分子上，表现为特定的核苷酸排列顺序，并通过 DNA 的复制由亲代传递给子代。在后代的生长发育过程中，遗传信息自 DNA 转录给 RNA，然后翻译成特异的蛋白质，以执行各种生命功能，使后代表现出与亲代相似的遗传性状。所谓复制，就是指以原来 DNA 分子为模板合成出相同分子的过程。所谓转录，就是在 DNA 分子上合成出与其核苷酸顺序相对应的 RNA 的过程。而翻译则是在 RNA 的控制下，从 DNA 得来的核苷酸顺序合成出具有特定氨基酸顺序的蛋白质肽链的过程。由于生命活动是通过蛋白质来表现，所以生物的遗传特征实际上是通过 DNA→RNA→蛋白质过程传递的，就是遗传信息传递的中心法则，如图 9-8 所示。

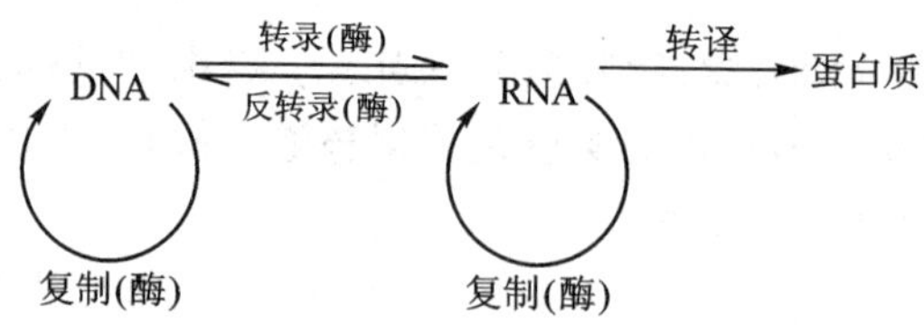

图 9-8　中心法则简示

1953 年，英国剑桥大学的 Watson 和 Crick 提出了著名的生物遗传物质 DNA 分子的双螺旋模型，这是生命化学、乃至生物学中的重大里程碑。这一发现为遗传工程的发展奠定了理论基础。DNA 分子双螺旋结构模型如图9-9

所示。

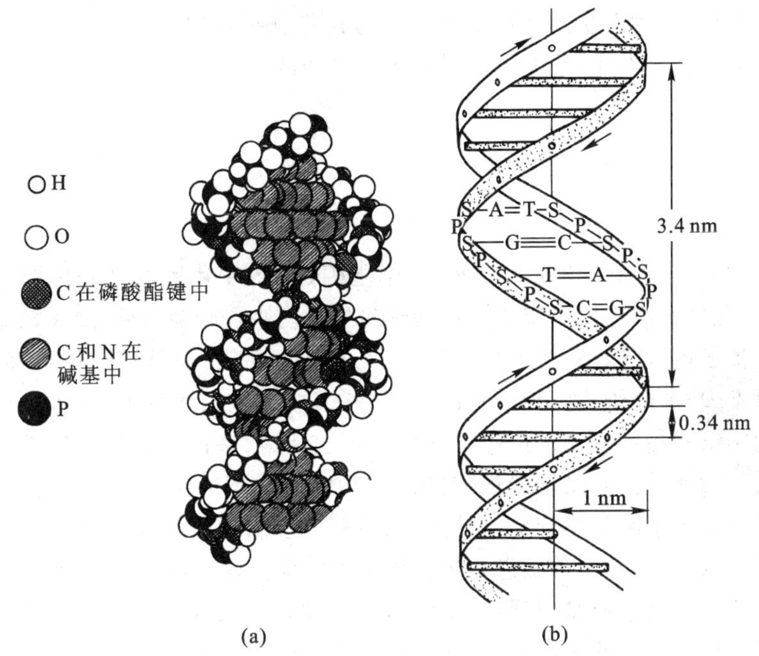

图 9-9 DNA 分子双螺旋结构模型(a)及其图解(b)

遗传工程从狭义上理解就是指 DNA 重组技术。即提取或合成不同生物的遗传物质(DNA),在体外切割、拼接和重新组合,然后通过载体将重组的DNA 分子引入受体细胞,使重组 DNA 在受体细胞中得以复制与表达。从遗传工程的概念看,遗传工程的直接目的就是改造生物,从而使其更好地为人类服务。例如,作为人类主要食物的谷类作物含有大量糖类,而人体所必需的蛋白质、氨基酸与维生素的含量却很少。有些微生物可以产生这些物质,用大规模发酵的方法培养微生物,进而提取这些物质,就可以进行工业化生产。采用DNA 重组及细胞融合等技术改造了苏氨酸、色氨酸、赖氨酸等氨基酸的生产菌,与原始菌株相比,氨基酸的含量提高了几十倍,且生产成本下降。这些氨基酸产品广泛用于营养食品、助鲜及饲料添加剂等生产,从而部分代替了粮食产品。又如,生物固氮的遗传工程研究是一个令人神往的重要领域,其目的就是培养出能自行供氮的作物。一切植物的生长都需要氮元素,大气中虽有80%的氮气,但除了豆科植物外,都不能直接利用空气中的分子态的 N_2。与豆科植物根部共生的根瘤菌可以固定分子态氮并转化成能被植物吸收的状态。如果把根瘤菌的固氮基因转移到水稻、小麦、玉米等作物细胞中,就有可能使这些作物直接利用空气中的氮，这不仅可提高产量，增加谷类作物的蛋白质含量，而且能大大节省化肥，从而降低生产成本，减轻环境污染。遗传工程研究的开展，将为解决人类面临的食品与营养、健康与环境、资源与能源等一系列重大问题开辟了新途径，也具有极大的经济潜力。

9.2　基因、遗传信息

基因是具有遗传功能的单元，一个基因是 DNA 片段中核苷酸碱基特定的序列，此序列载有某特定蛋白质的遗传信息。人们形象的将 DNA 碱基序列称为遗传编码，DNA 序列分析是揭开遗传密码的关键，也是基因研究的基础。

每个 DNA 分子含有很多基因，这些基因按一定顺序排列，就成为创造蛋白质的图纸和指挥复制的命令。现代遗传学认为，基因是控制生物性状的遗传物质的功能单位和结构单位，是有遗传效应的 DNA 片段，每个基因中可以含有成百上千个脱氧核苷酸。核酸贮存和传递遗传信息，蛋白质是基因作用的直接产物，并含有遗传信息。蛋白质是组成生物体的重要成分，生物体的性状主要是通过蛋白质来体现的，生物体内大部化学反应也离不开称作酶的蛋白质进行催化。因此，基因对性状的决定性作用是通过 DNA 控制蛋白质的合成来实现的。核酸是遗传信息的携带者与传递执行者，遗传信息由 DNA→RNA→蛋白质的表达过程，也称基因表达，是分子生物学（分子遗传学）研究的核心。

人体细胞约有 10 万个基因，迄今弄清楚的不到 5%。科学家们预言，将用 10 ~15 年测定出人类基因组 30 亿个碱基对（遗传密码）的全序列。一旦破译工作全部完成，就能掌握人类遗传信息，建立起完整的遗传信息库，由此危害人类健康的 5 000 多种遗传病以及与遗传密切相关的癌症、心血管疾病和精神疾患等，可以得到预测、预防、早期诊断与治疗。今后必将继续发现大量新的重要基因，如控制记忆与行为的基因，控制细胞衰老与程序性死亡的基因，新的癌基因与抑癌基因，以及与大量疾病有关的基因。这些成果将被用来为人类健康服务。

RNA 分子既有遗传信息功能又有酶的功能。在下一个世纪，人们将试图在实验室人工合成生命体，已有可能利用生物技术将保存在特殊环境中的古生物或冻干的尸体的 DNA 扩增，揭示其遗传密码，建立已绝灭生物的基因库，研究生物的进化与分类问题。

在生物医学发展激流中，对人类基因治疗的意义、策略、前景等的研究不断取得进展。人类基因治疗是将“目的基因”转移给“靶细胞”，从调控患者由于某种基因的缺失或突变造成功能异常的病变而达到治疗疾病的目的。目前基因治疗已试用于多种疾病,如遗传病基因治疗、艾滋病的基因治疗、肿瘤基因治疗等。肿瘤的发生被认为是基因表达调控失常以及与其周围组织相互作用关系的紊乱所致。一个正常细胞变成恶性细胞都涉及抗癌基因的丢失或失活,原癌基因被激活等步骤。从理论上推测,原癌基因和抗癌基因相对应,在特定条件下它们对细胞分裂起正负调控作用,因此通过抗癌基因调变基因表达,使肿瘤细胞逆转而恢复正常,是治疗肿瘤的理想途径。尽管临床基因治疗初见成效,但仍存在很多潜在的问题,如安全性急待立法,因为人类基因治疗是全新的医学领域,采用多种方法,治疗多种疾病,治疗结果难以预料,因此其临床应用需要专门机构审批。我国已成立审查基因治疗的专门机构,挂靠在卫生部药政司,对基因治疗采取严谨、稳妥、科学的审查,指导基因治疗的健康发展。

9.3 生物膜

细胞是人体和其他生物体一切生命活动结构与功能的基本单位。体内所有的生理功能和生化反应,都是在细胞及其合成排泄的基质(如细胞间隙中的胶原和蛋白聚糖)的物质基础上进行的。一切动物细胞都被一层薄膜所包裹,这称作细胞膜,为生物膜的一种,它把细胞内容物和细胞的周围环境分割开来。在地球上出现有生命物质和它由简单到复杂的长期演化过程中,生物膜的出现是一次飞跃,它使细胞能够既独立于环境而存在,又能通过生物膜与周围环境进行有选择的物质交换而维持生命活动。显然,细胞要维持正常的生命活动,不仅细胞的内容物不能流失,且其化学组成必须保持相对稳定,这就需要在细胞和它的环境之间有某种特殊的屏障存在。它能使新陈代谢过程中,经常由细胞得到氧气和营养物质接受各种信息分子和离子,排出代谢产物和废物,使细胞保持稳态,这对维持细胞的生命活动极为重要。因此**生物膜是一个具有特殊结构和功能的选择性通透膜,**它的主要功能可归纳为:能量转换、物质运送、信息识别与传递。

对各种膜性结构的化学分析表明,膜主要由脂质、蛋白质和糖类等物质组成。生物膜所具有的各种功能,在很大程度上决定于膜内所含的蛋白质;细胞和周围环境之间的物质、能量和信息的交换,大多与细胞膜上的蛋白质有关。细胞膜蛋白质就其功能可分为以下几类:一类是能识别各种物质,在一定条件下有选择地使其通过细胞膜的蛋白质如通道蛋白;另一类是分布在细胞膜表面,能“辨认”和接受细胞环境中特异的化学性刺激的蛋白质,这统称为受体;

还有一大类膜蛋白质属于膜内酶类，种类甚多；此外，膜蛋白质可以是和免疫功能有关的物质。总之，不同细胞都有它特有的膜蛋白质，这是决定细胞在功能上的特异性的重要因素。一个进行着新陈代谢的活细胞，不断有各种各样的物质（从离子和小分子物质到蛋白质大分子，以及团块性物质或液体）进出细胞，包括各种供能物质、合成新物质的原料、中间代谢产物、代谢终产物、维生素、氧和 CO_2 等进出细胞，它们都与膜上的特定的蛋白质有关。

跨过生物膜的物质运送是生物膜的主要功能之一。物质运送可分为被动运送和主动运送两大类。被动运送是物质从高浓度一侧，顺浓度梯度的方向，通过膜运送到低浓度一侧的过程，这是一个不需要外界供给能量的自发过程。而物质的主动运送，是指细胞膜通过特定的通道或运载体把某种分子（或离子）转运到膜的另一侧去。这种转运有选择性，通道或运载体能识别所需的分子或离子，能对抗浓度梯度，所以是一种耗能过程。在膜的主动运送中所需要的能量只能由物质所通过的膜或膜所属的细胞来供给。在细胞膜的这种主动运送中，很重要且研究得很充分的是关于 Na^+，K^+ 的主动运送。包括人体细胞在内的所有动物细胞，其细胞内液和外液中的 Na^+，K^+ 浓度有很大不同。以神经和肌肉细胞为例，正常时膜内 K^+ 浓度约为膜外的 30 倍，膜外 Na^+ 浓度约为膜内的 12 倍。这种明显的浓度差的形成和维持，与细胞膜的某种功能有关，而此功能要靠新陈代谢的正常进行。例如，低温、缺氧或一些代谢抑制剂的使用，会引起细胞内外 Na^+，K^+ 正常浓度差的减小，而在细胞恢复正常代谢活动后，上述浓度差又可恢复。很早就有人推测，各种细胞的细胞膜上普遍存在着一种称为钠钾泵的结构，简称钠泵，它们的作用就是能够逆着浓度差主动地将细胞内的 Na^+ 移出膜外，同时将细胞外的 K^+ 移入膜内，因而形成和保持了 Na^+ 和 K^+ 在膜两侧的特殊分布。后来大量科学实验证明，钠泵实际上就是膜结构中的一种特殊蛋白质，它本身具有催化 ATP 水解的活性，可以把 ATP 分子中的高能键切断而释放能量，并利用此能量进行 Na^+，K^+ 的主动运送。因此钠泵就是这种被称为 Na^+-K^+ 依赖式 ATP 酶的蛋白质。细胞膜上的钙泵也是一种 ATP 酶，它能把细胞内过多的 Ca^{2+} 转移到细胞外去。

生物膜是当前分子生物学、细胞生物学中一个十分活跃的研究领域。关于生物膜的结构，生物膜与能量转换、物质运送、信息传递，以及生物膜与疾病等方面的研究及用合成化学的方法制备简单模拟膜和聚合生物膜等方面不断取得新进展。另外，人们正在研究对物质具有优良识别能力的人造膜，使模仿生物膜机能的人造内脏器官，应用于医疗诊断。

9.4 氧自由基与人体健康

所谓自由基,是指带有未成对电子的分子、原子或离子,未成对电子具有成双的趋向,因此常易发生失去或得到电子的反应而显示出较活泼的化学性质。

氧气维持着地球上绝大多数生物的生命。虽然氧对需氧生物是有用的,但氧也有对生物不利的一面。

在生物体系中,电子转移是一个基本的变化。氧分子可以通过单电子接受反应,依次转变为 $O_2^{\cdot-}$,HOOH 与 ·OH 等中间产物。由于这些物质都是直接或间接地由分子氧转化而来,而且具有较分子氧活泼的化学反应性,遂统称为**活性氧**,其中 $O_2^{\cdot-}$,·OH 为**氧自由基**。

超氧阴离子自由基 $O_2^{\cdot-}$ 既可以作为还原剂供给电子,又可以作为氧化剂接受电子。$O_2^{\cdot-}$ 可以与 H^+ 结合生成超氧酸 $HO_2^{\cdot}$;$O_2^{\cdot-}$ 可以在铁螯合物催化下与 H_2O_2 反应产生羟自由基·OH。

$$O_2^{\cdot-} + H_2O_2 \xrightarrow{\text{铁螯合物}} O_2 + \cdot OH + OH^-$$

·OH 是化学性质最活泼的活性氧物种。其反应特点是无专一性,几乎与生物体内所有物质,如糖、蛋白质、DNA、碱基、磷脂和有机酸等都能反应,且反应速率快,可以使非自由基反应物变成自由基①。例如,·OH 与细胞膜及细胞内容物中的生物大分子(用 RH 表示)作用:

$$\cdot OH + RH \longrightarrow H_2O + R\cdot$$

生成的有机自由基 R· 又可继续起作用生成 $RO_2^{\cdot}$:

$$R\cdot + O_2 \longrightarrow RO_2^{\cdot}$$

这样,自由基通过上述方式传递和增殖。愈来愈多的氧自由基在细胞内出现会损伤细胞,引发各种疾病。很多研究表明,含氧自由基关系到多种疾病,由于 $O_2^{\cdot-}$ 自由基可使细胞质和细胞核中的核酸链断裂,会导致肿瘤、炎症、衰老、血液病以及心、肝、肺、皮肤等方面病变的产生。在人体和环境中持续形成的自由基来自人体正常新陈代谢过程,大量体育运动、吸烟、食用脂肪和腌熏烤肉、发生炎症、某些抗癌药物、安眠药、射线、农药、有机物腐烂、塑料用品制造过程、油漆干燥、石棉、空气污染、化学致癌物、大气中的臭氧等也都能产生自

① 高剑波,宋心琦.分子氧、活性氧与生命.大学化学,1994(5):26~33

由基。已知自由基可损伤蛋白质,可使蛋白质的转换增加;损害 DNA 可导致细胞突变;作用于—SH 可使某些酶的活性降低或丧失;攻击未饱和脂肪酸可引起脂质过氧化,其氧化产物可引起—SH 氧化、酶失活、膜功能受损、干扰膜的运送功能等。另外,由燃料废气、香烟和一些粉尘造成的大气污染,使大气上空的自由基占分子污染物总量的 1% ~10%,因此环境污染中的自由基反应也是不可忽视的。

活性氧对生物体既有必需的一面,又有损伤的一面,所以生物体内活性氧是在不断产生不断利用又不断被清除的过程。当活性氧不断增殖清除不掉时才会造成伤害。体内过多的 O_2^- 可以依靠 SOD 去消除。SOD 是超氧化物歧化酶英文名称的缩写,是一种具有特定生物催化功能的蛋白质,由蛋白质和金属离子组成,广泛存在于自然界的动、植物和一些微生物体内。SOD 能催化 O_2^- 发生歧化反应:

$$O_2^- + O_2^- + 2H^+ \xrightarrow{SOD} H_2O_2 + O_2$$

活性氧 H_2O_2 对机体亦有害,但有过氧化氢酶能催化 H_2O_2 与一种还原性反应而被清除,由此在体内形成一套解毒系统,对机体起保护作用。因此,SOD 是机体内 O_2^- 的清除剂。有研究表明,人体的一些病变可反映在 SOD 与 O_2^- 含量变化上。对 SOD 减少或 O_2^- 增加的疾病可用 SOD 药物治疗。

总之,研究自由基与人体健康的关系已是备受关注的新兴领域。

9.5　药物设计

化学理论的进展对于整个化学学科的影响,集中表现在分子设计的思想贯穿于整个学科。化学研究的主线是合成、性能与结构三者关系的研究。传统的研究,主要依靠实验,通过筛选和试测来发现新的化合物、化合物新的性能,从而得出新的合成方法。科学技术的发展,既积累了许多理论的规律,又有了电子计算机技术可以实现高效的运算,因而可以进行**分子设计**。分子设计的思想,就是从所需要的性能出发,设计出具有某种性能的结构,然后再设法合成得到产物。分子设计的基础除了与计算机技术密切相关的因子分析、多因素优化、模式识别、数据库技术、图像显示技术外,主要就是定量的结构与性能的关系。有机化学和无机化学中已形成了许多分子设计方法,其集中表现在化合物(如萃取剂、螯合剂、储能剂、氟氯烃代用品等等)分子设计、催化剂设计、材料设计、生物活性物质设计和药物设计等方面。

人工设计与合成新的药物是现代医药的基石,也是推动现代医药不断发展的主要动力。药物化学发展历史表明,早期发现的药物多是偶然的、经验性的,且来源于自然界。如柠檬能使水手避免因缺乏蔬菜水果而引起的坏血病,导致了维生素 C 的发现;金鸡纳树皮能治疟疾而发现了奎宁,从而衍生出一系列合成抗疟疾药物如氯喹等;鸦片有镇痛作用而发现了吗啡,并衍生出一系列新的合成镇痛药。时至今日,由于生物学家、医学家的努力,对很多疾病的体内过程,对体内各种受体和酶的了解逐步深入;又由于计算机辅助药物分子设计的进步,使药物化学家在设计和合成药物分子的研究工作中,逐步由经验方式向半经验或理论指导方式演变,使其更具有针对性。国际上,化学合成药物的创造大致有二种类型:① 创制新颖的化学结构类型——突破性新药——的研究开发;② 已知药物的结构改造——延伸性新药——的研究开发,即在不侵犯别人专利权的情况下,对新出现的、很成功的突破性新药进行结构改造,寻找作用机制相同或相似,并在治疗上具有某些长处的新体系。显然,药物设计及其合成是很宽广的研究领域。

正由于高效药物的广泛存在和药政法规的日趋严格,要找到一个较原有药物更具特点的新药的难度极高。一种合成新药的整个研究开发周期一般为 8 ~ 10 年,长的达 12 ~ 15 年。近年来,为减少新药设计的盲目性和提高命中率,合理的药物设计方法备受关注。近 20 年来,随着物理有机化学和量子生物化学的发展,精密分析测试仪器的出现和电子计算机的广泛应用,药物定量构效关系(QSAR)的研究方法,即通过较少数的化合物,建立一个系列化合物构效关系的数学模型,用以指导新药设计、预测其生物活性,并推论药物作用的机理,已取得一定进展[①]。

我国幅员广阔,植物资源丰富,又有几千年利用中草药防治疾病的经验。在以中草药为原料,分离有效成分,进而合成有效药物方面已取得了很多成果,但我们发明创造的新药在我国目前生产的临床应用药物品种中所占比例还很小,主要原因在于新药研究需要高强度的投资和多学科的配合。我们坚信,只要坚持研究、有效地利用我国的资源和天然药物化学人才优势,坚持新药开发研究中各种专业人才的密切协作,坚持将几千年积累的经验与新科学技术相结合,一定会不断发展具有优良疗效的新型药物,在医药发展史上开创新篇章。

复 习 题

1. 构成生命的基本物质是哪几类有机化合物?
2. 请列举糖类在生物体内的功能。

---

① 谢毓元. 药物化学的回顾与前瞻. 化学通报,1992(8):8 ~ 10

3. 淀粉与纤维素有何不同?
4. 什么是蛋白质的基本结构单位?
5. (1) 以大米为主的饮食是不是适宜饮食? 为什么?
   (2) 为以玉米为主的饮食补充适宜蛋白提出几条建议。
6. 酶是生物催化剂与一般催化剂有何不同?
7. 你能简单阐述核酸与蛋白质的关系吗?

第 10 章

营养与化学元素

大自然中一切物质都是由化学元素组成的,人体也不例外。各种化学元素在人体中各有不同的功能。人体通过呼吸、饮水和进食,与地球表面的物质交换和能量交换达到某种动态平衡。所以生命过程就是生物体发生的各种物质转化以及能量转化的总结果。在生命活动过程中,化学元素和营养物质则通过食物链循环转化,再通过微生物分解返回环境。

健康长寿是人类的共同愿望。许多资料证明,危害人类健康的疾病都与体内某些元素平衡的失调有关。因此,了解生命元素的功能,并正确理解饮食、营养与健康的关系,树立平衡营养观念,通过食物链方法补充和调节体内元素的平衡,会有益于预防疾病,增强体质,保持身体健康。

地球上最早的生命是怎样形成的?这是一个有趣的课题,是当代的重大科学课题。现在认为地球是由无生命阶段慢慢演化为有生命阶段的。

1953 年,美国化学家 Miller S L 实验模拟原始地球上大气成分,用 H,CH_4,NH_3 和水蒸气等,通过加热和火花放电,合成了氨基酸①。随后,许多通过模拟地球原始条件的实验又合成了生命体中重要生物高分子,如嘌呤、嘧啶、核糖、脱氧核糖、核苷酸、脂肪酸等等。1965 年和 1981 年,我国又在世界上先后首次人工合成了牛胰岛素和酵母丙氨酸转移核糖核酸。蛋白质和核酸的形成是无生命到有生命的转折点。

生命的化学进化过程包括四个阶段:

(1)从无机小分子物质生成有机小分子物质;

(2)从有机小分子物质形成有机高分子物质;

(3)从有机高分子物质组成多分子体系;

(4)从多分子体系演变为原始生命。

原始生命是最简单的生命形态,它至少要能进行新陈代谢和自我繁殖才能生存和繁衍。生命的进化可以理解为生命与环境长期相互作用的结果,是

---

① 王积涛.生命起源——化学进化.化学教育,1988(3):1~5

通过量变到质变来实现的。地球的年龄约为 46 亿年,而人类的出现距今约 300 万年。

地球上的生命,以及它的最高级形式——人类自身,可以说是物质在一个相当漫长的历史长河中从低级向高级,从无生命向有生命的发展进化过程的产物。地球本身经历了元素的进化(由宇宙中最丰富的元素氢通过核反应合成各种各样的元素,以构成星体本身),分子的进化(由原子间的反应生成分子,由分子间的反应生成更复杂的分子,聚合物分子以及生物聚合物分子)和生物的进化(由最原始的细胞的出现进化到人)。这个进化过程可以用图 10-1表示。

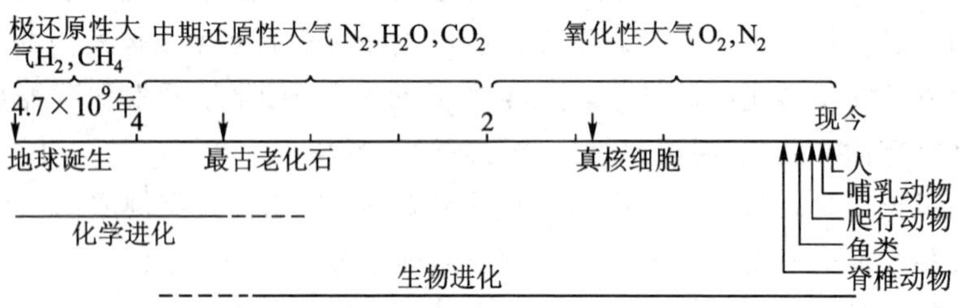

图 10-1　生命进化时间标尺

10.1　生物体中的化学元素的分类和主要功能

存在于生物体(植物和动物)内的元素大致可分为

(1) 必需元素,按其在体内的含量不同,又分为常量元素和微量元素;

(2) 非必需元素;

(3) 有毒(有害)元素。

人体内大约含 30 多种元素,其中有 11 种为常量元素,如 C,H,O,N,S,P,Cl,Ca,Mg,Na,K 等,约占 99.95%,其余的 0.05% 为微量元素或超微量元素。

必需元素是指下列几类元素:

(1) 生命过程的某一环节(一个或一组反应)需要该元素的参与,即该元素存在于所有健康的组织中;

(2) 生物体具有主动摄入并调节其体内分布和水平的元素;

(3) 存在于体内的生物活性化合物的有关元素;

(4) 缺乏该元素时会引起生化生理变化,当补充后即能恢复。

哪些是构成人体的必需元素? 19 世纪初,化学家开始分析有机化合物,清楚地认识到活组织主要由 C,H,O 和 N 四种元素组成。仅这四种元素就约占人体体重的96%。此外,体内还有少量 P。将人体内这五种元素的化合物挥发后就会留下一些白灰,大部分是骨骼的残留物,这灰乃是无机盐的集合,在灰里可找到普通的食盐(NaCl)。食盐并不仅仅是增进食物味道的调味品,而是人体组织中的一种基本成分。食草动物有时甚至达到要舔吃盐渍地,以便弥补食物中所缺乏的盐。

在实际研究中,确定某元素是否为必需元素,既与该元素在体内的浓度有关,也与它的存在状态和生物活性密切相关。人体中的每一元素呈现不同的生物效应,而效应的强弱依赖于特定器官或体液中该元素的浓度及其存在的形态。对于每种必需元素,都有一段其相应的最佳健康浓度,有的具有较大的体内恒定值,有的在最佳浓度和中毒浓度之间只有一个狭窄的安全限度。元素浓度和生物功能的相关性可用图 10-2 表示。

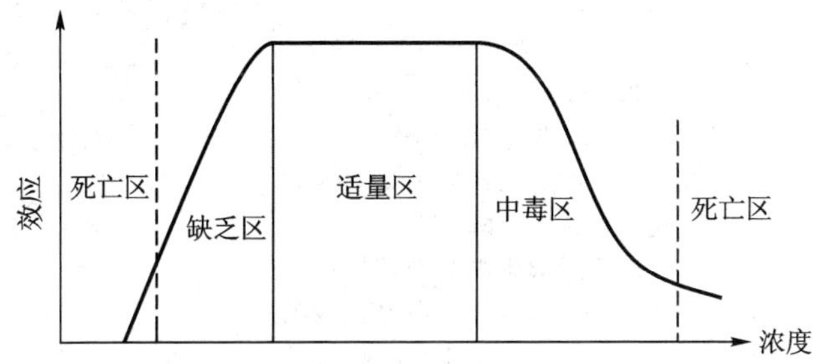

图 10-2　必需微量元素浓度-生物功能相关图

有 20~30 种普遍存在于组织中的元素,它们的浓度是变化的,而它们的生物效应和作用还未被人们认识,有待于研究,所以称它们为非必需元素。另外一些则是能显著毒害机体的元素。如,血液中非常低浓度的铅、镉或汞,具有有害的作用,就可称为**有毒元素**,亦称有害元素。

附录 4 列出海水和古代人、现代人体内微量元素的比较。从海水中必需微量元素的含量与人体中主要元素的对比,说明赖以生存的环境中的元素是生物进化的结果。人类在适应生存和进化中,逐渐形成一套摄入、排泄和适应这些元素的保护机制,即人体内的元素,不论是常量或微量,维持平衡状态是经过人类长期进化形成的。许多元素是否是必需还是有害,和摄入量(即在体内的浓度)有关。每一种必需元素在体内都有其合适的浓度范围,超过或不足都不利于人体健康。例如,人们对碘的最小需要量为0.1 mg/天,耐受量为1 000 mg/天,当大于 10 000 mg/天即为中毒量。若人体自身用以维持稳态的调节机制出现障碍,便会发生疾病。有时元素的过量可能比缺乏更令人担忧,因为某个元素的缺乏易于补充,而过量往往则难以清除,或清除过程中会产生副作用。另外共存元素的相互影响——在生物体内存在协同或拮抗作用①,对元素浓度比例的要求就更复杂了。例如锌可以抑制镉的毒性,铜可以促进铁的吸收等。由于元素间的相互作用,当评定某一微量元素对人体健康的影响时,还必须考虑与其有关元素的存在。

表 10-1 归纳了主要生物元素及其功能。在生命物质中,除 C,H,O,S 和 N 参与各种有机化合物外,其他生物元素各具有一定的化学形态和功能,这些形态包括它们的游离水合离子,与生物大分子或小分子配体形成的配合物,以及构成硬组织的难溶化合物等。

表 10-1　生物元素及其功能*

元　素	功　能
H	水,有机化合物的组成成分
B	植物生长必需
C	有机化合物组成成分
N	有机化合物组成成分
O	水,有机化合物的组成成分
F	鼠的生长因素,人骨骼的成长所必需
Na	细胞外的阳离子,Na^+
Mg	酶的激活,叶绿素构成,骨骼的成分
Si	在骨骼、软骨形成的初期阶段所必需
P	含在 ATP 等之中,为生物合成与能量代谢所必需
S	蛋白质的组分,组成 Fe-S 蛋白质
Cl	细胞外的阴离子,Cl^-
K	细胞外的阳离子,K^+
Ca	骨骼、牙齿的主要组分,神经传递和肌肉收缩所必需
V	鼠和绿藻生长因素,促进牙齿的矿化
Cr	促进葡萄糖的利用,与胰岛素的作用机制有关
Mn	酶的激活、光合作用中水光解所必需
Fe	最主要的过渡金属,组成血红蛋白、细胞色素、铁-硫蛋白等
Co	红血球形成所必需的维生素 B_{12} 的组分
Cu	铜蛋白的组分,铁的吸收和利用
Zn	许多酶的活性中心,胰岛素组分
Se	与肝功能肌肉代谢有关
Mo	黄素氧化酶,醛氧化酶,固氮酶等所必需
Sn	鼠发育必需
I	甲状腺素的成分

*　王夔主编. 生命科学中的微量元素. 北京:中国计量出版社,1991

① 拮抗作用是生物体内一种元素抑制另一种元素生物学作用的现象;协同作用则是生物体内一种元素促进另一种元素生物学作用的现象。

这些元素在生物体内所起到的生理和生化作用,主要有几个方面。

(1) 结构材料。无机元素中 Ca,P 构成硬组织,C,H,O,N,S 构成有机大分子结构材料,如多糖、蛋白质等。

(2) 运载作用。人对某些元素和物质的吸收、输送以及它们在体内的传递等物质和能量的代谢过程往往不是简单的扩散或渗透过程,而需要有载体。金属离子或它们所形成的一些配合物在这个过程中担负重要作用。如含有 Fe^{2+} 的血红蛋白对 O_2 和 CO_2 的运载作用等。

(3) 组成金属酶或作为酶的激活剂。人体内约有四分之一的酶的活性与金属离子有关。有的金属离子参与酶的固定组成,称为金属酶。有一些酶必需有金属离子存在时才能被激活以发挥它的催化功能,这些酶称为金属激活酶。

(4) 调节体液的物理、化学特性。体液主要是由水和溶解于其中的电解质所组成。生物体的大部分生命活动是在体液中进行的。为保证体内正常的生理、生化活动和功能,需要维持体液中水、电解质平衡和酸碱平衡等。存在于体液中的 Na^+,K^+,Cl^- 等发挥了重要作用。

(5)"信使"作用。生物体需要不断地协调机体内各种生物过程,这就要求有各种传递信息的系统。细胞间的沟通即信号的传递需要有接受器。化学信号的接受器是蛋白质。Ca^{2+} 作为细胞中功能最多的信使,它的主要受体是一种由很多氨基酸组成的单肽链蛋白质,称钙媒介蛋白质(分子量为16 700)。氨基酸中的羧基可与 Ca^{2+} 结合。钙媒介蛋白质与 Ca^{2+} 结合而被激活,活化后的媒介蛋白质可调节多种酶的活力。因此 Ca^{2+} 起到传递某种生命信息的作用。也有细胞内信使,Ca^{2+} 也是细胞内信使。

有些元素可同时在几个方面发挥作用。例如 Ca^{2+} 就有多方面的生物功能。下面仅就 Ca,P,Na,K 等的主要生物功能作简要介绍。

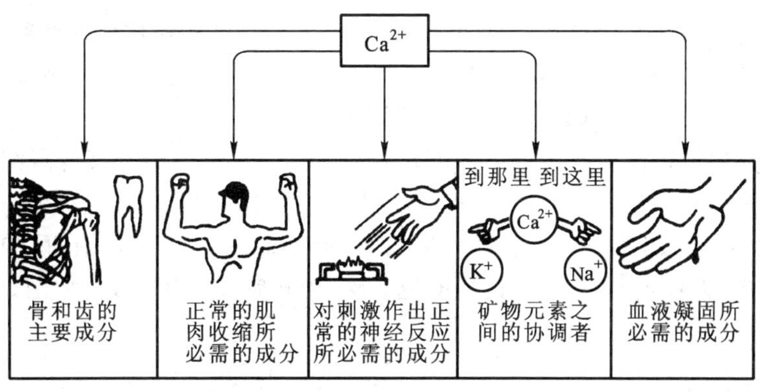

图 10-3 钙在人体内的功能

钙是骨骼和牙齿的主要成分。调控人体正常肌肉收缩和心肌收缩，同时起细胞信使作用，如图10-3所示。例如，血液中Ca^{2+}过多，会造成神经传导和肌肉反应的减弱，使人对任何刺激都无反应，但血液中Ca^{2+}太少，又会造成神经和肌肉的超应激性，在这种极度兴奋的情况下，微小的刺激，比如一个响声、咳嗽，就可能使人陷入痉挛性抽搐。

磷，骨骼和牙齿中除了含Ca外，磷也是一种重要的元素。体内90%的磷是以磷酸根PO_4^{3-}的形式存在，如牙釉质中的主要成分是羟基磷灰石$Ca_{10}(OH)_2(PO_4)_6$和少量氟磷灰石$Ca_{10}F_2(PO_4)_6$，氯磷灰石$Ca_{10}Cl_2(PO_4)_6$等。

牙釉质是由不溶性物质所组成，称为羟基磷灰石$Ca_{10}(OH)_2(PO_4)_6$。使它从牙齿上溶解下来称为去矿化，而形成时称为再矿化。在口腔中存在着这样一种平衡：

$$Ca_5(PO_4)_3OH(s) \underset{再矿化}{\overset{去矿化}{\rightleftharpoons}} 5Ca^{2+}(aq)+3PO_4^{3-}(aq)+OH^-(aq)$$

健康的牙齿也同样存在这样的平衡。然而，当糖吸附在牙齿上并且发酵时，产生的H^+与OH^-结合成H_2O以及PO_4^{3-}而扰乱平衡，会引起更多的$Ca_{10}(OH)_2(PO_4)_6$溶解，结果使牙齿腐蚀。氟化物通过取代羟基磷灰石中的OH^-有助于防止牙齿腐蚀，由此产生的$Ca_{10}F_2(PO_4)_6$能抗酸腐蚀。

磷酸可以和有机化合物中的羟基（糖羟基、醇羟基），形成**磷酸酯**。如ATP就是三磷酸腺苷，磷脂就是存在细胞膜。ATP水解时放出高能量，如ATP的水解与细胞里的一个放热反应（如肌肉收缩或大分子的合成）相配合，则ATP的水解就可为其他反应提供必要的能量。磷的化学规律控制着核糖、核酸以及氨基酸、蛋白质的化学规律，从而控制着生命的化学进化。身体中磷的主要作用见图10-4所示①。由于磷的分布很广，因此人们日常食品中很少缺少这种元素。

K^+，Na^+和Cl^-在体内的作用是错综复杂而又相互关联的。K^+和Na^+常以KCl和NaCl的形式存在。K^+，Na^+，Cl^-的首要作用是控制细胞、组织液和血液内的电解质平衡。这种平衡对保持体液的正常流通和控制体内的酸碱平衡都是必要的。Na^+和K^+（与Ca^{2+}和Mg^{2+}一起）有助于使神经和肌肉保持适当的应激水平。NaCl和KCl的作用还在于使蛋白质大分子保持在溶液之中，并使血液的黏性或稠度调节适当。胃里开始消化某些食物的酸和其他胃液、胰液及胆汁里的助消化的化合物，是由血液里的钠盐和钾盐形成的。另外，视网膜对光脉冲反应的生理过程，也依赖于Na^+，K^+和Cl^-有适当的浓度。显然，人体的许多重要机能对这三种离子都有依赖关系，如图10-5所

① 赵玉芬等. 磷化学与生命化学过程. 科学，1994(3)：6～8

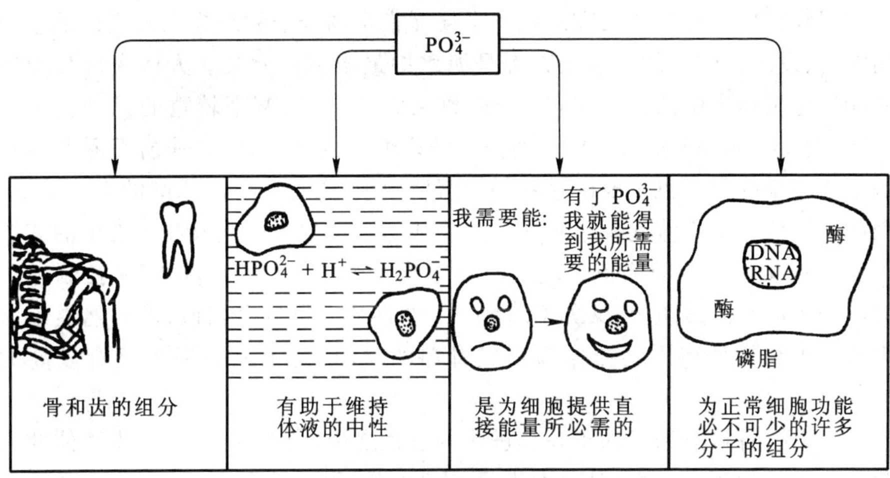

图 10-4 身体里磷的作用

示①。体内任何一种离子不平衡，都会对身体产生影响。例如，运动过度，特别是炎热的天气里，会引起大量出汗，汗的成分主要是水，还有许多离子，其中有 Na^+，K^+ 和 Cl^-，使汗带咸味。出汗太多使体内这些离子浓度大为降低，就会出现不平衡，使肌肉和神经反应受到影响，导致出现恶心、呕吐、衰竭和肌肉痉挛。因此，运动员在训练或比赛前后，喝特别配制的饮料，用以补充失去的盐分。

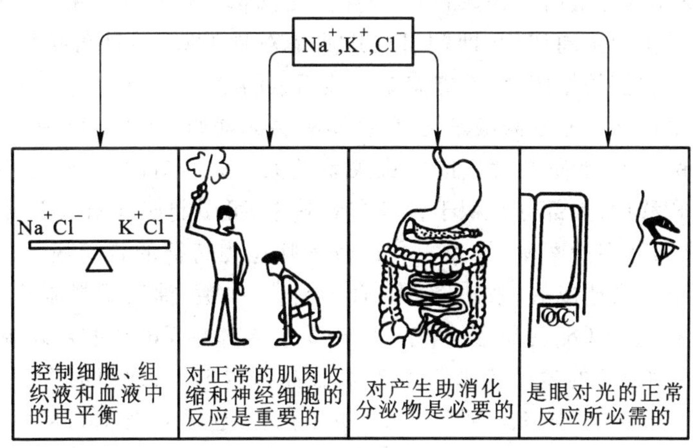

图 10-5 体内钠、钾和氯的功能

① Molly M. Bloomfield. 化学的阶梯. 万正忠等译. 北京：科学出版社，1983

当我们仔细观察和研究那些含金属元素生物分子的结构以及它们的生理功能时，发现人体内的常量元素都是海水中最丰富的元素。人体大部分的组成元素是周期表中的轻元素（原子序数在 34 以下），两个较重的元素就是原子序数为 42 的 Mo 和 53 的 I。而由地球表面大气圈、水圈和浅岩石圈所组成的生物圈中的元素也主要由这些轻元素所组成，这正是丰度原则的直接结果。因此可以认为生物体发源于水圈。生物体体液中的离子组成和水圈中的离子组成也很相似。生物体正是利用水体中含量最丰富的 Na^+ 和 K^+ 来控制体内的离子浓度和渗透压等；又如 Ca^{2+} 和 Sr^{2+} 在性质上虽然很相似，而自然界绝大多数的生物却是利用钙盐作为构成骨骼的材料，这正是利用了钙有较高的丰度。

人类自身目前仍然处于一个进化的过程之中，与地球的形成、生物体的进化这个漫长的历史进程相比，人类只是这条长河中极其短暂的一段。现代人类还在不断地随着环境的改变而进化，以适应新的环境。

微量元素在不同体内部位的水平与人体健康关系极大。它与人体健康的关系是很复杂的，其浓度、价态、摄入肌体的途径等对人体健康都有影响，有些疾病的发生和微量元素的平衡失调关系密切。例如我国地方病——克山病——是与缺硒有关的心肌坏死；地方性甲状腺肿、地方性克汀病则是由于严重缺碘引起的等等。微量元素还和人体免疫功能、出生缺陷、肿瘤、血液病、眼疾等有关。如何将微量元素做成药物和食品添加剂等用于医治和疾病的预防是一个重要的专门研究领域。微量元素与人体的关系不是孤立的，微量元素之间，微量元素与蛋白质、酶、脂肪、维生素之间都存在相互作用。如铜和铁在肌体内显示生理协同作用，即铜可促进肌体对铁的吸收；铁可拮抗镉的毒性等。在分析它们的作用时，不能忽略其他因素的影响。

人体中也含有非必需微量元素，甚至有害元素如 Cd，Hg，Pb 等（可参阅附录 5），这和食物、水质及大气的污染关系甚大。如经口腔、呼吸道吸收的 Cd 通过血液转移后，大部分蓄积于肾脏和肝脏中，可引起肌体对有益元素 Zn 和 Ca 的吸收和利用的紊乱，导致一种以骨骼疾患为特征的骨痛病。Cd 的污染主要是工业污染造成的，采矿、冶炼、合金制造、电镀、油漆颜料制造等工业部门向环境排放的 Cd，污染了大气、水、土壤。人体中 Cd 的主要来源是食物。人从环境摄取 Cd 的途径及比率大致为：食品约占 50%，饮用水约占 1%，空气约占 1%，香烟约占 46%。烟草含 Cd 量很高，一包香烟含 Cd 达 30 mg，长期吸烟造成的人体内 Cd 积累会对健康带来影响。

10.2 营养与健康

世界卫生组织给予健康的定义是："一个人只有在躯体健康、心理健康、社会适应良好和道德健康四个方面健全，才是健康的人。"这里的躯体健康一般指人体生理上的健康，要求能抵抗一般性感冒和传染病等。改善营养是增强民众体质的物质基础，人民的营养状况是衡量一个国家经济和科学文化发达程度的标志。

近代营养学是在生理学和生物化学的基础上逐渐形成的，它是一门综合性的学科。既研究人体的新陈代谢，又研究食物的营养成分和食品卫生；既研究现有食物资源的合理利用，又研究开发新的食物资源；既研究从初生儿到老年人不同年龄阶段人的营养要求，又研究各类病人的营养；既研究各种职业人群（重体力劳动、轻体力劳动、脑力劳动等）的营养，又研究各种地理环境（严寒地区、酷热地区、高海拔地区等）人群的营养。总之，营养学研究不同人的不同营养需求，以便使儿童发育健壮、聪明，使成年人精力充沛，使老年人健康长寿。营养学是以新陈代谢为基础的生物化学。营养素就是食物的组分，主要包含糖类、脂肪、蛋白质、维生素、无机盐和水等六类物质。人从食物中摄取这些营养素。

糖类包括葡萄糖、果糖、乳糖、淀粉、纤维素等，它们是人体重要的能源和碳源。糖分解时释放能量，供生命活动的需要，糖代谢的中间产物又可以转变成其他的含碳化合物如氨基酸、脂肪酸、核苷等。糖的磷酸衍生物可以生成DNA，RNA，ATP等重要的生物活性物质。植物光合作用产生的糖类是动物的重要营养来源，因为动物体自身没有产生这些糖类的机能。

脂肪属于类脂物质。类脂包括的范围很广，这些物质在化学组成和化学结构上有很大差异，但是它们都有一个共同的特性，即不溶于水，而易溶于乙醚、氯仿、苯等非极性溶剂中。脂类具有重要的生物功能，它是构成生物膜的重要物质，几乎细胞所含有的磷脂都集中在生物膜中。类脂物质，主要是油脂，是肌体代谢所需燃料的贮存形式和运输形式。人们吃的动物油脂（如猪油、牛油、羊油、鱼肝油、奶油等）、植物油（如豆油、菜油、花生油、芝麻油、棉子油等）和工业、医药上用的蓖麻油和麻仁油等都属于类脂物质。动物（包括人类）腹腔的脂肪组织、肝组织、神经组织和植物中油料作物的种子中的脂质含量都很高。

脂肪酸是生物体的重要能源。由它组成的甘油三酯（三脂酰甘油）可在动物的脂肪组织、植物种子果实中大量储藏。

甘油三酯的结构式为

$$
\begin{array}{ccccccccc}
 & & & & & & & & \mathrm{O} \\
 & & & & & & & & \| \\
 & & \mathrm{O} & & & \mathrm{CH_2} & -\mathrm{O}- & & \mathrm{C}-\mathrm{R_1} \\
 & & \| & & & | & & & \\
\mathrm{R_2}- & & \mathrm{C} & -\mathrm{O}- & & \mathrm{CH} & & & \mathrm{O} \\
 & & & & & | & & & \| \\
 & & & & & \mathrm{CH_2} & -\mathrm{O}- & & \mathrm{C}-\mathrm{R_3}
\end{array}
$$

动物性食物中的脂类主要是甘油三酯。最普通的脂肪就是烹调用的油脂如猪油、豆油、菜子油、花生油、麻油和肥肉等。每种食物也都含有或多或少的脂肪。脂肪的主要功用是供给人类生活所需的能量及促进脂溶性维生素的吸收。体重为 70 kg 的人贮存的脂肪可产生 2 008 320 kJ 的能量;而贮存的蛋白质、葡萄糖相应的可产生 105 000 kJ,168 kJ 的能量。同时,脂肪的热值即在体内氧化,1g 脂肪所产生的热量为 39 kJ,是蛋白质或糖的 2 ~ 3 倍。

脂肪是营养素成分之一,但另一方面,人类的一些疾病如动脉粥样硬化、脂肪肝等都与脂类代谢紊乱有关。

19 世纪的化学家和生物学家们在不断研究食物的营养性能中发现蛋白质是最基本而必不可少的,只要维持蛋白质的供给,肌体就能存活。身体不能从糖类和脂肪制造蛋白质,因为糖类和脂肪中没有氮。然而蛋白质所提供的物质却能制造出必需的糖类和脂肪。蛋白质是我们日常膳食中氮的主要来源。大气中约有 80% 的氮气,但我们都没有利用该元素的能力,而是要依靠土壤中或豆科植物根部的微生物的固氮作用,使氮成为植物可以用来生成氨基酸的形式。如图 10-6 所示。

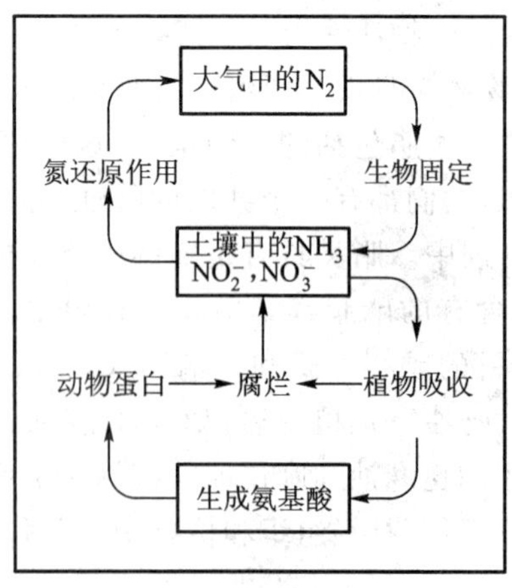

图 10-6　氮的循环

人类究竟需要什么样的蛋白质呢？通过对大鼠食物中氨基酸组成的系统研究，发现动物体不可缺少的10种氨基酸分别是：赖氨酸、色氨酸、组氨酸、苯丙氨酸、亮氨酸、异亮氨酸、苏氨酸、蛋氨酸、缬氨酸和精氨酸。如果这些氨基酸的供给充足了，大鼠便能制造出其他氨基酸，如甘氨酸、脯氨酸、天冬氨酸等等。人类的必需氨基酸只有8种，上述的精氨酸和组氨酸在人类膳食中并非是必需的。

蛋白质的营养价值决定于所含的氨基酸种量和数量。凡含有各种必需氨基酸的蛋白质，能维持生命体的正常生长的蛋白质（当然在其他营养素适当情况下）称完全蛋白质；缺少一种或一种以上必需氨基酸的蛋白质称不完全蛋白质。蛋白质是构成肌体组织（特别是肌肉）的重要成分，日常食用的豆腐、大豆、瘦肉、鱼、蛋白、奶等都含较多的蛋白质。人们膳食中的蛋白质有很大一部分由米、麦等粮食中得来。大豆是我国最经济的蛋白质来源，大豆蛋白质的氨基酸种类完全。因此，大豆是完全蛋白，营养价值相当高。米、麦蛋白的营养价值亦很高。如果利用蛋白质的互补作用，则其生理价值（指由食物摄入的总氮量在身体内存留的百分数）还可增高，例如加入少量鸡蛋蛋白可提高大豆蛋白质的生理价值。需要注意的是，蛋白质的生理价值也可受其他因素的影响，如可破坏氨基酸的烹调方法及影响消化、吸收的因素都可使蛋白质的生理价值降低。

人体内如果蛋白质供应不足，会导致生长发育迟缓，体重减轻，容易疲劳，对传染病抵抗力下降，病后不易恢复健康，甚至贫血，发生营养不良性水肿等疾病。生理学家的实验数据表明，成人每天体内的蛋白质更新3%，每公斤体重每日约需补充1g蛋白质才能维持氮平衡。一个体重60 kg的成年人，按从事劳动的轻重不同，每天约需补充70～105 g蛋白质。若以60 g为需要的最低量，大约2L牛奶便能提供此量。肉、蛋、奶等动物性食品和许多植物性食品中都含有丰富的蛋白质。所谓粮食质量的提高，主要是指增加蛋白质在粮食中所占的比重。各种农作物中，蛋白质含量高者首推大豆。营养学认为，动物蛋白在总蛋白量中至少占1/3，若达不到时尽可能多吃些豆制品，使二者加起来占总蛋白质的1/3到1/2。

早期发现有个别疾病可以用特殊的食物防治。这些病就是因为缺乏某种生物小分子所造成的疾病，即由于在食物中缺乏身体所必需的某些物质而造成的疾病。这些病几乎都出现在一个人得不到正常而平衡的饮食（这包括很广泛的食物种类）的时候。引起某些特定的疾病所缺少的物质就是**维生素**。人类认识维生素的必需性已有200多年的时间了。英国水手们的绰号叫做“limeys”，这个名称就来源于他们喝lime juice（酸橙汁）以防坏血病，酸橙汁中防止坏血病的物质就是维生素C。当年储藏酸橙汁柳条箱的伦敦泰晤士区至今还叫“酸橙库”。船员们从单调地吃大米改为更多样化的膳食，可防止“脚气病”发生。进而一名荷兰医生艾克曼假定“脚气病”是一种细菌引起的病，便用一些鸡作实验动物以确定引起该病的细菌。当用精白米喂鸡，鸡就得病，若用未去壳的稻米，鸡就痊愈。艾克曼判定折磨家禽的这种“多发性神经炎”和人类“脚气病”的症状相似。作为人类的消费品，稻米脱壳是为了可以更好地保存，因稻米的细菌随壳脱去，而这些细菌含有油类，很易腐败。艾克曼和他的同事研究了稻米的壳中什么东西可以防止脚气病。他们成功地将壳中的这种关键性的因子溶解在水中，并发现这种物质能通过膜，而这种膜是蛋白质所不能透过的。显然这种未知的物质定然是一种相当小的分子，而当时未能被鉴定出来。后来很多科学家进行了进一步的试验，并分离得到这种物质，现在我们知道脚气病是因为缺乏维生素 B_1(硫胺)所引起的。其他主要维生素的功能，以及缺乏它们所引起的相应病症的关系等请参阅表 10-2。

维生素是维持正常生命过程所必需的一类有机物，需要量很少，但对维持健康十分重要。有些生物体可自行合成一部分，但大多数需由食物供给。维生素不能供给机体热能，也不能作为构成组织的物质，其主要功能是通过作为辅酶的成分调节机体代谢。长期缺乏任何一种维生素都会导致某种营养不良症及相应的疾病。有些维生素在体内有协同作用，如维生素 C 能提高对铁的吸收率；维生素 D 又称抗软骨病维生素，其主要功能是调节钙、磷代谢，维持血液钙、磷浓度正常，从而促进钙化，使牙齿、骨骼正常发育。植物体内不含维生素 D，仅动物体内才含有，鱼肝油含量最丰富，蛋黄、牛奶中也都含有维生素 D。

人类的保健，儿童的发育都需要维生素。人类每日必须从膳食中(或维生素制剂中)摄入一定数量的各种维生素，参阅表 10-3。表中给出的需要量数字是最低限。老年人需要较多的 B 族维生素和维生素 C，对维生素 D 需要很少。需要视力集中的人如射手、领航人员、精细机器制造工人，一般皆需要摄取较多的维生素 A；对暗适应力低的病人和眼角膜干燥的病人，同样需要较多的维生素 A。膳食中糖类比例较大的人和食欲不好的及神经性疾患的病人需要较多的维生素 B_1；化工厂和高温车间工人需要较多的维生素 C。

各种维生素的摄食量虽然应适当充足，但并非愈多愈好。过量的维生素 A，D 和烟酰胺都有毒性，例如，维生素 D 摄食过量会引起乏力、疲倦、恶心、头痛、腹泻等，还可使总血脂和血胆固醇量增加，妨碍心血管功能。过量维生素 D 之所以产生毒性，主要是因它不易排泄，肌体只能从胆汁排出一部分过多的维生素 D。维生素 C，B_1，B_2，B_6 等虽然无毒性，但超过肌体所能利用和储存的量即由尿和其他体液排泄出体外。这再一次证明，生命体对任何营养素的需求都是有其浓度范围的。

表 10-2 维 生 素

名 称	每日最低需要量	食物来源	功 能	维生素缺乏的症状
水溶性的维生素 B_1(硫胺)	1.5 mg	各种谷物,豆,动物的肝,脑,心,肾脏	形成与柠檬酸循环有关的酶	脚气病,心力衰竭,精神失常
维生素 B_2(核黄素)	1~2 mg	牛奶,鸡蛋,肝,酵母,阔叶蔬菜	电子传递链的辅酶	皮肤皲裂,视觉失调
维生素 B_6(吡哆醇)	1~2 mg	各种谷物,豆,猪肉,动物内脏	氨基酸和脂肪酸代谢的辅酶	幼儿惊厥,成人皮肤病
维生素 B_{12}(氰钴胺)	2~5 mg	动物的肝,肾,脑,由肠内细菌合成	合成核蛋白	恶性贫血
抗癞皮病维生素(烟酸)	17~20 mg	酵母,精瘦肉,动物的肝,各种谷物	NAD,NADP,氢转移中的辅酶	糙皮病,皮损伤,腹泻,痴呆
维生素 C(抗坏血酸)	75 mg	柑橘属水果,绿色蔬菜	使结缔组织和碳水化合物代谢保持正常	坏血病,牙龈出血,牙齿松动,关节肿大
叶酸	0.1~0.5 mg	酵母,动物内脏,麦芽	合成核蛋白	贫血症,抑制细胞的分裂
泛酸	8~10 mg	酵母,动物肝脏,肾,蛋黄	形成辅酶 A(CoA)的一部分	运动神经元失调,消化不良,心血管功能紊乱
维生素 H(生物素)	0.15~0.3 mg	动物肝脏,蛋清,干豌豆和利马豆,由肠内细菌合成	合成蛋白,CO_2 的固定,氨基转移	皮肤病
脂溶的维生素 A(A_1—松香油)(A_2—脱氢松香油)	5 000 IU*(1 IU=0.3μg 的松香油)	绿色和黄色蔬菜及水果,鳕鱼肝油	形成视色素,使上皮结构保持正常	夜盲,皮损伤,眼病(过量——维生素 A 中毒,极度过敏,皮损伤,骨脱钙,脑压增高)
维生素 D(D_2—骨化醇)(D_3—胆钙化醇)	400 IU(1 IU=0.025mg 胆钙化醇)	鱼油,肝,皮肤中由太阳光激活的前维生素	使从肠吸收的 Ca^{2+} 增加;对牙和骨的形成是重要的	佝偻病(骨发育不良,每日超过 2 000 IU 使幼儿生长缓慢)
维生素 E(生育酚)	10~40 mg,决定于多不饱和脂肪酸的吸收	绿色阔叶蔬菜	保持红细胞的抗溶血能力	增加红细胞的脆性
维生素 K(K_2—叶绿酯)	不知	由肠内细菌产生	促成肝里凝血酶原的合成	凝结作用的丧失

IU 表示国际单位;1 个国际单位维生素 A=0.3445 醋酸维生素 A 或等于 0.6 μg(γ)β-胡萝卜素;1 个国际单位维生素 D=0.025 μg 晶体维生素 D。

表 10-3　人类每日的最低维生素需要量

年龄 \ 维生素	A / IU	D / IU	B_1 / mg	B_2 / mg	B_5* / mg	B_6 / mg	B_{12} / mg	C / mg
婴儿　0 ~ 2 月	1 500	400	0. 2	0. 4	5	0. 2	1. 0	35
2 ~ 6 月	1 500	400	0. 4	0. 5	7	0. 3	1. 5	35
6 ~ 12 月	1 500	400	0. 5	0. 6	8	0. 4	2. 0	35
儿童　1 ~ 2 岁	2 000	400	0. 6	0. 6	8	0. 5	2. 0	40
2 ~ 3 岁	2 000	400	0. 6	0. 7	8	0. 6	2. 5	40
3 ~ 4 岁	2 500	400	0. 7	0. 8	9	0. 7	3. 0	40
4 ~ 6 岁	2 500	400	0. 8	0. 9	11	0. 9	4. 0	40
6 ~ 8 岁	3 500	400	1. 0	1. 1	13	1. 0	4. 0	40
8 ~ 10 岁	3 500	400	1. 1	1. 2	15	1. 2	5. 0	40
10 ~ 12 岁	4 500	400	1. 3	1. 3	17	1. 4	5. 0	40
12 ~ 14 岁	5 000	400	1. 4	1. 4	18	1. 6	5. 0	45
14 ~ 18 岁	5 000	400	1. 5	1. 5	20	1. 8	5. 0	55
成人（男）	5 000	—	1. 4	1. 7	18	2. 0	5. 0	60
成人（女）	5 000	—	1. 0	1. 5	13	2. 0	5. 0	55
孕妇	6 000	400	1. 1	1. 8	15	2. 5	8. 0	60
奶母（哺乳产妇）	8 000	400	1. 5	2. 0	20	2. 5	6. 0	60

*　B_5即烟酰胺。

无机盐又称矿物质,人体及动物所需的矿质元素有 K,Na,Ca,Fe,Mg,Cu,Mn,Co,P,S,Cl,I,F,Se 等,它们是构成骨、齿和体液(血液、淋巴)的重要成分。体内许多生理作用也靠无机盐来维持。例如酸、碱平衡的调节和渗透压调节等就需要 Na^+ 和 K^+ 参加。含有 Mg^{2+},Mn^{2+},Na^+,Fe^{3+},Ca^{2+} 的矿物质还有促进酶活性的功能。有的酶本身就含有金属元素如 Cu,Mg,Fe 等。

膳食中长期缺乏某些无机盐会出现营养不良症状。食物中缺铁,血液的血红蛋白就变得不足,经血流运送到各部位的氧气也就减少,这种情况被称为缺铁性贫血。这种病人因血红蛋白的缺乏而面色苍白,因氧的缺乏而倦怠。钙是骨骼的主要成分,缺钙会得佝偻病和龋齿。50 年代,日本的某河流沿岸的居民遭受了一种称做"疼疼病"的侵袭,这种病引起严重的疼痛性骨脱钙,并导致多发性骨折。后来得知,这种疾病是镉造成的。由于河上游用含有镉的工业污水灌溉水稻,使稻谷中含有镉,它通过食物键进入人体,降低了钙离子浓度使正常的钙代谢受到了干扰。

第一个被发现的人体不可缺少的微量元素不是金属,而是一种非金属元素碘。缺碘最严重的危害是影响儿童的智力,甚至会使其终生难以得到改善。碘缺乏会导致地方性甲状腺肿(俗称大脖子病)。克服碘缺乏问题并不十分困难,最经济实用的方法就是烹调时使用碘盐(氯化钠中加碘酸钾)。另外可多吃含碘丰富的海带等。海带被认为是营养价值较高的食品,不仅含碘丰富,可防治甲状腺肿大,促进智力发育,且蛋白质含量较高,具有 18 种氨基酸,此外,其中 Ca,P,Fe 等矿物质及维生素的含量也较丰富。

人体中的微量元素含量极微,大多为过渡元素,是酶中不可缺少的成分,如 Cu,Zn,Mn,Mo 等参与多种酶的组成与激活。在体内的新陈代谢中,酶是生物催化剂,如果消化道中没有酶,消化一餐饭将花费 50 年的时间!人体内的酶有近 1 000 种,60% 以上含有微量元素,例如 Cu,Zn 在人体生物功能的重要性仅次于 Fe,Cu 以 Cu^{2+} 形式存在,其余都是以与蛋白质结合的形式存在。人体中有 30 多种蛋白质、酶含有 Cu。现在已经知道 Cu 的最重要生理功能是人血清中的铜蓝蛋白可以协同 Fe 的功能,在 Fe 的生理代谢过程中,Fe^{2+} 氧化为 Fe^{3+} 时需要铜蓝蛋白的催化氧化,以利 Fe^{3+} 与蛋白质结合成铁蛋白。因此如果体内有足够的 Fe 而缺 Cu,Fe 的生理代谢造血机能也会发生障碍而导致贫血。

微量元素对人体必不可少,但是在人体内必须保持一种特殊的内稳态,一旦破坏稳态就会影响健康。至于某种元素对人体有益还是有害是相对的,关键在于适量。表 10-4 给出了某些微量元素对人体的影响。

随着我国国民温饱问题的基本解决,人们在饮食上注重营养是必然的趋势。但要做到膳食平衡,饮食有节。现在认识是,多样化的膳食既是获得各种

表 10-4　微量元素对人体的影响

微量元素的含量		功　能	主要症状	来　源
过多	缺乏			
Fe		输送氧	青年智力发育缓慢,肝硬变	肝,肉,蛋,水果,绿叶蔬菜等
	Fe		缺铁性贫血,龋齿,无力	
Cu		胶原蛋白和许多酶的重要成分	类风湿关节炎,肝硬化	干果,葡萄干,葵花子,肝,茶等
	Cu		低蛋白血症,贫血,心血管受损,冠心病	
Zn		控制代谢的酶的要害部位	头昏,呕吐,腹泻	肉,蛋,奶,谷物
	Zn		贫血,高血压,食欲不振味觉差,伤口不易愈合,早衰	
Mn		许多酶的要害部位	头痛,昏昏欲睡,精神病	干果,粗谷物,核桃仁,板栗,菇类
	Mn		软骨畸形,营养不良	
I		甲状腺中控制代谢过程	甲状腺肿大,呆滞	海产品,奶,肉,水果
	I		甲状腺肿大,疲怠	
Co		维生素 B_{12} 的核心	心脏病,红血球增多	肝,瘦肉,奶,蛋,鱼
	Co		巨红细胞贫血,心血管病	
Cr		Cr(Ⅲ)使胰岛素发挥正常功能	肺癌,鼻膜穿孔	一切动、植物中均含微量铬
	Cr		糖尿病,糖代谢反常,粥样动脉硬化,心血管病	
Mo	Mo	染色体有关酶的要害部位	龋齿,肾结石,营养不良	豌豆,植物,谷物,肝,酵母
Se		正常肝功能必须酶的要害部位	头病,精神错乱,肌肉萎缩,过量中毒致命	日常饮食,井水中
	Se		心血管病,克山病,肝病,易诱发癌症	

适量基本营养素的最好方法,同时也是避免食品中有毒物质达到有害剂量的有效方法之一。

10.3 树立平衡营养观念

人类在长期进化过程中,不断地寻找和选择食物以改善膳食,使人体对营养的需要和膳食之间建立了平衡关系。一旦这种关系失调,即膳食不能适应人体的需要,就会对人体健康带来不利的影响,甚至导致某种营养性疾病。由于新陈代谢,人体中每天都有一定数量的无机盐从各种途径排出体外,因此有必要通过膳食给予补充。无机盐在食物中分布很广,一般都能满足肌体需要。从实用营养观点看,比较容易缺乏的无机元素有钙、铁和碘。

营养学是理论较深但又结合实际的应用科学。继 30 年代、50 年代分别发现维生素的功能和微量元素的功能,防止了很多营养缺乏病之后,70 年代静脉全营养的兴起又挽救了不少危重病人。近年来随着不同营养对细胞内各种亚细胞结构的影响,营养素通过各种酶对代谢影响的深入研究,使人们认识到体质强弱、智力高低、免疫能力优劣以及人体衰老的迟早、癌瘤的形成等都与营养质量、各种营养素之间的配比有一定的关系。合理的营养可以防治多种疾病。营养学家主张用食物来满足对营养的需求。营养学家承认有科学实验依据的保健品,实验依据不只是含量测定,而必须有生物效应试验和人体应用观察,要有充足的数据说明其服用剂量能达到预期效果,当然还必需有可靠的卫生质量保证。但是营养学家提倡的仍然是合理的膳食,合理膳食是营养之本。

合理膳食就是要树立平衡营养观念。所谓平衡营养,就是指通过食物补充人体所需的热能和营养素,以满足人体的正常生理需要,并且各种营养素之间比例要适当,以利于营养素的吸收和利用。营养素的种类很多,它们可以互相补充,互相制约,共同调理,以求在人体中之和谐。在我们日常食物中,没有一种食物能满足人们所需的一切营养素,必须吃多样化的食物,来满足多种营养素的供给。如果某种或某些营养素摄入过多或过少,都会造成营养失调,使营养素互相补充,互相制约的作用被破坏,以致身体内平衡被打乱,造成肌体失调,从而诱发多种疾病。很多专家与学者的共识是:营养紊乱和营养过剩已成为诱发危及生命疾病的原因。例如锌过高可影响铁的吸收;维生素 A,D 过多也会中毒;适量的维生素 A,E 或锌会促进免疫功能的提高,而过高则可抑制等。片面强调营养越多越好是错误的,盲目追求全营养也是不恰当的。人体不可能同时大量缺乏所有营养素。肌体状态的不同,体内营养水平的不同,决定了人们对营养素的需求各不相同。全营养、高营养,也必然引起某种营养素摄入过多,一方面造成浪费,同时又会影响肌体对真正缺乏的营养素的吸收和利用。因此,树立科学的营养观念——平衡营养观念,正是指导人们合理膳食,正确补充营养素。

人体对营养的需要是多方面的,营养平衡就是要按各类人体不同需要,科学地安排搭配蛋白质、脂肪、维生素、矿物质、纤维素等各种营养成分。例如人体既需要动物蛋白,也要有植物蛋白。我们摄取的大多数氮正是来源于吃的植物蛋白和动物蛋白。人体内没有氨基酸的贮存形式,这与糖类、类脂物不同,糖类和类脂质分别以糖原和脂肪的形式贮存在体内。然而体内也有一个不断变化的氨基酸库,组织蛋白不断地分解和重新合成,见图 10-7。健康的成人体内保持着氮的平衡,即排出的氮和通过食物吸收的氮一样多。正在成长的少年儿童处于氮的正平衡,即吸收的氮比排出的氮多,因为他们需要氨基酸合成新的组织。氮的负平衡则是排出的氮比吸收的氮多,常由于营养不良、饥饿等状况引起的。

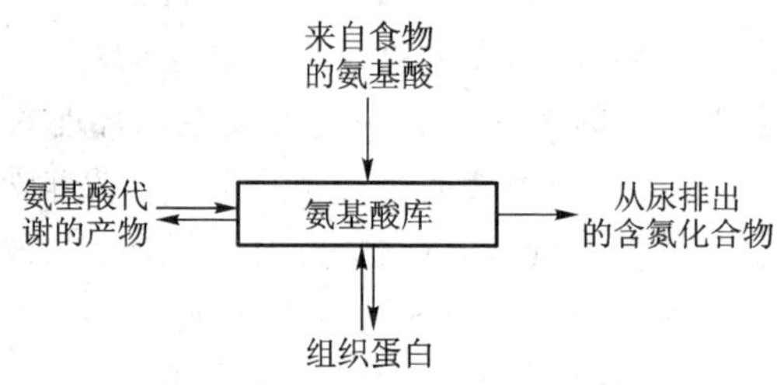

图 10-7　人体内的氨基酸库处于不断的变换之中

健康长寿是人类的共同愿望,大量研究表明,肌体的衰老受各种因素的影响,而其中饮食状况是一项很重要的因素。可以说,人类健康长寿最关键的因素之一是维系人体内几十种元素的平衡。若体内元素平衡失调,就会导致患某种疾病,而治疗疾病就是补充和调节人体元素平衡。人体内元素的平衡有两种含义,一是某个元素在人体内含量要适宜;二是人体内的各种元素之间要有一个合适比例才能协调工作,才会有益于健康。

人们认为,多样化的膳食就是获得各种适量营养素的最好方法。随着对必需营养素及其相互关系知识的丰富和深入,对有效地利用食物资源、科学加工食品、合理调配膳食和充分发挥营养效能等,提供了科学基础。中国生理科学学会和中国医学科学院等提出的我国部分膳食供给量的标准请参阅附录 6。

表 10-5 人体必需微量元素功能与平衡失调症

元素	人体含量 g	地壳含量 $mg \cdot kg^{-1}$	海水含量 $mg \cdot kg^{-1}$	日需量 mg	主要生理功能	缺乏症	过量症
Fe	4.2	50 000	0.0034	12	造血,组成血红蛋白和含铁酶,传递电子和氧,维持器官功能	贫血,免疫力低,无力,头痛,口腔炎,易感冒,肝癌	影响胰腺和性腺,心衰,糖尿病,肝硬化
F	2.6	700	1.3	1	长牙骨,防龋齿,促生长,参与氧化还原和钙磷代谢	龋齿,骨质松疏,贫血	氟斑牙,氟骨症,骨质增生
Zn	2.3	65	0.001	15	激活200多种酶,参与核酸和能量代谢,促进性机能正常,抗菌,消炎	侏儒,溃疡,炎症,不育,白发,白内障,肝硬化	胃肠炎,前列腺肥大,贫血,高血压,冠心病
Sr	0.32	450	8	1.9	长骨骼,维持血管功能和通透性,合成粘多糖,维持组织弹性	骨松疏,抽搦症,白发,龋齿	关节痛,大骨节病,贫血,肌肉萎缩
Se	0.2	0.09	0.004	0.05	组酶,抑制自由基,护心肝,对重金属解毒	心血管病,克山病,大骨节病,癌,关节炎,心肌病	硒土病,心肾功能障碍,腹泻,脱发
Cu	0.1	50	0.01	3	造血,合成酶和血红蛋白,增强防御功能	贫血,心血管损伤,冠心病,脑障碍,溃疡,关节炎	黄疸肝炎,肝硬化,胃肠炎,癌
I	0.03	0.3	0.06	1.14	组成甲状腺和多种酶,调节能量,加速生长	甲状腺肿,心悸,动脉硬化	甲状腺肿
Mn	0.02	1000	0.001	8	组酶,激活剂,增强蛋白质代谢,合成维生素,防癌	软骨,营养不良,神经紊乱,肝癌,生殖功能受抑	无力,帕金森症,心肌梗塞
V	0.018	110	0.005	1.5	刺激骨髓造血,降血压,促生长,参与胆固醇和脂质及辅酶代谢	胆固醇高,生殖功能低下,贫血,心肌无力,骨异常,贫血	结膜炎,鼻咽炎,心肾受损
Sn	0.017	200	0.003	3	促进蛋白质和核酸反应,促生长,催化氧化还原反应	抑制生长,门齿色素不全	贫血,胃肠炎,影响寿命
Ni	0.01	58	0.002	0.3	参与细胞激素和色素的代谢,生血,激活酶,形成辅酶	肝硬化,尿毒,肾衰,肝脂质和磷脂质代谢异常	鼻咽癌,皮肤炎,白血病,骨癌,肺癌
Cr	小于0.006	200	0.002	0.1	发挥胰岛素作用,调节胆固醇、糖和脂质代谢,防止血管硬化	糖尿病,心血管病,高血脂,胆石,胰岛素功能失常	伤肝肾,鼻中隔穿孔,肺癌
Mo	小于0.005	1	0.014	0.2	组成氧化还原酶,催化尿酸,抗铜贮铁,维持动脉弹性	心血管病,克山癌,食道癌,肾结石,龋齿	睾丸萎缩,性欲减退,脱毛,软骨,贫血,腹泻
Co	小于0.003	24	0.0001	0.0001	造血,心血管的生长和代谢,促进核酸和蛋白质合成	心血管病,贫血,脊髓炎,气喘,青光眼	心肌病变,心力衰竭,高血脂,致癌

表 10－5① 列出了科学界公认的人体必需的 14 种微量元素功能与平衡失调症。因此人在生命活动过程中,通过食物和食物链方法以补充和调节体内元素的平衡,对预防疾病,维护健康意义重大。

复　习　题

1. 简述生命必需元素的含意。
2. 化学元素主要通过什么途径进入人体?
3. 营养素包含哪几类物质? 它们各有什么作用?
4. 人体需要哪些维生素? 通过什么途径补充它们?
5. 人体缺铁或铁过量会对健康有何影响?
6. 人体缺碘有何症状? 为什么建议用碘盐? 碘盐中加的是碘的什么化合物?
7. 你认为纤维素是维持人体健康所需要的营养素吗? 为什么?
8. 什么是平衡营养观念? 如何做到平衡营养?
9. 你认为实现人类健康长寿的关键是什么?

① 钟炳南,陈秀雄. 人类健康与元素平衡食物链. 科技导报,1996(2):18～20

第11章

化学与哲学

化学科学自身有着丰富的哲学内涵。因此,我们还应当从哲学的角度来观察、分析和认识化学,探讨化学理论的哲学价值、化学研究中的思维与方法,从而能更好地掌握化学,促进化学和哲学的发展。这里,仅从物质的化学组成、结构和反应等三个方面的理论问题做一哲学考察。

11.1 化学组成

化学组成是反映物质内化学元素的质与量的范畴,是人们认识化学结构和化学反应的出发点。其基本理论主要是元素说和原子分子论。

11.1.1 元素说

元素说是人类认识物质组成过程中最早提出的学说,是化学组成理论的基石,也是哲学探讨的重要课题。

自然界复杂繁多的万物是否是由少数基本物质即元素构成的,万物是否统一于少数几种元素?古代哲学家最早提出了这一命题 ,并做出了回答。古希腊哲学家 Thales 认为水生万物,万物统一于水。古代中国哲学家提出以土与金木水火杂,以成百物,认为万物统一于五行,即五种元素。此后,古希腊哲学家 Empedocles 也提出了类似的"四元素"说。他们提出的元素思想,虽然还缺乏科学依据,只是一种主观臆测,而且也还远不是今天的科学的元素概念,然而毕竟是从物质世界本身来说明物质世界和寻找统一物,从而体现了一种朴素的唯物主义思想。这是难能可贵的。

17 世纪中叶,英国化学家 Boyle R 继承了古代元素思想,并依靠化学实验研究了组成物质的元素。依此他认为,元素并不是水、火、土等复杂物质或现象,更不是亚里士多德所说的冷、热、干、湿等性质,或柏拉图所强调的理念等非物质的精神,而是那些原始的、简单的或是丝毫没有混杂的物质,从而第一次提出了具有科学性质的元素概念。这也是化学科学中出现的第一个化学基本概念，并成为近代化学科学诞生的标志。Boyle R 之所以能够提出科学的元素概念，从根本上看是在于他接受了当时刚刚兴起的微粒哲学，使他能够用物质微粒及其运动的观点对化学现象做出机械论的解释，而无需诉诸于超自然的、人格化的因素，冲破了长期居于统治地位的神秘主义哲学的束缚。此外，还在于他超出了古代哲学家的思维方式，不是依靠主观臆测，而是依靠科学实验来剖析物质，寻找和确定元素，进而建立起科学的元素观。因此，恩格斯说："Boyle R 把化学确立为科学"。

但是，由于当时化学实验水平的限制，Boyle R 的元素概念还只是一种缺乏具体内容的抽象概念，还有待充实。这一工作在 18 世纪中叶由法国化学家 Lavosier A L 担负起来。他在化学实验分析的基础上终于确定了 Au，Ag，Cu，Fe，Sn，O，H，S，P，C 等 33 种简单物质为化学元素，并列出了化学上第一个元素系统分类表。其中虽然也把石灰、镁土、盐酸等化合物误当成了元素，然而毕竟是把 Boyle R 的抽象元素概念具体化了，并有力地推动了化学家到具体物质中去寻找、发现化学元素的工作。到 19 世纪末，已经发现了 79 种化学元素。其间，在 19 世纪中叶，俄罗斯化学家 Mendeleev 又把看来似乎是互不相干的化学元素，依照原子量的变化联系起来，发现了自然界的重要基本定律——化学元素周期律，从而把化学元素及其相关知识纳入到一个严整的自然序列规律之中，既提高了人们学习、掌握化学知识的效率，又从理论上指导了化学元素的发现工作。到 20 世纪 40 年代，人们已经发现了自然界存在的全部 92 种化学元素。与此同时，人们又开始用粒子高能加速器来人工制造化学元素。这样到 1996 年已发现的元素总数达到 114 种。

现代化学元素思想的形成和化学元素的发现，进一步证实了辩证唯物主义自然观的科学性。它表明，自然界中居于分子层次以上的物体，从宏观的天体到微观的分子，从有生命的动植物到无生命的矿物都是由化学元素组成的。例如火星的土壤是由 Fe，Si，Ca，Al，S 等化学元素所组成；生命体是由 C，H，O，N，S，P 等化学元素组成；体现了辩证唯物主义的物质统一观。此外，人们认识了化学元素，还为化学知识的化繁为简，以及促进物质的加工转化创造了有利条件。例如地球上的生物和非生物多达 400 多万种，然而从化学元素的观点看来，却超不出已知 100 多种化学元素，只是元素组成和组成的方式不同而已。由此还可以利用化学反应使物质发生转化。例如在原料和产品都具有 C，H，O，N 等 4 种化学元素的基础上，可以把煤、水、空气转化成为化肥和炸药；在共同具有 C，H，O，N，P，S 等 6 种主要元素的基础上，可以把 H_2O，CO_2，NH_3，H_3PO_4 等物质转化成蛋白质和核酸等生物体内的物质。

11.1.2 原子分子论

原子分子论是化学组成理论的又一基石。它是历经了千百年由化学家和哲学家共同创立的理论,现已成为化学和哲学研究的重要思想工具。

原子论 元素是以何种方式组成万物的,是连续的可分的方式,还是间断的不可分的方式?这既是一个化学问题,也是一个哲学问题。最早给予回答的是公元前5世纪的古希腊哲学家Leucippus和他的学生Demokritos。他们认为,万物都是以间断的、不可分的微粒即原子构成的,原子的结合和分离是万物变化的根本原因,而不是理念或精神,从而有力地批驳了唯心主义哲学。但是,古代原子论只是在观察自然现象基础上臆测出的学说,缺乏科学实验依据,还未能在哲学和科学上发挥更大作用。

19世纪初,英国化学家Dalton J在此基础上提出了近代科学原子论。他首先研究了气体的性质,认为气体的扩散性、渗透性和压缩性表明了原子微粒的存在。随后又根据当量定律、定比定律等表现的构成物质的元素质量非连续性、跳跃性变化的经验事实,进一步意识到了具有间断性微粒原子的存在。然后他又实现了一件惊人的创举,以氢原子的质量为标准,测定了不可见的、微小的原子的相对质量,即原子量,从而为原子微粒第一次提供一个能用数量表达的性质,能用实验方法检验出来的特征,为科学原子论的确立奠定了坚实的基础。由此他认为,元素是以原子微粒的方式构成的。化学反应的实质不过是原子间的重新组合。这样,Dalton J就把古代哲学的原子论发展成为近代科学的原子论,促进了化学和哲学的发展。其具体作用主要是:

从化学上看,它把元素和原子两个基本概念联系在一起,使化学元素具有了同一类原子总称的前所未有的明确概念。它合理地解释了当时几乎所有的化学现象和经验定律,揭示了它们的内在涵义。例如对于定比定律来说,由于不同原子化合时所需要的原子数目一定,而各原子又均有一定质量,所以化合物的组成也就不言而喻地是有一定的质量比了。

从哲学上看,它把古代哲学思辩的原子论思想赋予了可检验的具体属性内容,得到了科学实验的证明,从而复活了2000年来长期遭受宗教势力压制的古希腊原子论,促进了唯物主义哲学的发展。此外,它从原子量上的差异找到了元素质的差异的根源,已经是不自觉地运用了量质互变的辩证法规律。同时,化学原子论作为一种物质观,不仅是化学上研究物质组成的一种主导理论,而且也为哲学研究提供了一种新的认识论和方法论,即把复杂的宏观现象归结为微观的简单要素的认识方法。例如19世纪马克思对于资本主义社会商品剖析所建立的政治经济学,人们就把它看作是一种社会原子论的成果。还有,由于Dalton J运用了概念、判断、推理的理论思维方法确认了当时尚不能观察到的、不可见的原子的存在,即运用科学抽象的方法发现了隐藏在现象背后的原子本质,从而促进了理论思维方法的应用,充实了方法论的内容。

分子论 1811 年,意大利化学家 Avogadro A 根据气体反应体积简比关系定律,即“同温同压下参加化学反应的各气体体积互成简单整数比”的经验事实,大胆预言了原子复合体——分子——的存在,提出了著名的阿伏加德罗分子假说。他认为,包含在一个单位体积内的气体物质,并不是独立的原子,而是由原子构成的复合体,即分子。然而由于当时还缺乏更直接的实验证明而未被承认,直到半个世纪后的 19 世纪中叶才被确认,从分子假说提升为分子论。

分子论的建立,阐明了原子和分子间的联系与差别,认识到原子在化学反应中基本保持不变,只是分子的拆开、破坏、变化,即化学反应的实质主要是分子的“质”的变化。这样就使人们在认识物质层次和化学反应的深度上有了新的飞跃。同时也解决了长期以来在原子量测定等问题上出现的矛盾和混乱,推动了化学的迅速发展。此外,分子论的建立也表明,假说方法,即在已知一定科学事实基础上超出经验领域的认识,对未知现象做出的假定性说明,是人们从经验到理论发展过程中不可缺少的重要思维形式和科学方法,应当给予足够重视。正如恩格斯所说,只要自然科学在思维着,它的发展形式就是假说。然后进一步的观察材料会使这些假说纯化,取消一些,修正一些,直到最后纯粹地构成定律。

11.2 化学结构

化学结构是反映物质分子内部各元素原子的秩序,即原子的联结方式和顺序的范畴,是认识和掌握物质化学性质和化学反应规律的基础。这里拟从哲学角度并结合化学家认识化学结构的历史过程做一讨论。

11.2.1 局部的有机物结构

19 世纪中叶,在原子分子论建立以后,一些物质的分子式也逐步明确。这样,分子内原子间是怎样结合的问题也就成为化学家关注的焦点,从而开展了化学结构研究。这首先是从有机物结构开始的。

1861 年,俄国化学家 Бутлеров A M 综合了当时化学家在原子价、碳四价说、碳链说等理论成果的基础上,形成了有机物结构学说。他指出,分子的性质不仅仅取决于其化学组成即原子的种类和数目,而且也取决于其化学结构即原子的结合顺序,从而首次强调了化学结构概念。他还指出,有机物的化学性质与化学结构存在着一定的依赖关系,因此人们可以依据分子的化学结构推测分子的化学性质。反之,也可以依据分子的化学性质推测分子的化学结构,从而肯定了化学结构的可知性和化学性质的可预见性。这一学说的提出,阐明了化学现象与本质、化学功能与结构、宏观表现与微观结构间的内在联系,促进了化学理论与合成技术的发展。

1858年同时,德国化学家 Kekulé F A 着手研究了当时作为化学工业的重要原料的煤焦油中苯的结构。化学家感到苯的性质很难用碳链结构说给予说明,成了困扰当时化学家的难题。为此 Kekulé 进行了不懈的探索。他先后提出了苯中6个碳原子距离更短、存在重键、香肠型结构等尝试性看法。直到1864年冬,他终于悟出碳链两端相连成环的道理,发现了苯结构的关键,提出了6个碳原子以单双键交替结合成环的结构,解决了有机物结构的一大难题。令人感兴趣的是,他的发现是在梦中意识到的:似乎看见了碳原子组成的长链像蛇一样盘绕旋转,忽然看见有一条蛇衔起了自己的尾巴,他像被电击一样猛醒过来,立即思考并写出了第一个苯环结构式。这一发现,使一系列芳香族有机物的结构问题迎刃而解,推动了有机合成和煤焦油加工业的发展。

应当看到,Kekulé F A 之所以能够梦见苯环,并非偶然。这是他在长期科学实践,潜心研究、艰苦思索的基础上,认识上的质的飞跃。其特点是认识上的直接和迅速,不受逻辑规律的约束,且往往是对原有逻辑程序的简化、压缩乃至违反,从而表现为是一种灵感或机遇,一种必然中的偶然,一种以某种形象思维形式对未知世界进行具有创见性思索的创造性思维方法。因此人们应当积极运用这种思维方法进行创造性探索工作。这就需要加倍地勤奋努力,锲而不舍地追求,反复实践,从而创造出灵感和机遇,取得成功。

11.2.2 分子结构

Бутлеров A M 的有机物结构学说,只是论述了有机物分子结构,尚未涉及所有分子的结构。此外,它也未能说明分子中化学键的本质,这就需要建立更具有普遍性的分子结构理论。

自1897年发现电子,特别是发现电子二象性建立量子力学,揭示了原子结构以后,人们逐步对化学键的本质有了比较深刻的认识。1916年德国化学家 Kossel W 提出了电价理论,认为分子内原子间由于发生电子转移形成了阴、阳离子,并产生了静电引力而结合成分子。这一理论很好地解释了离子型化合物的结构与性质,但无法说明氢气、氧气等相同元素原子间的结合力。同年,美国化学家 Lewis G N 又提出共价论进行了补充。他指出,分子内原子也可以通过共享电子对结合,形成稳定分子。至此,经典价键理论的电子学说已经日臻成熟。但是其弱点是把电子看成为静态,未能反映出动态电子的化学键本质，因而很难解释共价键具有方向性等问题。这样，如何进一步深入探讨化学键的本质，建立相应的化学理论，就成为 20 世纪初期化学家面临的一个重要任务。

1927 年，英国化学家 Heitler W 和 London F W 二人完成了这一任务。他们把量子力学引进化学，讨论了化学中最简单的氢分子结构，即氢分子中核-电子相互作用的体系，初步揭示了化学键的本质——氢分子中两个氢原子成键是由于电子密度分布集中在两个原子核之间使体系能量降低所致。或者说，由于电子云的分布是集中在原子核之间并发生了重叠而形成了化学键所致。由此计算得到的破坏氢分子化学键所需要的能量为 454.8 $kJ \cdot mol^{-1}$，核间距为 0.74Å，同实验数值相差无几。这样就使得在运用量子力学解决化学分子结构问题上取得成功，并创立了新的化学理论——量子化学。它反映了化学家对分子结构的认识已经深入到电子二象性的层次，并使价键理论的观念、研究方法发生了深刻变化。它对化学键的认识和牛顿的引力、Kekulé F A 的亲和力、Kossel W 的静电引力、Lewis G N 的静态电子对的观念不同，是以电子概率波的重叠来揭示其本质的，并对各种化学键做出了统一解释，实现了一次辩证综合。量子化学的诞生，开始把化学从经验或半经验的科学阶段推进到理论性科学的发展阶段，成为一门更为严谨的学科。同时也推进了科学思维方法的发展。

化学家把量子力学引入化学，成功地探讨了分子结构并创立了量子化学。从方法论的角度看，是运用了一系列的科学思维方法。首先是化学移植法，即借助于其他学科的理论与方法研究化学对象的一种思维方法。显然，量子化学正是借助物理学科的量子力学理论与方法研究作为重要化学研究对象的分子结构而形成和建立的，是化学移植法运用的结果。其特点是能够为化学提供一个前所未有的认识化学键的概率波、电子云的研究方法，深入地揭示了化学运动的本质和规律，导致了新的边缘学科——量子化学——的诞生，促进了化学发展。运用这一移植法的客观依据是自然界物理运动和化学运动形式之间的相互联系与统一。作为物理学研究对象的原子结构和作为化学研究对象的分子结构，尽管二者的复杂程度有所不同，然而就其本质来说都是一种核-电子体系，从而构成了量子力学移植于化学领域并取得成功的基础。一般说来，研究较低级运动形式的学科理论与方法，都可以移植于研究较高级运动形式的学科领域，以建立更精密、定量化的理论。

其次是化学演绎法，即从科学的一般性认识到化学的个别性认识的一种推理形式或思维方法。既然量子力学是描述微观粒子一般性运动规律的理论，当然也就可以用来描述化学中分子内微观粒子（核与电子）的特殊性运动规律。这样，Heitler W 和 London F W 两人就把量子力学的一般性理论演绎到化学领域进行逻辑推理，从而在化学史上第一次用量子力学理论阐明了两个氢原子构成氢分子的化学键本质，显示了理论演绎的解释功能，为认识分子结构开拓了道路。

再次是化学分析与综合方法，即先把化学事物的整体分解为部分、单元或要素，暂时割裂开来加以考察；然后再把化学分析的结果联结起来，复原为整体认识的一种方法。量子化学在处理分子中的多电子体系时就是这样，在描述一个电子时暂时把其他电子“凝固”起来，并将它们按一定方式“涂抹”成电子云，然后再把这一电子看成是在这种电子云和核所形成的势场中运动，最后再通过叠加过程，逐步把一个个电子的行为合成为一体。具体方法是先求第一个电子的波函数，然后再求第二个电子的波函数。可以看出，用量子化学方法处理分子的过程体现了分析与综合的统一，化学分析方法与化学综合方法的统一。

11.3 化学反应

化学反应是物质分子的组成或结构的变化。掌握化学反应规律是化学研究的根本任务，是研究化学组成和化学结构的最后归宿。这里仅从哲学角度对化学反应中的燃烧反应和自组织反应两个具有代表性的化学反应做一讨论。

11.3.1 燃烧反应

燃烧反应是人类最早认识的一种化学反应。燃烧反应理论是化学家最早建立的一种能够统一解释化学现象的化学理论。初期是在 17 世纪中叶出现了燃素说。它引导化学家注意对化学反应过程的研究，导致了许多化学发现。然而所谓燃素实际上是一种并不存在的臆想出来的虚假物质，因而燃素说也是一种错误学说，以致越来越阻碍化学的发展。直到 18 世纪中叶，在燃素说统治化学达百年之久以后，终于被新兴的氧化说所推翻，实现了一场化学革命。这一过程具有重要的科学意义和哲学意义。

1774 年英国化学家 Priestley J 用凸透镜把阳光聚在三仙丹(氧化汞)上，发现有一种气体产生，能使燃烧变旺，人的呼吸畅快，从而发现了具有重要理论和实际价值的氧气。但是由于他长期受到燃素说思想的束缚，使这个能发生化学革命的元素，在他手中非但没有引起推翻燃素说的化学革命，反而为他所相信的燃素说似乎找到了又一个论据。他认为氧气是由于能够脱除物质中的燃素而助燃，从而把氧气命名为脱燃素空气。结果就做了一件实践上和理论上的蠢事。这就说明,在科学研究中不能只注重实验事实而忽视理论思维。有时,理论思维要比一个具体实验更加重要。正如诺贝尔奖获得者 Yukawa H 所说,人们只在一个固定框架内思考问题,就不会有创造力。这正是 Priestley J 所犯错误的根源。相反,一切重大的创造都从打破这种固定框架开始,或是从改变这种框架本身开始。推翻燃素说的氧化说正是这样建立起来的。

1777 年,法国化学家 Lavosier A L 深入研究了 Priestley J 的发现,并反复从量上加以精确测定。他发现汞煅烧后形成的汞渣(三仙丹)所增加的质量,恰与汞渣加热分解所放出的那部分“空气”的质量完全相等。他认为,燃烧是可燃物同这种“空气”的结合,而不是燃素的放出;可燃物燃烧时质量的变化是由于这种“空气”造成的,而与燃素无关。他把这种“空气”命名为氧气,从而成为真正认识氧气的第一位化学家。由此他把燃素完全摈弃于燃烧过程之外,彻底推翻了统治化学界达百年之久的燃素说,建立了燃烧的氧化学说,实现了一场深刻的化学革命。这是化学学科中第一个科学的化学反应理论。它不仅仅是对燃烧理论的革新,而且也是对过去整个化学学科的一次系统总结,促进了化学的迅速发展。由此,Lavosier A L 还以科学实验第一次证明了化学反应前后物质总质量不变的物质质量守恒定律,为精密、定量的化学发展奠定了科学基础。同时,也为唯物主义哲学的物质不灭原理,第一次提供了科学证明,促进了哲学的发展。

Lavosier A L 实现化学革命的一个重要原因是在于运用了正确的科学思维方法。这很值得人们借鉴。他的座右铭是:不靠猜想,而要根据事实。他认为燃素论者的根本错误是在于凭空想像,不是从观察出发,而是从推测到推测,引出那些并非直接源于事实的各种结论,并把它们当作基本真理来接受,以致在一大堆错误中把自己给弄糊涂了。因此,他强调,若非必然由观察和实验的直接结果,我决不构造任何结论;并且总是分析整理事实,从中引出结论。他指出,我们在一切情况下都应当让我们的推理受到实验的检验,而除了通过实验和观察的自然之路外,探寻真理别无他途。Lavosier A L 所遵循的这一认识途径是比较符合唯物主义认识论的。这正是他高于燃素论者而取得成功的根本所在。其次是在于他确信自然界规律的统一,物理规律与化学规律的统一,质与量的统一。他把建立在质量不变基础上的牛顿力学应用于化学,认识到尽管物质在化学反应中其性质与状态会发生改变,然而反应前后的物质总量却是相同的。其中既然称不出燃素的量,也就说明并不存在燃素的质。正是由于他的这一理论框架和哲学观念才促使他决心同传统的燃素理论决裂,取得成功。他的以量定质的思维方法,体现了辩证唯物论关于物质不灭与量质统一的规律性。

11.3.2 自组织化学反应

一个开放、远离平衡的化学体系，在一定条件下可以自发地组织成时间和空间的有序结构，呈现出类似于生命特征的自组织现象。这一发现及其耗散结构理论的建立具有重要的科学意义和哲学意义，是当代化学发展的重要前沿领域。

化学振荡现象 化学家自19世纪以后陆续发现，有一些化学反应中的某些组分或中间产物的浓度能够随时间发生有序的周期性变化，即所谓化学振荡现象。由于当时这些现象都是在非均相体系中发现的，因此曾误以为只有在非均相条件下才能产生，以致未能真正揭示出反应的实质。

1959年在均相体系中发现的化学振荡现象，使人们的认识发生了根本性转变。当时苏联化学家Belousov B P用硫酸铈盐（Ce^{3+}和Ce^{4+}）的溶液为催化剂，在25℃时，以溴酸钾氧化柠檬酸。当把反应物和生成物的浓度控制在远离平衡态的浓度时发现，溶液中四价铈离子的黄色时而出现，时而消失。在两种状态之间振荡，时间也极准确，周期为30 s，呈现出具有一定节奏的“化学钟”现象。如果能够不断加入反应物和排出生成物即保持体系的远离平衡态，则“化学钟”可长期保持，否则只能维持50 min，在达到化学平衡后消失。

1964年，苏联化学家Zhabotinsky A M改进了这一实验。用铁盐代替铈盐为催化剂，以丙二酸代替柠檬酸用溴酸钾氧化，从而出现了时而变蓝、时而变红的更加鲜明的化学振荡现象。特别是还发现了在容器中不同部位溶液浓度不均匀的空间有序结构，展现出同心圆形或旋转螺旋状的卷曲花纹波，且由里向外“喷涌”，呈现出一幅幅彩色壮观的动力学画面（见图11-1）。

图11-1 B-Z反应：化学卷曲波

当B-Z反应物被放在浅盘中时，显现出螺旋状的化学波。该波可以自发地出现，也可用使其表面与热灯丝接触的方法启动，如上面照片中的那样。其中那个小圆圈 是该反应所演化出的二氧化碳的泡

图中照片是在第一张照片拍摄后的1.5 s和3.5 s时拍摄的

Belousov B P和Zhabotinsky A M发现的化学振荡反应（简称贝-札反应或B-Z反应）表明，不仅在非均相体系中而且在均相体系中也能产生化学振荡

现象，即体系的某些组分或若干组分的浓度随时间、空间而发生周期性变化的现象。传统理论认为，参加化学反应的亿万分子只能以混沌无序的形式随机地相互碰撞，进行无规则的热运动；反应后各种生成物的分子也只能是无序地在一起均匀混杂着，混沌一片。此外，依照过去对热力学第二定律的理解，一个开放体系就意味着存在一个不断破坏平衡的不可逆过程，应该朝着无序度增大方向不断发展，不可能出现时空有序结构。因此，在化学振荡反应发现的初期，人们感到难以理解。他们认为，这种魔术一般的“古怪行为”是在跟热力学第二定律开玩笑①，是由于实验条件的错误安排或某种干扰所致，从而认为所谓的发现是绝不可能的。这样，Belousov 的发现长期未被承认，其论文也未能及时发表，被搁置达 6 年之久。在此以前，美国伯克利加州大学的 Bray W 于 1921 年在过氧化氢转化为水的过程中也发现了化学振荡反应，然而也被认为是由于实验操作低劣而产生的人为现象而未被接受。直到 60 年代以后，由于发现的事实越来越多，化学振荡的存在已不容置疑才逐渐被承认，并日益引起了广大化学家的注目。

体系的自组织过程　化学振荡反应所表现的宏观有序现象，实质上是微观分子运动有序本质的反映，是亿万分子从无序自发地“组织”起来协同一致动作的结果。这不能不使人感到意外。正像一个大城市的千百万居民都能在同一时间做同一个体操动作一样，令人不可思议。这表明，好像亿万分子都得到了“指令”或“暗示”一般，进行着“信息交流”，具有了统一的“时间感”，从而能够“齐步运行”，协同动作，使一些组分的浓度能够在特定时空领域内一致地增多或减少，形成宏观有序的结构。这种自组织性，可以说是一种新的相干性，一种分子之间的“通信”机制产生的结果。过去认为这种形式的通信似乎是生物世界的惯例，然而现在却在非生命物质的化学体系中也实现了，不能不使人感到极大惊异和兴趣，以致认为很可能是一种生命的前躯或一种“前生物”的适应机制②。因此，超循环论的创始人 Eigen M 认为：在生命起源和发展中的化学进化阶段和生物学进化阶段之间有一个分子自组织过程或分子自组织进化阶段③。

实际上，物质世界的一切体系，从基本粒子、原子、分子到微生物、动物、植物、人类和人类社会，不论是生命体系还是非生命体系，在由低级到高级的进化和发展过程中都存在着这种自组织的共同特征。这是世界物质统一的又一佐证。

---

① Peter. Coveney. 时间之箭. 江涛等译. 长沙：湖南科学技术出版社，1995

② I. R. Prigogine. 从混沌到有序. 曾庆宏等译. 上海：上海译文出版社，1987

③ M. Eigen 等. 超循环论. 曾国屏等译. 上海：上海译文出版社，1990

无序怎么会自发地走向有序？自20世纪60年代以来人们提出了自催化振荡、产物活化、环境温度起伏和反应序列存在反馈等理论模型试图解释，然而均未能全面和深入地揭示出自组织过程的本质，直到耗散结构理论的提出，才得以圆满解决。

化学耗散结构体系 1968年，比利时化学家Prigogine I R在历经了近20年的探索以后，提出了耗散结构理论。他指出：一个开放体系在达到远离平衡态的非线性区域时，一旦体系的某一个参量达到一定阈值后，通过涨落就可以使体系发生突变，从无序走向有序，产生化学振荡一类的自组织现象。这里，实质上是提出了产生有序结构的以下四个必要条件：

开放体系 这样才可能同外界交换物质与能量形成有序结构。具体说来，这样才可能从外界向体系输入反应物等来使体系的自由能或有效能量不断增加，即有序度不断增加；同时，才可能从体系向外界输出生成物等来使体系无效能不断减少，即无序度或熵量不断减少。前者是向体系输入负熵，后者是从体系输出正熵，从而使体系的总熵量增长为零或为负值，以形成或保持有序结构。输入负熵，是消耗外界有效物质与能量的过程；输出正熵，是发散体系无效物质与能量的过程。这一耗一散，也就成了产生自组织有序结构的必要条件。因此，自组织有序结构也就可以称为**耗散结构**。显然，耗散结构在非开放体系中是不可能形成或保持的。

远离平衡态 这样才可能使体系具有足够的反应推动力，推进无序转化为有序，形成耗散结构。例如在恒温恒压条件下，可以使反应物浓度远高于平衡浓度，生成物浓度远低于平衡浓度，从而在实际浓度与平衡浓度间造成巨大浓度差，以推进化学振荡反应的产生。相反，如果在平衡态，则实际浓度与平衡浓度相等，二者之差为零，反应推动力为零，反应已经达到极限，反应体系的浓度已经不再随时间变化发生任何变化，即已经达到“时间终点”。因此，也就不可能产生浓度随时间空间而发生周期性变化的化学振荡现象。此外，在平衡态，体系的熵量已经增至极大，无序度已经增至极大，从而也不可能产生有序。所以Prigogine I R说，非平衡是有序之源。形象地看，这好比是往咖啡里面加牛奶，达到平衡时的最后状态只能是一碗混沌无序的灰色浑汤。但是在达到那个状态以前的非平衡态，则白牛奶在黑咖啡里排演了多少瞬息万变的漩涡花样和结构！可见，有序的生机是在远离平衡态时萌动的。

非线性作用 即体系内各要素之间具有超出**整体是局部线性叠加效果**的非线性作用，是一种**所得超所望的非线性因果关系，即一个小的输入就能产生巨大而惊人效果**。这样才可能使体系具有自我放大的变化机制，产生突变行为和相干效应、协同动作，以异乎寻常的方式重新组织自己，实现有序。相反，如果只是具有线性作用，要素间的作用只能是线性叠加即量的增长而不能产生质的飞跃和实现有序。

这种非线性作用,在化学体系中是体现在反应链上存在着自催化或交叉催化的环节,即某些反应物分子的一个生成物正是它们自身所需要的催化剂,从而使反应速率达到雪崩式的加快(自催化);或属于两个不同反应链上的两个产物能各自催化对方的反应(交叉催化),其结果是可以产生一种难以控制的剧变行为。这种自催化或交叉催化产生的剧变行为,在技术控制论中被称为正反馈,即某种对于指定参考值的偏差不仅未能消除反而得到加强的行为。在化学振荡反应中,正是由于具有了正反馈,才使体系得以造成失稳、活化、放大成“化学钟”里的前后呼应的颜色变化,产生周期性的振荡。实际上,正反馈是一种自我复制、自我放大的变化机制,因此才能使亿万分子的微观行为像得到指令般地协同动作并在宏观上实现有序。可见,正反馈、自催化或交叉催化或非线性的相互作用,是产生化学耗散结构的不可缺少的动力条件。

涨落作用　即体系中温度、压力、浓度等某个变量或行为与其平均值发生偏差的作用。体系具有涨落或起伏的变化,才能启动非线性的相互作用,使体系离开原来的状态,发生质的变化,跃迁到一个新的稳定的有序态,形成耗散结构。因此,涨落是一种启动力,涨落导致有序。涨落主要是由于受到体系内部或外部的一些难以控制的复杂因素干扰引起的,带有随机的偶然性,然而却可以导致必然的有序。这就再一次表明,必然性要通过偶然性来表现,偶然性是必然性的补充。

跨学科的应用　耗散结构不仅存在于化学领域,而且也普遍存在于整个自然界乃至人类社会的各个领域。因此,耗散结构理论也就是一种横跨化学学科及整个自然科学和社会科学的理论工具,是一门普遍化热力学或普适性理论,具有广泛的重要的科学意义。

在化学方面,耗散结构理论除了在化学工业中连续化生产的不平衡体系中得到广泛应用外,还使化学家在理论认识上产生了一个飞跃,即化学自组织反应中与外界进行物质与能量 交换的“新陈代谢”,也和生物体系一样,是其存在的不可缺少条件,从而使化学体系“活化”了。这就进一步消除了生命与非生命体系的森严壁垒。同时,对于化学中物质的认识,也不再是机械论世界观中所描述的那种被动的实体,而是与自发的活性相联的客体。由此,Prigogine I R 认为,“这个转变是如此深远”,以致可以说是一种“人与自然的新的对话”。所以,现代化学研究已经日益明显地把注意力从平衡态转向非平衡态,从简单的线性关系转向复杂的非线性关系,并成为化学发展的一个重要前沿。耗散结构理论也被誉为是 20 世纪 70 年代化学领域的一项辉煌成就。研究化学耗散结构中亿万分子协同动作的通信手段,则可能为物理学和神经生理学的通信过程找到一种更简单的机制;研究具有完全确定振荡周期的化学钟,则可能研制出比机械振荡的弹簧更加可靠的计时器;研究化学振荡螺旋波与太空星体的漩涡星系、飓风形成的气漩涡和心脏病发作的波动等相似之处,则可能有力地促进天文学、气象学和医学的发展。

在社会领域,由于社会中的各种团体、组织、机构、单位等都可以认为是具有不同层次耗散结构的体系,都可以运用耗散结构理论来加以研究,以形成和保持自组织的有序结构。例如需要提供良好的开放条件,加强与外界物质、能量和信息的交流以提高体系的有序度,应当保持体系的不平衡态来不断产生新的发展动力,争取发挥整体大于部分之和的非线性放大作用,实现新的飞跃等,从而可以促进整个社会的稳定、有序和进化,形成高度有效的自组织结构。Prigogine I R 认为,社会进化固然有其自身的特点,然而从根本上说也是物理宇宙进化的一个方面。因此物理、化学上的耗散结构理论也应适于社会进化的研究。所以,《化学科学发展战略》指出,今后进一步开展非平衡热力学的理论与实验研究,是一个一旦有所突破会对科学、经济或社会的发展产生重大影响的研究方向①。

传统观念的突破 化学耗散结构理论的建立,在思想方法上给人以深刻启迪,突破了传统观念,获得了更为全面的科学认识,促进了科学思维方法的发展。

(1) 物理学和生物学规律的统一 过去认为,物理学克劳修斯的热力学第二定律和生物学达尔文的进化论在反映自然规律方面是相互矛盾的。前者认为一个孤立的物理体系总是趋于熵增加的方向,即从有序趋向无序,从高级趋向低级,不断退化;后者认为生物体系居于主导地位的方向总是从无序趋向有序,从低级趋向高级,不断进化②。现在耗散结构理论告诉我们,二者并不矛盾,达尔文进化论也符合热力学第二定律。因为生物体系之所以能从无序趋向有序,根本的原因在于它是一个开放体系,能够不断地从环境向体系输入有效的物质和能量即负熵流,从而抵消了体系内无效能即正熵量的增加,直至实现有序。这里不仅没有违背热力学第二定律的熵增加原理,相反,却是以负熵增加的观点,补充、丰富、证明和扩大了它的应用范围,即从孤立系统扩大到了开放系统,从平衡态扩大到了非平衡态,从正熵增加扩大到了负熵增加,从而能够用热力学第二定律的熵增加原理统一揭示物理体系退化和生物体系进化过程的机制与条件,解决了两个规律之间长期以来存在的矛盾。此外,从环境向体系输入负熵,实际也是消耗环境负熵而增大正熵的过程,同时还由于输入和摄取负熵过程中出现的不可避免的热散失,而进一步增大了环境的正熵,

---

① 陈德锦等.化学科学发展战略.北京:科学技术文献出版社,1994

② I. R. Prigogine.从存在到演化.曾庆宏等译.上海:上海科学技术文献出版社,1986

给环境造成了更大的混乱或无序。这就是说,体系内熵的减少,是以环境熵的更大增加为代价取得的。因此,尽管体系内的变化是趋于熵的减少,从无序趋向有序,而就环境和体系的总体变化来说,则仍然趋向于熵增加的方向即从有序趋向无序,仍然符合热力学第二定律。这样,人们对于热力学理论就可以有一个更广泛和全面的理解,并大体上说明了为什么在一个熵递增的环境里,像人类这样具有高度有序结构的生物能够从混乱中出现,从而破除了百年来人们关于热力学第二定律只能破坏有序的传统观念,或只能是朝着无序状态单调地退化的一个代名词①的不全面认识。这是 Prigogine I R 的耗散结构理论做出的重大贡献。为此他获得了 1977 年的诺贝尔化学奖。

(2) 平衡态和非平衡态的并重　过去人们多只侧重于平衡态的研究,诸如对于热平衡、相平衡、电离平衡、化学平衡等平衡规律的研究,似乎只有平衡态才能体现出事物的规律性,而对于非平衡态研究则有所忽视。现在,耗散结构理论告诉我们,非平衡态却恰恰正是产生自组织有序结构的一个不可缺少的必要条件,非平衡才是有序之源,必须给予足够重视。此外,宇宙万物种种生动诱人的现象绝大多数都是处于非平衡态而不是平衡态。因此,在重视平衡态研究的同时也重视非平衡态研究,就会更加接近自然界的实际,取得更好效果。总之,耗散结构理论的建立和非平衡热力学的诞生,破除了长期以来忽视非平衡研究的传统观念,成为科学界重视非平衡研究之始。

(3) 无序自发向有序的转化　过去认为,从无序到有序是不能自发转化的,否则就违背了热力学第二定律。现在耗散结构理论告诉我们,这种自发转化是可能的,而转化条件实际上也就是依靠开放体系从环境向体系输入的负熵流等形成自组织有序结构的四个条件。它们能把体系内亿万个分子一一准确地安排在特定位置上,并按照确定的时空变化协同动作,发挥作用。这样,耗散结构理论就找到了过去认为不可能存在的从无序自发转化为有序的转化机制与条件,第一次全面掌握了无序和有序之间的双向转化规律。具体说就是在一定条件下,在封闭的平衡体系中将是自发地从有序趋向无序;在开放的非平衡体系中将是自发地从无序趋向有序,从而揭示了无序和有序转化同体系的封闭与开放、平衡与不平衡等条件的联系,建立了更为全面的自然观和科学观,促进了科学和哲学的发展。此外,对于宇宙 的未来,依靠远离平衡的开放体系的条件,就可以正如恩格斯所预言的那样:放射到宇宙空间中去的热,能够重新集结和活动起来②。从无序趋向有序,使体系重新得到"活性"。这就进一步批判了克劳修斯从热力学第二定律片面外推导出的热寂说,即宇宙

① Peter. Coveney 等.　时间之箭. 江涛等译. 长沙:湖南科学技术出版社,1995

② 恩格斯. 自然辩证法. 于光远等译编. 北京:人民出版社,1984

不会导致完全热静止或完全无序,从而有力捍卫了辩证唯物主义的自然观。

复 习 题

1. Boyle 是运用何种哲学思想提出科学元素概念的?
2. 掌握现代化学元素思想对于人们认识自然界有何重要意义?
3. Dalton 原子论的建立对于哲学发展有何作用?
4. 化学家是运用什么思想方法提出分子学说的,为什么?
5. 试述 Kekulé 发现苯结构过程中偶然性与必然性的统一。
6. 试述量子化学建立的科学方法。
7. 试述 Priestley 发现氧而未推翻燃素说的教训,对于你正确认识事物有何借鉴?
8. 从思想方法上看,Lavosier 为什么能实现一场化学革命?
9. 试从耗散结构理论说明物理学和生物学规律的统一。

第12章

化学的继往开来

通过前面各章的学习，对化学的研究范围、研究对象及化学与国民经济、人民生活之间的关系已有所了解，最后我们有必要来回顾一下化学学科的发展简史并举例展望未来化学的面貌①。

化学真正被确立成为一门科学大约在18世纪后期。工业革命推动社会生产的空前发展，给化学研究提供了必要的实验设备和研究课题。燃烧过程在生产中的普遍应用，促使人们开始研究燃烧反应的实质。最初，认为一切与燃烧有关的化学变化都可以归结为物质吸收或释放一种"燃素物质"的过程，而命名为燃素学说。它对当时已知的许多化学现象作出了定性的解释，但也还存在着许多的矛盾，如它不能解释金属煅烧时，燃素从中逸出后，质量反而增加的事实。18世纪后期，当发现氧气之后，法国科学家 Lavosier A L 在实验的基础上，证实燃烧的实质是物质和空气中的氧气发生的化合反应。氧化燃烧理论代替了燃素说。Lavosier 提出的化学元素的概念，并揭示了众所周知的质量守恒定律。因此 Lavosier 被公认为"化学之父"和化学科学奠基人。

19世纪初，由于化学知识的积累和化学实验从定性研究到定量研究的发展，关于化合物的组成也初步得出了一些规律，如化合物定组成定律以及化合量定律。在这些实验的基础上，英国科学家 Dalton J 开始孕育一种关于"原子"的新思想，他认为物质是由不能再分割的原子所组成，原子不能创造也不能消灭，每种元素当它与其他元素化合时都是以原子为代表的最小单位一份一份地进行。Dalton J 的原子论合理地解释了当时已知的一些化学定律，而且开始了原子量的测定工作，并得到了第一张原子量表，为化学的发展奠立了重要的基础。化学由此进入了以原子论为主线的新时期。

Dalton 的原子论对化学发展虽有重大贡献，但由于受当时科学技术发展水平的限制，受机械论、形而上学自然观的影响，因此它仍存在着一些缺点和错误。尤其是在揭示了原子内部结构之后，原子不可分割的论点明显需要进

---

① 唐有祺．化学的继往开来．大学化学，1990(5)：1；论化学学科的继往开来．物理，1993(2)：65

行修正和补充。另外,他未能区分原子和分子,因此,Dalton 原子论与有些实验事实之间存在着一些矛盾。

1808 年 Gay Lussac 通过气体反应实验提出了气体化合体积定律:**在同温同压下,气体反应中各气体体积互成简单的整数比**。并且利用刚刚诞生的原子论加以解释,很自然地得出这样的结论:同温同压下的各种气体,相同体积内含有相同的原子数。根据这个观点就会得出"半个原子"的结论,例如由一体积氯气和一体积氢气生成了两体积氯化氢,每个氯化氢都只能是半个原子的氯和半个原子的氢所组成,这与原子不可分割的观点直接对立,此问题成为 Gay Lussac 与 Dalton 争论的焦点。为了解决这个矛盾,1811 年意大利科学家 Avogadro 提出了分子的概念,认为气体分子可以由几个原子组成,例如 H_2, O_2, Cl_2 都是双原子分子,并且指出:**同温同压下,同体积气体所含分子数目相等**。这样原子学说和气体化合体积定律统一起来了。但是,Avogadro 的分子假说直到半个世纪以后才被公认。在 1860 年国际化学会议上关于原子量问题的激烈争论之际,Cannizzaro S 在他的论文中指出,只要接受 50 年前 Avogadro 提出的分子假说,测定原子量、确定化学式的困难就可以迎刃而解,半个世纪来化学领域中的混乱都可以一扫而清。他的论点条理清楚,论据充分,迅速得到各国化学家的赞同,原子分子论从此得以确定。它奠立了近代化学总体的理论基础。它指明:**不同元素代表不同原子,原子按一定方式或结构结合成分子,分子的结构直接决定其性能,分子进一步组成物质**。这个理论基础在化学的发展进程中不断深化和扩展。元素、原子、分子和原子量,是现代化学科学中最基本的几个概念。

到 1869 年已有 63 种元素为科学家们所认识,测定原子量的工作也有了很大的进展,原子价的概念已得到明确,对各种元素的物理及化学性质的研究成果也越来越丰富。在此基础上,Mendeleev D I 和 Meyev L 深入研究了元素的物理和化学性能随原子量递变的关系,发现了元素性质按原子量从小到大的顺序周而复始地递变的周期关系,并把它表达成元素周期表的形式。元素周期律的发现对化学的发展,特别是对无机化学的系统化,起了决定性作用。至于元素的发现及原子量的准确测定则归功于经典化学分析的建立和完善,也可以说它们是发现周期律的实验基础。18 世纪末到 19 世纪中叶,随着采矿、冶金工业的发展,定性化学分析的系统化、重量分析法、滴定分析法等逐步完善。最享盛誉的分析化学家 Berzelius J J 的名著《化学教程》(1841 年)记载着当时所用实验仪器设备和分离测定方法,已初具今日化学分析的端倪。尤其是滴定分析法(如银量法、碘量法、高锰酸钾法等)至今仍有广泛的实用价值。现代的仪器分析法虽具有快速灵敏等优点,但试样的预处理及测定结果的相对标准等仍是与经典化学分析法相辅相成。

1858 年 Kekulé F A 总结出碳原子是四价。这时,关于有机化合物分子中价键的饱和性已经比较清楚了。不久碳原子的四面体共价键的方向性也被揭示出来。价键的饱和性和方向性的发现,奠定了有机立体化学。这样,有机合成就可以做到按图索骥而用不着单凭经验摸索了。这对有机化学的发展是非常重要的,至今它仍然是有机化学最基本的概念之一。

在 19 世纪前期,化学研究与物理学、数学的发展存在一定的脱离,阻碍了前进的步伐。而自 19 世纪中叶开始,运用物理学的定律研究化学体系,阐明化学反应进行的方向、程度和速率等基本问题,取得了可喜的成效,这使人们看到了物理和化学结合的重要意义,逐步形成了物理化学分支学科。到本世纪初化学家对物质的认识虽已经达到分子和原子的层次,同时总结出元素周期律,创立了研究分子立体构型的立体化学。但是,要进一步深入发展,认识化学键、元素周期律以及价键饱和性和方向性等本质问题,则有待于揭开原子结构的奥秘。在 19 世纪、20 世纪之交,物理学有了一系列的重大发现(如电子、放射性和 X 射线等),揭示了原子的内部结构和微观世界波粒二象性的普遍性,使经典力学上升为量子力学。量子力学为化学提供了分析原子和分子的电子结构的理论方法。1927 年 Heitler W 和 London F W 应用量子力学方法成功地处理了氢分子中电子的运动,阐明了共价键以及它的饱和性和方向性的本质。量子力学在化学键理论研究上的应用,逐步认识了化学键的本质,对原子结合成分子的方式、依据和规律方面的研究已日趋深入和系统。近代物理学对化学的发展不论在理论上和实验上都提供了巨大的支持和有力的手段。在实验上,各种衍射和光谱等研究原子、分子和晶体结构的新方法层出不穷,为化学家认识原子、分子结构和性能积累了大量的实验资料及一系列有指导意义的原则。因此化学学科进入了一个全新的发展阶段。

借助于近代物理学的进展,化学得到了如虎添翼般地迅速发展。不仅自然界中存在的“未知元素”逐一被发现,而且还在实验室中人工合成了自然界尚不存在的元素。有机化学也得到了长足的发展,在实验室中不仅分离和提取了一系列天然有机产物,而且还合成了一些自然界未曾发现的化合物,并逐步兴起了有机合成化学工业,尤其以染料和制药工业最为突出,煤焦油和石油等各种天然资源的开发和综合利用也相继向前推进。到了 20 世纪 30 年代,随着有机化学和有机合成工业的发展,世界进入了人工合成高分子材料的新时代,合成橡胶、合成纤维和合成塑料等新材料的成批生产,都是化学家的卓越贡献。

化学学科长久的任务是**整理天然产物和耕耘周期系,不断发现和合成新的化合物,并弄清它们的结构和性能的关系,深入研究化学反应理论和寻找反应的最佳过程**。这个化学学科的传统特色,肯定还要继续发展下去。另一方面，当今化学发展的一个特点是积极向一些与国民经济和人民生活关系密切的学科渗透，最突出的是与能源科学、环境科学、生命科学和材料科学的相互渗透。化学面临着新的需求和挑战，同时随着结构理论和化学反应理论以及计算机、激光、磁共振和重组 DNA 技术等新技术的发展，化学对分子水平的掌握日益得心应手，剪裁分子之说应运而生，即按照某种特定需要，在分子水平上来设计结构和进行制备，化学的研究对象也不局限于单个化合物，而要把重点放在复杂一些的体系上，这样必然会促使化学更重视贯通性能、结构和制备三者之间关系的理论，增强功能意识。这就形成了化学发展的一个新方向——分子工程学。

现在，化学在材料科学和生命科学中的作用和地位越来越显著，下面仅从这两个方面举例介绍一些化学前沿的动向和进展。

智能材料　能源、信息和材料是国民经济的三大支柱产业，而材料又是能源和信息工业技术的物质基础，新能源的开发，信息工程中信息采集、处理和执行都需要各种功能材料。设计和合成具有各种特殊性的新型材料是化学家施展才能的广阔天地。在第 7,8 两章中已介绍了一些无机材料和高分子材料。目前在新材料领域中，正在形成一个新的分支——智能材料。智能结构常常把高技术传感器或敏感元件与传统结构材料和功能材料结合在一起赋予材料崭新的性能，使无生命的材料变得似乎有“感觉”，使被动性的功能材料向具有主动功能的机敏材料发展，这类材料将具有自诊断功能和自愈合功能等。例如在高性能的复合材料中嵌入细小的光纤材料，用于机翼制造，由于复合材料中布满了纵横交错的光纤，它们能像“神经”那样感受飞机机翼上的不同压力，通过测量光纤传输光时的各种变化，可知机翼承受的不同压力。在极端严重的情况下光纤会断裂，光传输中断，于是就能向飞行员发出事故警告。再有一种更巧妙的方法是把大量空心纤维埋入混凝土中，当混凝土开裂时，事先装有裂纹修补剂的空心纤维也会裂开，并释放出粘结修补剂，把裂纹牢牢地焊在一起，防止混凝土桥梁断裂。

还有一类智能材料是仿生智能材料，它是在研究一些动物和植物活体的基础上，掌握生物所具有的特异功能，设法把这些研究成果用于智能材料的设计和制备。例如人们知道贝壳很硬而又不易摔碎，于是就去研究贝壳的结构，发现它是由许多层状的碳酸钙组成，每层碳酸钙之间夹着一层有机质，把层层碳酸钙粘在一起，贝壳之所以不易破碎是因为在一层碳酸钙中出现的裂纹不会扩张到其他碳酸钙层中去，而被中间那层柔软的有机质阻挡住了。人们从中得到启示，制造出一种不易破碎的陶瓷材料。英国 Crick W 博士选择了碳化硅陶瓷，将其烧成薄片，然后在每片碳化硅陶瓷上涂上石墨层，再把涂有石墨层的碳化硅陶瓷层层叠起来加热挤压，使坚硬的碳化硅陶瓷粘结在石墨上。

石墨和贝壳中的有机质一样,起着粘结剂作用。这样的陶瓷受到冲击力时顶多是使表面几层破碎脱落,而且表层脱掉后能把大部分能量吸收,避免整个零件破碎。试验证明,折断涂有石墨层的碳化硅陶瓷所用力量比没有石墨层结合的碳化硅陶瓷要高 100 倍。英国利用这种陶瓷材料制造了一台耐高温而不需冷却系统的陶瓷汽车发动机。可以说这是研究仿生智能材料的一个典型实例。智能材料或仿生智能材料现已成为材料科学的一个重要研究领域,各国科学家正在为此作不懈的努力。人们研究鲸和海豚的尾鳍,飞鸟的鸟翼,希望有朝一日能发现像尾鳍、鸟翼那样柔软,既能折叠又很结实的材料;研究竹子抗弯、抗裂的结构,试图将竹子的特性广泛用于飞机、火箭制造中。总之,在未来智能材料的研究中,为化学家开辟了一个充满生机和挑战的全新领域。

电子通讯技术和计算机技术等方面的飞速发展,迫切需要更复杂、更小巧的电子器件。因而在分子水平上生产电子器件,已提到分子设计和分子工程学的议事日程上。目前世界上许多发达国家竞相投资,加紧开发和研制“分子元件”,其中以分子导线和分子开关的研制最令人关注。

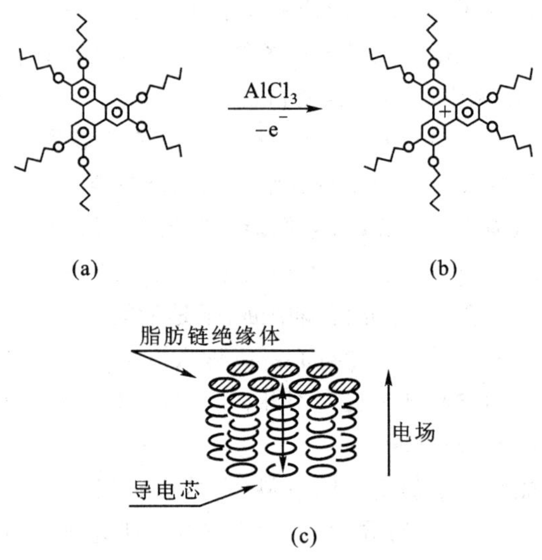

图 12-1　盘状液晶型分子导线

1991 年英国学者 Boden N 提出用盘状液晶作分子导线。液晶是一类有机化合物,由于它能像液体一样流动,又具有晶体的光学特性,因此而得名。

例如三亚苯基环类盘状液晶[①]，见图 12-1(a)，在六取代三亚苯基环类分子结构中，三个亚苯基外侧均由具有良好绝缘性能的脂肪链所环绕，又由于盘状液晶分子在外电场作用下有着特殊的分子排列，见图 12-1(c)，因此 Boden 等人设想，如果将少量具有缺电子空轨道的分子（如 $AlCl_3$）掺入到盘状液晶分子中，使其具有共轭体系的三亚苯基环中心出现正电性空穴，见图 12-1(b)。再沿三亚苯基环中心轴线方向施加一定的电压，环内电子就可作定向移动。这一设想与无机半导体导电原理是极为相似的。

我们知道开关是电子计算机的主要器件之一，而要在分子水平上研制分子电子计算机，分子开关是不可少的。目前，许多科学家把视线主要放在光控、温控和电控等类型的分子开关的研制上。下面介绍一种光控分子开关。*N*-邻羟亚苄基苯胺具有光致重排性质[见图 12-2(a)]。如果将多聚乙炔链与 *N*-邻羟亚苄基苯胺相连[见图 12-2(b)]，不难看出，在图 12-2(b)左边，当分子处于基态时，与邻羟亚苄基直接相连的聚乙炔链的共轭体系为单键、双键相间的连续传导系统，即分子开关呈开启状态；而在图 12-2(b)右边，开关分子处于光致激发状态，多聚乙炔链的共轭体系发生间断，从而使其传导功能终止，此时分子开关呈关闭状态。

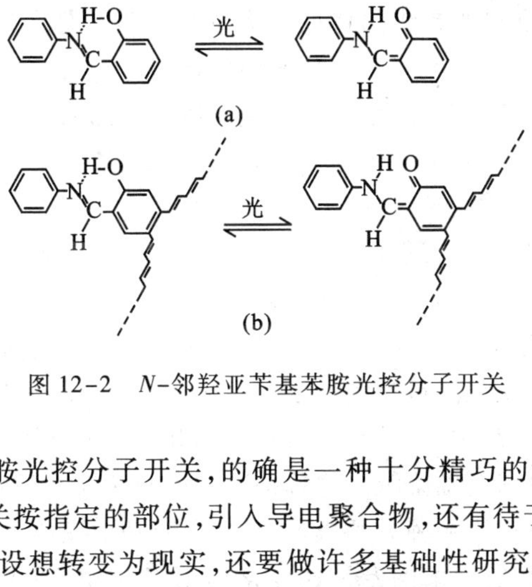

图 12-2　*N*-邻羟亚苄基苯胺光控分子开关

N-邻羟亚苄基苯胺光控分子开关，的确是一种十分精巧的设计。但是，要将这种有机分子开关按指定的部位，引入导电聚合物，还有待于进一步探索。当然，要使分子器件设想转变为现实，还要做许多基础性研究工作。不过，我们相信随着科学技术的发展，人们对客观事物的深入了解和掌握，分子器件甚至分子电子计算机的问世，都将不会是遥远的科学幻想。

① 焦家俊. 几种分子导线和分子开关. 大学化学，1994(6)：8

探索生命的奥秘[①]　当代化学研究与生命科学的关系越来越密切。历史上化学家从分子水平研究了重要生命物质（如蛋白质和核酸）的结构。如今化学家又在更深的层次上（即分子与分子集合体水平上）了解和认识更为复杂的生命现象。随着今后人们对生命现象本质认识的提高和深化，一定会将化学带入一个崭新的天地，从而给人类社会的进步以深刻影响。

化学是在分子水平上研究物质运动的科学。生命运动的基础是生物体内物质分子的化学运动。因而，揭示生命运动的规律必定以认识生物体内的物质分子及其运动为前提。再者，生物体内的化学反应有温和、定向、高选择性、高产率的特点。因此，从化学的角度来研究生命过程，大致可以从以下两方面出发：用纯化学手段在分子水平上了解生命现象的本质；借助于有机合成和分子集约化手段创造出不同程度上再现生命现象的纯化学体系。化学家参与生命科学研究的主要武器在理论上是分子的微观结构概念和键力与非键力相互作用，化学反应动力学与机理等；在实验上是成分分离与分子结构分析、合成与模拟、反应速率与过程的测定等。目前，化学对于生物物质的研究对象已由常量、稳定的物质发展到微量、不稳定的物质；由单一分子发展到分子集合体；由静态研究发展到动态研究，对生命化学过程的研究已深入到飞秒级（1×10^{-15} s）的快速过程。下面就以当前开展比较活跃的一些领域为例作些介绍。

蛋白质、核酸和糖类是生物体的三大基本要素。蛋白质掌管生物体内各种生物功能，例如酶是一类具有催化作用的蛋白质，生物体内的所有反应几乎都是由酶催化完成的；而核酸中储存着生命体的全部遗传信息，它是构造一切生物有机体的总设计师；糖不仅为生物有机体提供建筑材料和能量来源，而且还是高密度的信息载体，具有重要的细胞识别能力。研究这些生命物质的结构与功能的关系，将帮助人们从分子水平上了解生命现象的化学本质。

核酸分成脱氧核糖核酸（DNA）和核糖核酸（RNA），它的功能主要是贮存、传递和表达生物体的遗传性状。这些功能是与其结构紧密相关的，一定的结构决定了一定的功能。科学家可以利用离体的 DNA 重组技术，实现转基因动植物的产生与培育，进行基因治疗，促进有用蛋白质的生产，以及创造出能合成有重大经济价值的细菌等。这就是通常说的基因工程或遗传工程。

蛋白质可以被视为一种分子机器，它可以精巧地完成生命特定的功能，例如血红蛋白的输氧功能，酶的专一性催化作用等。对于蛋白质分子机器运作机制的了解，主要依赖于蛋白质中原子结构细节的知识。下面在血红蛋白三维结构的基础上谈谈它们是怎样执行储运氧分子的[②]。血红蛋白分子活性部

---

① 惠永正，陈耀全主编．化学与生命科学．北京：化学工业出版社，1991

② 唐有祺．生命及其分子机器．大学化学，1992（1）：1

位是血红素的含铁辅基，铁（Ⅱ）原子坐在辅基中央，它可以与其他六个配位原子相结合，其中四个配位 N 原子在血红素平面上，如下图所示：

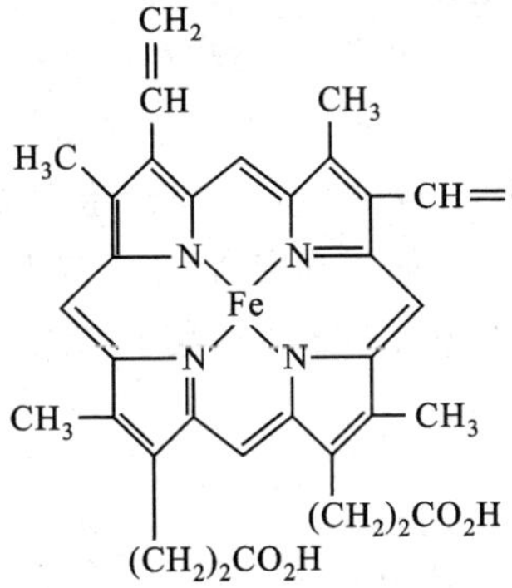

图 12–3　血红素含铁（Ⅱ）辅基的平面示意图

第五配位和第六配位则处于平面的上方和下方。在血红蛋白中第五配位是一个组氨酸（His F8）的 N 原子，第六配位是 O_2 等分子，在其附近还有另一个组氨酸（His E7），它能影响进入第六配位的分子，如图 12–4 所示。以下讨论第六配位的情况。

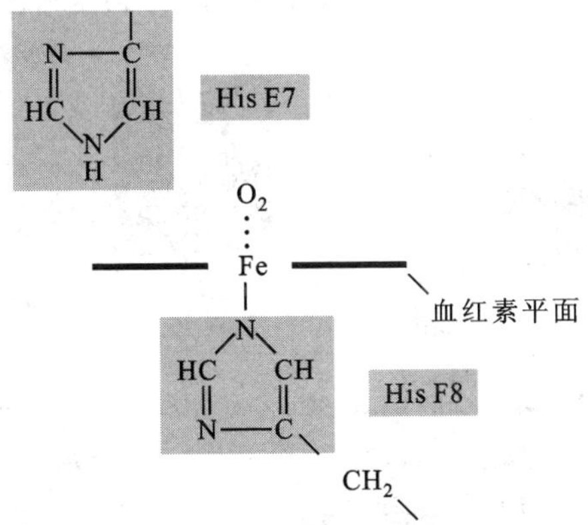

图 12–4　血红蛋白中血红素的第五和第六配位示意图

O_2 和 CO 分子都能在血红素的第六配位上与 Fe（Ⅱ）结合。由于它们的电子结构不同，在一个孤立的血红素中，Fe（Ⅱ）与 O ═ O 分子之间形成角度为 121°的弯曲型，见图 12–5（a），而 C ═ O 分子与 Fe（Ⅱ）之间形成直线构型，见图 12–5（b）。这样相比 CO 与 Fe（Ⅱ）的结合力要比 O_2 分子大 25 000 倍。但从血红蛋白结构上看，Fe（Ⅱ）第六配位附近有 E7 组氨酸的影响，使 CO 偏离直线构型，也呈结合力弱得多的弯曲型，见图 12–6（a），在血红蛋白中，Fe

(Ⅱ)和 O_2 的结合则与在孤立血红素中相似,见图 12-6(b)。因而 CO 与 Fe(Ⅱ)的结合力只比 O_2 大 200 倍,换言之,CO 的结合优势降到了原来的 1% 以下,不难想象这一点对人类是多么重要。因为 CO 与血红素中的 Fe(Ⅱ)结合,会使血红蛋白失去了携带氧的能力。煤气中毒就是由于煤燃烧不完全而产生 CO 被人体吸收后形成一氧化碳血红蛋白的结果。只要空气中的 CO 体积含量达到 10^{-3} 左右,即可使血液中半数的血红蛋白成为一氧化碳血红蛋白,从而造成缺氧状态,甚至死亡。如果血红蛋白结构上没有 E7 组氨酸,则 CO 与血红蛋白的结合能力将非常强,那么人们将只能生活在极其纯净的空气中了,而这是不现实的。

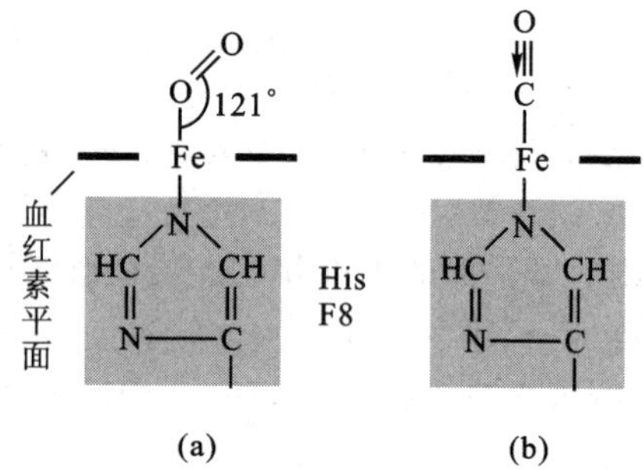

图 12-5　血红素中 Fe(Ⅱ)与 O_2,CO 的结合

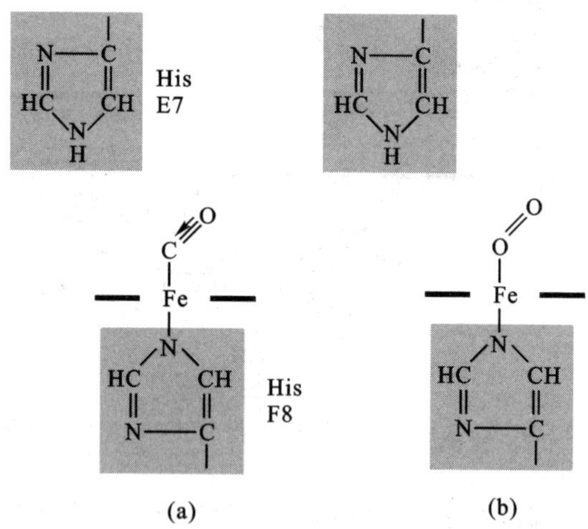

图 12-6　在血红蛋白中 Fe(Ⅱ)与 O_2,CO 的结合

血红蛋白具有输送氧气的功能,从肺气泡中取氧气,然后输送给肌红蛋白分子和其他需要氧气的细胞和部位。肌红蛋白有贮存氧气的功能。

血红蛋白和肌红蛋白都可吸收和释放氧气,只是血红蛋白在氧气压力稍高或稍低时，即可吸收或释放氧气，而肌红蛋白一般是吸收氧气的，只有在氧气压力很低、肌肉十分需要氧气时，才会释放氧气。

多年来化学一直向往着分子工程学这样的目标。进入分子水平的生物学为我们提供了所需蛋白分子的蓝图和模板。随着 DNA 重组技术的发展，基因工程发展到蛋白质工程，它与一般基因工程所不同的是往往要对天然基因进行改造，从而制造出与天然蛋白质不同的、更符合人们特定需要的非天然蛋白质。蛋白质工程的发展主要是由于天然蛋白质往往不能满足人们特定的需要，如工业上用的酶需要能抗酸、碱及耐高温等，而医用蛋白质则希望能降低毒性、提高活性及延长使用时间等。因而必须通过人为的方式对天然蛋白质进行改造，甚至从头设计出一种自然界不存在的全新蛋白质，然后可以通过基因工程方法制造出来，也可以通过多肽合成的方法化学合成出来。

酶是一类具有高度选择性的催化作用的蛋白质，它能在众多的养分中识别出正确的反应物，并且把它造成需要的结构形式。酶的这种本领早就吸引了化学家的研究视线：提纯天然酶、测定它的结构、应用化学合成技术合成、研究酶的催化机理、对酶功能模拟、设计合成新的人工酶并将它们应用于化学反应中，这是化学家极感兴趣的领域。虽然迄今为止所取得的进展还是初步的，但所需要的科学积累和实验技术都已基本解决，可以预计今后一定会取得很好的成果。

长期以来，人们把糖只作为生物的能量来源和结构物质，而没有认识到糖在细胞识别中的重要作用，因而还没有达到像对待核酸（遗传物质）和蛋白质（功能分子）一样的重视程度。直到 20 年前，由于对细胞在分子水平上研究的深入，生物化学家和化学家才对长期被忽视的糖蛋白和糖脂发生了兴趣。人们已经发现细胞的很多作用，如细胞表面的相互作用、分泌和摄取、变异和转化，细胞调节及识别等都直接依赖于糖复合物（糖蛋白和糖脂）。糖分子的结构研究是糖化学研究中的重要方面，由于糖分子结构复杂性及理化性质的特殊性，目前对糖分子的结构信息人们还了解得很少。高分辨核磁技术与量子化学、分子力学等方法相结合，可以综合应用于糖分子的构象研究。另外，要寻找新的化学合成方法和生物技术，开展糖合成方法的研究，相信在化学家们的努力下，糖的结构测定和合成方法将会有新的创造和突破。

目前，我国已在十大基础科学研究攀登计划首批项目中，集中化学界有志于生命科学研究的优势力量，加强学科之间的交叉，开展糖化学、蛋白质的全新设计和合成以及生物催化等生命过程中重要化学问题的研究。这将加深对生物大分子结构、结构与功能关系以及它们在生物体中作用机制的认识。

复　习　题

1. 近代化学学科是如何发展的？它的基础理论是什么？
2. 化学学科发展中，它与物理学、生物学和材料科学之间的关系如何？
3. 通过对化学学科建立、发展过程的学习，试总结当今科学技术发展的一些特点。
4. 有人说：化学是人类继续生存的关键科学，你对这一论点有何看法？
5. 结合你的生活想想化学给社会带来哪些益处？又给社会带来哪些危害？你对化学是怎样评价的？

附录1　元素基态电子构型

周期序号	原子序数	元素	电子构型	周期序号	原子序数	元素	电子构型
（一）	1	H	$1s^1$		28	Ni	$[Ar]3d^8 4s^2$
（二）	2	He	$1s^2$		29	Cu	$[Ar]3d^{10} 4s^1$
	3	Li	$[He]2s^1$		30	Zn	$[Ar]3d^{10} 4s^2$
	4	Be	$[He]2s^2$		31	Ga	$[Ar]3d^{10} 4s^2 4p^1$
	5	B	$[He]2s^2 2p^1$		32	Ge	$[Ar]3d^{10} 4s^2 4p^2$
	6	C	$[He]2s^2 2p^2$		33	As	$[Ar]3d^{10} 4s^2 4p^3$
	7	N	$[He]2s^2 2p^3$		34	Se	$[Ar]3d^{10} 4s^2 4p^4$
	8	O	$[He]2s^2 2p^4$		35	Br	$[Ar]3d^{10} 4s^2 4p^5$
	9	F	$[He]2s^2 2p^5$		36	Kr	$[Ar]3d^{10} 4s^2 4p^6$
	10	Ne	$[He]2s^2 2p^6$	（五）	37	Rb	$[Kr]5s^1$
（三）	11	Na	$[Ne]3s^1$		38	Sr	$[Kr]5s^2$
	12	Mg	$[Ne]3s^2$		39	Y	$[Kr]4d^1 5s^2$
	13	Al	$[Ne]3s^2 3p^1$		40	Zr	$[Kr]4d^2 5s^2$
	14	Si	$[Ne]3s^2 3p^2$		41	Nb	$[Kr]4d^4 5s^1$
	15	P	$[Ne]3s^2 3p^3$		42	Mo	$[Kr]4d^5 5s^1$
	16	S	$[Ne]3s^2 3p^4$		43	Tc	$[Kr]4d^5 5s^2$
	17	Cl	$[Ne]3s^2 3p^5$		44	Ru	$[Kr]4d^7 5s^1$
	18	Ar	$[Ne]3s^2 3p^6$		45	Rh	$[Kr]4d^8 5s^1$
（四）	19	K	$[Ar]4s^1$		46	Pd	$[Kr]4d^{10}$
	20	Ca	$[Ar]4s^2$		47	Ag	$[Kr]4d^{10} 5s^1$
	21	Sc	$[Ar]3d^1 4s^2$		48	Cd	$[Kr]4d^{10} 5s^2$
	22	Ti	$[Ar]3d^2 4s^2$		49	In	$[Kr]4d^{10} 5s^2 5p^1$
	23	V	$[Ar]3d^3 4s^2$		50	Sn	$[Kr]4d^{10} 5s^2 5p^2$
	24	Cr	$[Ar]3d^5 4s^1$		51	Sb	$[Kr]4d^{10} 5s^2 5p^3$
	25	Mn	$[Ar]3d^5 4s^2$		52	Te	$[Kr]4d^{10} 5s^2 5p^4$
	26	Fe	$[Ar]3d^6 4s^2$		53	I	$[Kr]4d^{10} 5s^2 5p^5$
	27	Co	$[Ar]3d^7 4s^2$		54	Xe	$[Kr]4d^{10} 5s^2 5p^6$

续表

周期序号	原子序数	元素	电子构型	周期序号	原子序数	元素	电子构型
（六）	55	Cs	$[Xe]6s^1$		83	Bi	$[Xe]4f^{14}5d^{10}6s^26p^3$
	56	Ba	$[Xe]6s^2$		84	Po	$[Xe]4f^{14}5d^{10}6s^26p^4$
	57	La	$[Xe]5d^16s^2$		85	At	$[Xe]4f^{14}5d^{10}6s^26p^5$
	58	Ce	$[Xe]4f^15d^16s^2$		86	Rn	$[Xe]4f^{14}5d^{10}6s^26p^6$
	59	Pr	$[Xe]4f^36s^2$	（七）	87	Fr	$[Rn]7s^1$
	60	Nd	$[Xe]4f^46s^2$		88	Ra	$[Rn]7s^2$
	61	Pm	$[Xe]4f^56s^2$		89	Ac	$[Rn]6d^17s^2$
	62	Sm	$[Xe]4f^66s^2$		90	Th	$[Rn]6d^27s^2$
	63	Eu	$[Xe]4f^76s^2$		91	Pa	$[Rn]5f^26d^17s^2$
	64	Gd	$[Xe]4f^75d^16s^2$		92	U	$[Rn]5f^36d^17s^2$
	65	Tb	$[Xe]4f^96s^2$		93	Np	$[Rn]5f^46d^17s^2$
	66	Dy	$[Xe]4f^{10}6s^2$		94	Pu	$[Rn]5f^67s^2$
	67	Ho	$[Xe]4f^{11}6s^2$		95	Am	$[Rn]5f^77s^2$
	68	Er	$[Xe]4f^{12}6s^2$		96	Cm	$[Rn]5f^76d^17s^2$
	69	Tm	$[Xe]4f^{13}6s^2$		97	Bk	$[Rn]5f^97s^2$
	70	Yb	$[Xe]4f^{14}6s^2$		98	Cf	$[Rn]5f^{10}7s^2$
	71	Lu	$[Xe]4f^{14}5d^16s^2$		99	Es	$[Rn]5f^{11}7s^2$
	72	Hf	$[Xe]4f^{14}5d^26s^2$		100	Fm	$[Rn]5f^{12}7s^2$
	73	Ta	$[Xe]4f^{14}5d^36s^2$		101	Md	$[Rn]5f^{13}7s^2$
	74	W	$[Xe]4f^{14}5d^46s^2$		102	No	$[Rn]5f^{14}7s^2$
	75	Re	$[Xe]4f^{14}5d^56s^2$		103	Lr	$[Rn]5f^{14}6d^17s^2$
	76	Os	$[Xe]4f^{14}5d^66s^2$		104	Rf	$[Rn]5f^{14}6d^27s^2$
	77	Ir	$[Xe]4f^{14}5d^76s^2$		105	Ha	$[Rn]5f^{14}6d^37s^2$
	78	Pt	$[Xe]4f^{14}5d^96s^1$		106	Unh	$[Rn]5f^{14}6d^47s^2$
	79	Au	$[Xe]4f^{14}5d^{10}6s^1$		107	Uns	$[Rn]5f^{14}6d^57s^2$
	80	Hg	$[Xe]4f^{14}5d^{10}6s^2$		108	Uno	$[Rn]5f^{14}6d^67s^2$
	81	Tl	$[Xe]4f^{14}5d^{10}6s^26p^1$		109	Une	$[Rn]5f^{14}6d^77s^2$
	82	Pb	$[Xe]4f^{14}5d^{10}6s^26p^2$				

附录2　我国生活饮用水水质标准

感官性状指标:	
1. 色	色度不超过 15 度,并不得呈现其他异色
2. 浑浊度	不超过 5 度
3. 臭和味	不得有异臭、异味
4. 肉眼可见物	不得含有
化学指标:	
5. pH	6.5 ~ 8.5
6. 总硬度	不超过 250 $mg \cdot L^{-1}$
7. 铁	不超过 0.3 $mg \cdot L^{-1}$
8. 锰	不超过 0.1 $mg \cdot L^{-1}$
9. 铜	不超过 1.0 $mg \cdot L^{-1}$
10. 锌	不超过 1.0 $mg \cdot L^{-1}$
11. 挥发酚类	不超过 0.002 $mg \cdot L^{-1}$
12. 阴离子合成洗涤剂	不超过 0.3 $mg \cdot L^{-1}$
毒理学指标:	
13. 氟化物	不超过 1.0 $mg \cdot L^{-1}$ 适宜浓度 0.5 ~ 1.0 $mg \cdot L^{-1}$
14. 氰化物	不超过 0.05 $mg \cdot L^{-1}$
15. 砷	不超过 0.04 $mg \cdot L^{-1}$
16. 硒	不超过 0.01 $mg \cdot L^{-1}$
17. 汞	不超过 0.001 $mg \cdot L^{-1}$
18. 镉	不超过 0.01 $mg \cdot L^{-1}$
19. 铬(六价)	不超过 0.05 $mg \cdot L^{-1}$
20. 铅	不超过 0.1 $mg \cdot L^{-1}$
细菌学指标:	
21. 细菌总数	1 mL 水中不超过 100 个
22. 大肠菌群	1 L 水中不超过 3 个
23. 游离性余氯	在接触 30 min 后应不低于 0.3 $mg \cdot L^{-1}$。集中式给水除出厂水应符合上述要求外,管网末梢水不低于 0.05 $mg \cdot L^{-1}$

附录 3　我国大气环境质量标准(1982 年)

污染物名称	浓度限值/mg · m^{-3}			
		一级标准	二级标准	三级标准
总悬浮微粒	日平均 一次最高	0.15 0.30	0.30 1.00	0.50 1.50
飘　　尘	日平均 一次最高	0.05 0.15	0.15 0.50	0.25 0.70
二氧化硫	年日平均 日平均 一次最高	0.02 0.05 0.15	0.06 0.15 0.50	0.10 0.25 0.70
氮氧化物	日平均 一次最高	0.05 0.10	0.10 0.15	0.15 0.30
一氧化碳	日平均 一次最高	4.00 10.00	4.00 10.00	6.00 20.00
氧化剂(O_3)	1 小时平均	0.12	0.16	0.20

附录 4　海水、古代和现代人体中的一些痕量元素

元素	海水中的含量 μg · g^{-1}	原始人体中的含量 μg · g^{-1}	现代人体中的含量 μg · g^{-1}	差别的主要原因
必需的:				
铁	3.4	60	60	
锌	15	33	33	
铷	120	4.6	4.6	
锶	8 000	4.6	4.6	
氟	1 300	37	37	
铜	10	1.0	1.2	铜管
硼	4 600	0.3	0.7	蔬菜和水果
必需的:				
溴	65 000	1.0	2.9	溴化物? 燃料

续表

元素	海水中的含量 μg·g^{-1}	原始人体中的含量 μg·g^{-1}	现代人体中的含量 μg·g^{-1}	差别的主要原因
碘	50	0.1~0.5	0.2	加碘的食盐
钡	6	0.3	0.3	
锰	1	0.4	0.2	精制的食物
硒	4	0.2	0.2	
铬	2	0.6	0.09	精制的糖和谷物
钼	14	0.1	0.1	
砷	3	0.05	0.1	添加剂,除草剂
钴	0.1	0.03	0.03	
钒	5	0.1	0.3	石油
非必需的:				
锆	0.02	6.0	6.7	
铅	4	0.01	1.7	摩托、汽车排出气
铌	0.01	1.7	1.7	
铝	1 200	0.4	0.9	食物添加物
镉	0.03	0.001	0.7	精制的糖,水管
钛	5	0.4	0.4	
锡	3	<0.001	0.2	锡罐
镍	3	0.1	0.1	
金	0.004	<0.001	0.1	装饰品
锂	100	0.04	0.04	
锑	0.2	<0.001	0.04	搪瓷
铋	0.02	<0.001	0.03	药物
汞	0.03	<0.001	0.19	杀菌剂
银	0.15	<0.001	0.03	餐具
铯	2	0.02	0.02	
铀	3.3	0.01	0.01	
镭	0.3×10^{-10}	4×10^{-10}	4×10^{-10}	

表中数据取自 H. A. Schroeden, The Trace Elements and Man, The Davin-Adair Company, 1973。

附录5　人体中的微量元素

元素	原子序	相对密度	人体含量 mg·(70kg)$^{-1}$	血液总量 mg	主要分布部位	膳食的摄取量 mg·d^{-1}	排泄量		
							尿 mg·d^{-1}	汗 mg·d^{-1}	毛发 μg·g^{-1}
锂	3	0.53	2.2	0.10	50% 肌肉	2.0	0.8		
铍	4	1.85	0.036	<0.000 52	75% 骨				
硼	5		<48	0.52		1.3	1.0		7
氟*	9		2 600	0.95	98.9% 骨	2.5	1.6	0.65	
铝	13	2.70	61	1.9	19.7% 肺,34.5%骨	45	0.1	6.13	5
钛	22	4.54	8	0.14	49.1% 肺,淋巴结	0.85	0.33	0.001	0.05
钒*	23	5.98	<18	0.088	>90% 脂肪	2.0	0.015		
铬*	24	7.18	1.7	0.14	37% 皮肤	0.05~0.1	0.008	0.059	0.69~0.96
锰*	25	7.21	12	0.14	43.4% 骨	2.2~8.8	0.225	0.097	1.0
铁*	26	7.86	4 200	2 500	70.5% 血色素中的铁	15	0.25	0.5	130
钴*	27	8.9	1.5	0.001 7	18.6% 骨髓	0.3	0.26	0.017	0.17~0.28
镍*	28	8.90	10	0.16	18% 皮肤	0.4	0.011	0.083	0.0075
铜*	29	8.92	72	5.6	34.7% 肌肉	3.2	0.06	1.59	16~56
锌*	30	7.13	2 300	34	65.2% 肌肉	8~15	0.5	5.08	167~172
砷	33	1.97	18?	2.5		1.0	0.195		2
硒*	34	4.79	13	1.1	38.3% 肌肉	0.068	0.04	0.34	0.3~13
溴	35		200	24	60% 肌肉	7.5	7.0	0.2	12.5

续表

元素	原子序	相对密度	人体含量 mg·$(70kg)^{-1}$	血液总量 mg	主要分布部位	膳食的摄取量 mg·d^{-1}	排泄量		
							尿 mg·d^{-1}	汗 mg·d^{-1}	毛发 μg·g^{-1}
铷	37	1.53	320	14		1.5	1.1	0.05	
锶	38	2.54	320	0.18	99% 骨	2.0	0.2	0.96	0.05
锆	40	6.53	420	13	67% 脂肪	4.2	0.14		
铌	41	8.57	110?	13	26% 脂肪	0.62	0.36	0.003	2.2
钼*	42	10.22	9.3	0.083	19% 肝	0.3	0.15	0.061	
镉	48	8.65	50	0.036	27.8% 肾,肝	0.215	0.3		2.8～1.8
锡*	50	5.75	<17	0.68	25% 脂肪,皮肤	4.0	0.023	2.23	
锑	51	6.69	7.9?	2.024	25% 骨	<0.15	<0.07	0.011	6.5
碲	52	6.24	8.2?	0.18	骨?	0.112	0.53		
碘*	53		11	2.9	87.4% 甲状腺	0.2	0.175	0.006	0.015
铯	55	1.87	1.5	0.015					
钡	56	3.5	22	<1.0	91% 骨	1.25	0.023	0.085	5
金	79	19.32	<10	0.000 21	52% 骨				
汞	80	13.54	13	0.026	69.2% 脂肪,肌肉	0.02	0.015	0.000 9	6
铅	82	11.35	120	1.4	91.6% 骨	0.45	0.03	0.256	18～19
铀	92	18.95	0.09	0.0046	65.5% 骨				

* 为人体必需微量元素。

附录 6　我国人民每日膳食中某些营养素的推荐量*

类别		能量 kcal**	蛋白质 g	钙 mg	铁 mg	锌 mg	硒 μg	碘 μg
成年男子（体重 63 kg）	极轻体力劳动	2 400	70	800	12	15	50	150
	轻体力劳动	2 600	80	800	12	15	50	150
	中等体力劳动	3 000	90	800	12	15	50	150
	重体力劳动	3 400	100	800	12	15	50	150
	极重体力劳动	4 000	110	800	12	15	50	150
成年女子（体重 53 kg）	极轻体力劳动	2 100	65	600	18	15	50	150
	轻体力劳动	2 300	70	600	18	15	50	150
	中等体力劳动	2 700	80	600	18	15	50	150
	重体力劳动	3 000	90	600	18	15	50	150
	孕妇（后 5 个月）	+200	+20	1 500	28	20	50	175
	乳母	+800	+25	1 500	28	20	50	200
少年男子	16～19 岁	2 800	90	1 000	15	15	50	150
	13～16 岁	2 400	80	1 200	15	15	50	150
少年女子	16～19 岁	2 400	80	1 000	20	15	50	150
	13～16 岁	2 300	80	1 200	20	15	50	150
儿童（平均值）	10～13 岁	2 200	70	1 000	12	15	50	120
	7～10 岁	2 000	65	800	10	10	40	120
	5～7 岁	1 600	55	800	10	10	40	70
	3～5 岁	1 400	50	800	10	10	40	70
	2～3 岁	1 200	45	600	10	10	20	70
	1～2 岁	1 100	40	600	10	10	20	70
	1 岁以下	100/kg 体重	2～4/kg 体重	600	10	5	15	50
	6 个月以下	120/kg 体重		400	10	3	15	40

* 中国营养学会 1988 年 10 月修订；摘自营养学报，1989，11(1)：93。

* * 国际单位制(SI)中，能量的单位为 J，1 cal = 4.184 J。

参 考 资 料

1. 华彤文等. 普通化学原理. 第 2 版. 北京:北京大学出版社,1993
2. 大连理工大学. 无机化学. 第 2 版. 北京:高等教育出版社,1992
3. 汪小兰. 有机化学. 北京:高等教育出版社,1990
4. 宋健主编. 现代科学技术基础知识. 北京:科学出版社,1994
5. 中国科学技术协会主编. 现代高技术丛书　新材料. 上海:上海科学技术出版社,1994
6. 中国科学技术协会主编. 现代高技术丛书　新能源. 上海:上海科学技术出版社,1994
7. 杨维荣等编. 环境化学. 北京:高等教育出版社,1991
8. 周公度编著. 结构和物性(化学原理的应用). 北京:高等教育出版社,1993
9. 沈同,王镜岩主编. 生物化学　上、下册. 第 2 版. 北京:高等教育出版社,1990
10. 廖正衡等主编. 化学学导论. 沈阳:辽宁教育出版社,1992
11. 赵匡华编著. 化学通史. 北京:高等教育出版社,1990
12. [美]Pimentel G G, Coonrod J A. 化学中的机会——今天和明天. 华彤文等译. 北京:北京大学出版社,1990

索引

六　画

七　画

十 一 画

十 二 画

十 三 画

十 四 画

读者意见反馈

为收集对教材的意见建议，进一步完善教材编写并做好服务工作，读者可将对本教材的意见建议通过如下渠道反馈至我社。

咨询电话　400-810-0598

反馈邮箱　hepsci@pub.hep.cn

通信地址　北京市朝阳区惠新东街4号富盛大厦1座

高等教育出版社理科事业部

邮政编码　100029

责任编辑　刘啸天

封面设计　王　喆

责任绘图　李维平

版式设计　范晓红

责任校对　殷　然

责任印制　朱　琦